现代空空导弹基础前沿技术丛书

空空导弹推力矢量控制装置设计与试验技术

Design and Test Technology of Air-to-Air Missile Thrust Vector Control (TVC) Device

杨 晨 著

西北工业大学出版社
西 安

【内容简介】 推力矢量控制技术可以大幅提高导弹的机动能力，且推力矢量的特性不受导弹飞行速率和高度的影响，是第四代近距格斗空空导弹的标志性技术之一。本书在总结多年科研工作所形成的研究成果的基础上，较为系统地介绍了空空导弹推力矢量控制装置，特别是燃气舵的气动、结构、材料等设计技术和仿真、试验等验证技术。

本书可以作为高等院校总体、控制等专业学生的教材，也可作为该领域工程技术人员的参考书，有利于他们了解工程研制的过程、掌握所需的基础知识和手段。

图书在版编目(CIP)数据

空空导弹推力矢量控制装置设计与试验技术 / 杨晨著. —西安:西北工业大学出版社，2019.11
(现代空空导弹基础前沿技术丛书)
ISBN 978-7-5612-6911-4

Ⅰ.①空… Ⅱ.①杨… Ⅲ.①空对空导弹-推进系统-系统设计 Ⅳ.①TJ762.2

中国版本图书馆 CIP 数据核字(2019)第 289744 号

KONGKONG DAODAN TUILI SHILINANG KONGZHI ZHUANGZHI SHEJI YU SHIYAN JISHU
空空导弹推力矢量控制装置设计与试验技术

责任编辑: 朱晓娟　　**策划编辑:** 杨 军
责任校对: 李阿盟 王 尧　　**装帧设计:** 李 飞
出版发行: 西北工业大学出版社
通信地址: 西安市友谊西路 127 号　　邮编:710072
电　　话: (029)88491757，88493844
网　　址: www.nwpup.com
印 刷 者: 陕西奇彩印务有限责任公司
开　　本: 710 mm×1 000 mm　1/16
印　　张: 17.25
字　　数: 338 千字
版　　次: 2019 年 11 月第 1 版　2019 年 11 月第 1 次印刷
定　　价: 98.00 元

《国之重器出版工程》
编 辑 委 员 会

李伯虎　中国工程院院士

李应红　中国科学院院士

李春明　中国兵器工业集团首席专家

李莹辉　国际宇航科学院院士

李得天　国际宇航科学院院士

李新亚　国家制造强国建设战略咨询委员会委员、中国机械工业联合会副会长

杨绍卿　中国工程院院士

杨德森　中国工程院院士

吴伟仁　中国工程院院士

宋爱国　国家杰出青年科学基金获得者

张　彦　电气电子工程师学会会士、英国工程技术学会会士

张宏科　北京交通大学下一代互联网互联设备国家工程实验室主任

陆　军　中国工程院院士

陆建勋　中国工程院院士

陆燕荪　国家制造强国建设战略咨询委员会委员、原机械工业部副部长

陈　谋　国家杰出青年科学基金获得者

陈一坚　中国工程院院士

陈懋章　中国工程院院士

金东寒　中国工程院院士

周立伟　中国工程院院士

郑纬民　中国科学院院士

郑建华　中国科学院院士

屈贤明　国家制造强国建设战略咨询委员会委员、工业和信息化部智能制造专家咨询委员会副主任

项昌乐　中国工程院院士

赵沁平　中国工程院院士

郝　跃　中国科学院院士

柳百成　中国工程院院士

段海滨　“长江学者奖励计划”特聘教授

侯增广　国家杰出青年科学基金获得者

闻雪友　中国工程院院士

姜会林　中国工程院院士

徐德民　中国工程院院士

唐长红　中国工程院院士

黄　维　中国科学院院士

黄卫东　“长江学者奖励计划”特聘教授

黄先祥　中国工程院院士

康　锐　“长江学者奖励计划”特聘教授

董景辰　工业和信息化部智能制造专家咨询委员会委员

焦宗夏　“长江学者奖励计划”特聘教授

谭春林　航天系统开发总师

《现代空空导弹基础前沿技术丛书》

编 委 会

前　言

推力矢量控制技术可以大幅提高导弹的机动能力，且推力矢量的特性不受导弹飞行速率和高度的影响，是第四代近距格斗空空导弹的标志性技术之一。燃气舵因其结构简单，可靠性高，控制力较大，推力损失和驱动力矩较小而适合空空导弹使用。推力矢量设计涉及气体动力学、结构、强度、材料、工艺等专业，其试验验证包括风洞试验、数值仿真试验、发动机地面工作条件下的热试验等，因此它是一个多学科综合设计的技术。

本书以空空导弹推力矢量控制装置特别是燃气舵的设计和验证技术为主要内容，共7章。第1章概述常见的推力矢量控制方式，分析采用燃气舵作为空空导弹推力矢量控制方式的原因；第2章论述燃气舵气动外形设计和相关试验；第3章介绍燃气舵气动特性的数值仿真；第4章论述推力矢量控制装置的结构特性设计和试验；第5章分析推力矢量控制装置的选材和工艺问题；第6章介绍推力矢量控制装置地面试验系统和试验的方法、数据分析；第7章分析采用推力矢量控制技术对导弹性能的影响。

本书是笔者在总结多年科研工作所形成的研究成果的基础上完成的一本专著，从导弹总体性能需求、气动设计、结构设计、材料工艺、仿真及试验验证等方面较为系统、全面地介绍了空空导弹推力矢量控制装置，特别是燃气舵的设计和验证技术及其设计步骤。

中国空空导弹研究院的侯清海、谢永强、杨晓光、李纲、肖军、李飞、孙宇航等的工作为本书的出版奠定了基础；西北工业大学航天学院的杨军和闫杰在百忙之中仔细审阅了本书，提出了许多宝贵意见，在此对他们表示诚挚的谢意！本书引用的参考文献对本书的编写提供了很大的帮助，特此向文献的作者表示感谢！

空空导弹推力矢量控制装置设计与试验技术涉及多个学科的理论，同时是一项工程性很强的应用技术，由于水平有限，书中难免有疏漏和不妥之处，恳请读者批评指正。

著　者

2019年6月

目　录

第1章 推力矢量控制装置在空空导弹上的适应性分析

推力矢量控制技术是指通过一定方式改变发动机的推力方向来产生控制力，以此实现对导弹飞行的控制。推力矢量的优点是可以大幅提高导弹的机动过载能力和反应速率，伺服控制机构质量相对较轻，机构响应速率较快并且不受导弹低速和高空飞行环境的影响；主要缺点是只能在导弹发动机工作时间段内运行，一旦导弹发动机停止工作便失去控制能力。另外，由于其主要工作在导弹发动机的高温、高速燃气流中，所处的工作环境空间条件极其恶劣，增加了对其控制器件的材料和工艺要求，在一定程度上提高了控制器件加工处理的难度。与第三代空空导弹相比，由于所面临目标特性不同，必然要求新一代导弹具有较高的制导能力和较快的响应速率以及较大的过载机动能力。传统的气动舵面控制方式在低动压(低速和高空)时控制效率低下，而推力矢量技术由于不受导弹飞行速率和飞行高度的影响，在初始条件下也可以提供给导弹较大的横向过载，因此，在空空导弹控制中采用推力矢量技术是十分必要的。由于推力矢量控制技术自身具备的独特优势，其在飞行器上的应用越来越广泛。各国对推力矢量控制技术进行了大量的专门研究，并研制出各种各样的推力矢量控制装置，有些推力矢量控制装置已完成原理性研制，成功地应用于现役型号中。但这些名目繁多的推力矢量控制装置各自所追求的目标存在差异，因此并不完全适用于空空导弹。本章将探讨各类推力矢量控制装置在空空导弹上应用的适应性和可能性。

1.1 概　　述

1.1.1 推力矢量控制装置的分类

为适应固体火箭发动机应用范围不断扩大的需求,满足飞行器对推力矢量控制各种各样的要求,世界各国研制出了种类繁多的推力矢量控制装置。

对这些推力矢量控制装置进行分类是很有好处的。因为同类推力矢量控制装置在工作原理、设计、制造、使用等各方面都会遇到大体相同的问题,分类整理后便于相互借鉴。

但是,分类的方法各不相同。根据喷管是否活动,推力矢量控制装置可分为摆动喷管和固定喷管两大类;根据作用原理的不同,推力矢量控制装置可分为摆动喷管、流体干扰和机械障碍三大类。本书根据工作原理不同,把推力矢量控制装置分为摆动喷管、阻流式喷管和流体二次喷射三大类。

摆动喷管类型推力矢量控制装置,一般都采用较大功率的液压伺服机构带动喷管或喷管的一部分摆动,造成喷管整个排气流偏斜,产生侧向控制力,从而实现转动的部件一般位于喉道附近。这类推力矢量控制装置造成喷管全部气流偏转,比造成部分气流偏转的机械式固定喷管效率更高。

阻流式喷管类型推力矢量控制装置,一般都采用液压伺服机构带动位于喷

管出口或尾流中的阻流机械动作，导致部分喷管排气流偏斜，产生侧向控制力。

流体二次喷射类型推力矢量控制装置的工作原理与机械式控制装置完全不同。它需要一套二次流体供应系统，通常是在喷管扩散段中部喷射入第二股气流，利用射流干涉原理，造成喷管部分排气流偏斜，产生侧向控制力。除活门控制外，没有大的机械动作。根据二次流体的不同，流体二次喷射类型推力矢量控制装置又分为液体二次喷射和气体二次喷射两类。

一般来说，从气流致偏方式上分类可较全面地概括推力矢量控制装置，而根据各种实现的形式不同又可将以上三类推力矢量控制装置进一步细化，具体如下：

1)摆动喷管类型推力矢量控制装置包括柔性摆动喷管方式、球窝接头摆动喷管方式、铰接接头摆动喷管方式、液浮轴承摆动喷管方式、旋转喷管方式和常平架摆动喷管方式等。

2)阻流式类型推力矢量控制装置包括旋转喷管喷流致偏环方式、燃气舵方式、燃气桨方式、偏流环方式和轴向偏流方式等。

3)流体二次喷射类型推力矢量控制装置包括燃气二次喷射方式、空气二次喷射方式和液体二次喷射方式等。

图 1-1 展示了几种推力矢量控制装置的作用原理示意图。

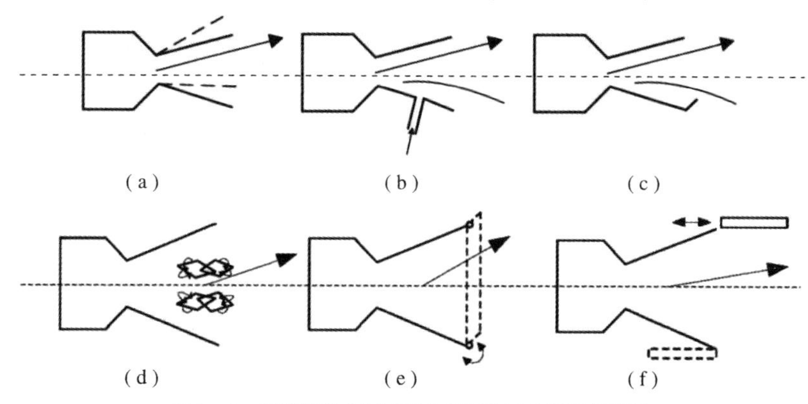

图 1-1 典型的推力矢量控制装置的工作原理示意图

(a)摆动喷管类型推力矢量控制装置；(b)流体二次喷射类型推力矢量控制装置；
(c)阻流式类型推力矢量控制装置；(d)燃气舵方式推力矢量控制装置；
(e)偏流环方式推力矢量控制装置；(f)轴向偏流方式推力矢量控制装置

摆动喷管类型推力矢量控制装置是通过伺服机构带动整个发动机或部分喷管摆动，使喷流方向发生偏转，产生所需的侧向力和力矩。摆动喷管类型推力矢量控制装置的工作过程大致是这样的，伺服机构接收推力矢量控制装置推力矢量偏转角指令，经变换放大后，控制液压作动筒运动，同时驱动喷管活动体围绕转轴摆动至要求的角度，产生所需要的侧向控制力。在液压作动筒运动的同时，装在液压作动筒上的位置传感器将反映液压作动筒活塞实际位置的电信号反馈到伺服放大器，以便进行补偿。这时，加到伺服放大器上的信号为控制装置传来的指令信号加上反馈信号。也可以利用机械联动装置直接反馈到伺服液压作动筒进行机械补偿。侧向控制力的大小是通过控制喷管摆角大小来实现的，而喷管摆角大小则是与液压作动筒的行程相对应的。液压作动筒的行程是根据控制信号来控制的。这种方式控制效率较高，但所需伺服机构的功率较大。

阻流式喷管类型推力矢量控制装置是通过伺服机构操纵位于固定喷管内的一些机械装置，由这些装置使发动机喷流产生偏斜，提供所需的侧向控制力。这种方式推力损失较大，但实现简便，要求伺服机构的功率较小。目前，这种方法也是各种战术导弹推力矢量控制的主要应用方案，尤以燃气舵方式居多。

流体二次喷射类型推力矢量控制装置则需要一套流体二次供应系统，通过喷管扩散段注入流体，利用射流干涉原理，使其在超声速喷管气流中产生一个斜激波，从而引起喷管内部压力分布不平衡，造成气流偏转，产生侧向控制力。这种方式不需要很复杂的机械伺服机构，但需要携带供二次喷射用的流体，在小型导弹上实现起来较为困难。

1.1.2 空空导弹对推力矢量控制装置的基本要求

在地地、地空、舰舰、反潜等导弹和各种运载火箭上，使用了各类推力矢量控制装置，并且使用的历史可以追溯到这些产品的发展之初，而推力矢量控制装置在空空导弹上的使用时间却要晚得多。苏联 R－73 是最早服役的把气动力与推力矢量控制装置融为一体的空空导弹，服役初始时间是 1985 年。此后，发展的近距红外格斗型空空导弹几乎都使用了推力矢量控制装置，推力矢量控制装置的使用已经作为第四代近距红外格斗型空空导弹的重要标志之一，而在雷达型中远距空空导弹上并没有使用推力矢量控制装置的例子。

目前，空空导弹的主要任务仍是攻击高速飞行的飞机目标。因为空空导弹在空气中飞行时气动舵面对导弹的操纵控制一直是有效的，在攻击高速飞行的飞机目标时，导弹的飞行速率必须很高，一般要大于 1.5Ma，这样单独使用气动舵面来控制是可行的。这就是在雷达型中远距空空导弹上没有使用推力矢量进行附加控制的原因。

对于近距格斗型空空导弹而言，其战术条件是交战双方在高机动状态下进行格斗，捕捉战机、先发制人是首要任务。为了达到该目的，采用离轴瞄准，离轴发射方式攻击目标，载机可在机动状态下发射导弹，这样放宽了载机发射导弹时的占位要求，加大了载机发射导弹的机会，可到达先发制人的目的。随着第四代

红外导引技术的发展，大离轴导引技术的出现，使得导弹大离轴发射成为可能，这也对导弹的大攻角飞行提出了迫切要求。然而，在导弹需要大离轴攻击发射和大攻角飞行的时段，飞行速率在亚跨声速段，或导弹处在高空时，气动舵面的控制能力不足，还会出现大攻角的控制失速。另外，从气动舵面偏转产生导弹的控制，到改变导弹的飞行速率方向需要一定时间，该时间对控制性能有不利的影响，会造成导弹的初始误差较大，影响导引精度。因此，高机动格斗型空空导弹需要推力矢量进行附加控制。

在使用推力矢量控制装置方面，空空导弹具有如下特点：一是导弹尺寸小，特别是格斗型导弹，这样安装推力矢量控制装置的可用空间就小。二是飞行时间短，特别是近距格斗型导弹，对推力损失要求并不高。三是要与空气舵一起使用，这会减少对推力矢量侧向控制力的过大要求。

使用在空空导弹上的推力矢量控制装置应满足下述几项基本要求。

(1)具有较大的喷流偏转能力。

空空导弹要求推力矢量装置能提供出足够大的直接控制力，因此推力矢量控制装置必须有较大的活动空间。衡量此项要求的指标是喷流偏转角度。

(2)具有较大的侧向力。

操纵推力矢量控制装置的目的就是为了给导弹提供较大的侧向力。衡量此项要求的指标是侧向力系数，即侧向力与未受扰动时的轴向推力之比。

(3)发动机推力损失较小。

除流体二次喷射类型推力矢量控制装置外，推力矢量控制装置都是将部分轴向推力转化成所需的侧向力，因此必然造成导弹动力射程减小。同时，不同的推力矢量控制装置的工作效率不同，也会带来附加的推力损失，为此要求发动机推力损失尽量小。衡量此项要求的指标是轴向推力损失系数。

(4)伺服机构功率较小。

在空空导弹这样的小型战术导弹上，无论从结构还是质量上考虑都不可能携带大功率的伺服机构，因此设计推力矢量控制装置时，应考虑使用合适的伺服机构。衡量此项要求的指标是推力矢量控制装置所需的驱动力系数。

(5)质量轻，结构简单。

在有限的体积上，尽可能简化结构设计，将附加质量减为最小。

(6)工程化程度和可靠性高。

选择制造难度小、工作可靠的推力矢量控制装置用于空空导弹。

在以上 6 个要求中，前两个是推力矢量控制装置的功能指标，中间两个是推力矢量控制装置的效能指标，后两个是推力矢量控制装置的可达性指标。

空空导弹推力矢量控制装置的选择应满足下述基本准则：

(1)操纵效率准则。

空空导弹选用推力矢量控制的目的是为了以直接力控制的方式,弥补导弹在低速或高空飞行时气动控制效率的不足,因此推力矢量控制装置应追求操纵效率第一的原则。衡量推力矢量控制装置操纵效率的指标是:①侧向力系数,它表征产生控制力的能力;②轴向推力损失系数,它表征推力矢量控制装置的能量损失;③驱动力系数,它表征伺服机构驱动功率的大小。

(2)简捷性准则。

空空导弹是一种小型战术导弹,弹体质量是导弹总体设计的一项重要指标。因此,弹载设备应在有限的体积内,尽可能简化结构设计,将附加质量减为最小。同时,也应选择制造难度小、工作可靠的推力矢量控制装置用于空空导弹。

(3)联动性准则。

为充分发挥导弹气动控制能力,目前空空导弹多采用推力矢量/气动力复合控制模式。为简化结构设计,对推力矢量控制装置采用联动配置方式,将推力矢量舵和气动舵设计为联动形式。这样可减少一套伺服机构,简化控制通道,有利于全弹各部位的安排。

(4)滚动控制准则。

各类推力矢量控制装置因工作原理不同,有的适用于单通道控制,有的适用于双通道控制,而理想的空空导弹推力矢量控制装置应能在完成俯仰、偏航通道控制的同时,还可参与滚动通道的控制,以提高工作效率。

根据以上4项准则,只有阻流式喷管类型推力矢量控制装置和少数摆动喷管类型推力矢量控制装置适用于空空导弹,而流体二次喷射类型推力矢量控制装置的实现复杂,不适合于小型导弹。

1.2 各种推力矢量控制装置评述

第1.1节所述几种推力矢量控制装置各有其特点,简要评述如下。

1.2.1 柔性摆动喷管

这种推力矢量控制装置是将一种采用特殊层压柔性材料制作的喷管安装在发动机封头处(或将这种柔性材料制作成连接件,连接在发动机燃烧室和喷管之间),这种喷管或接头的轴向刚度很大,而侧向呈柔性。它的一端连接在发动机的固定结构上,另一端连接着摆动喷管。当施加一侧向操纵力时,喷管可向要求

的方向偏转，使发动机推力转动，提供弹体所需的控制力矩，达到改变导弹姿态的目的。

柔性摆动喷管的优点主要体现在以下几个方面：①能做全轴摆动且摆动性能重复性比较好，能满足大侧向力的要求；②摆动时喷管内流场干扰小，推力损失小；③固有频率较高，能适应快速响应的要求；④具有自紧密封的作用，工作可靠性高；⑤结构简单，工艺性好，可以重复使用，成本低。

柔性摆动喷管推力矢量控制装置包括发动机、伺服机构和柔性喷管（或柔性接头）等几部分，结构如图1-2所示。

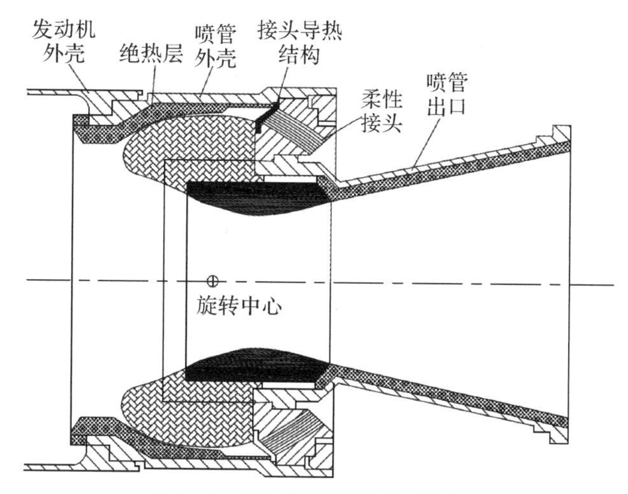

图1-2　柔性摆动喷管结构示意图

根据第1.1节提出的空空导弹对推力矢量控制装置的基本要求，下面从5个方面论述柔性摆动喷管推力矢量控制装置。

(1)喷流偏转角度(DA)。

柔性摆动喷管在伺服机构的带动下，可围绕发动机轴线做径向摆动，喷管摆动角度即为发动机喷流偏转的角度。该角度受到发动机结构尺寸和喷管回转中心位置的限制，目前可达到$-20°\sim-15°$或$15°\sim20°$。

(2)侧向力F_y。

该种推力矢量控制装置侧向力是靠发动机喷口整体式偏摆而产生的，因此侧向力与发动机推力F_x和DA相关。侧向力的方向可位于俯仰、偏航的任意平面，大小由下面的几何关系确定：

$$F_y=F_x\sin\mathrm{DA} \tag{1-1}$$

当DA较小时，侧向力与偏转角基本呈线性关系，因此柔性摆动喷管推力矢量控制装置可视为线性推力矢量控制装置。

$$F_y = F_x \frac{\mathrm{DA}}{57.3} \tag{1-2}$$

侧向力系数(f_y)为

$$f_y = \frac{F_y}{F_x} = \frac{\mathrm{DA}}{57.3} \tag{1-3}$$

实际上,当摆动喷管摆动时,柔性接头并不是绕着几何回转中心转动的,而是绕着一个有效回转中心摆动的。发动机燃烧室压力的作用,使柔性接头产生一定的轴向压缩变形,同时也使有效回转中心离开了几何回转中心。因此,有效回转中心通常与几何回转中心是不重合的。但在一般情况下,有效回转中心偏离几何回转中心的位移量与回转中心到导弹重心的距离相比是很小的。如果忽略柔性喷管的轴向压缩变形,侧向控制力矩(M_y)为

$$M_y = F_x l_x \frac{\mathrm{DA}}{57.3} \tag{1-4}$$

式中, l_x 为导弹重心到摆动喷管几何回转中心间的距离。

(3)推力损失 D_{F_x}。

喷管偏转后,发动机轴向推力发生变化,其推力损失与 DA 相关:

$$D_{F_x} = F_x - F_x\cos\mathrm{DA} = F_x(1-\cos\mathrm{DA}) \tag{1-5}$$

显然,当喷管不偏转时,推力损失为零,在偏转时余弦效应也使得推力损失较小。

(4)伺服机构功率。

伺服机构要操纵柔性喷管摆动就需要施加一定的力矩,该力矩主要取决于柔性喷管的弹性力及喷管几何回转中心的位置。相对来说,这两个参数值比较大,因此要求伺服机构输出的功率也较大。同时,由于空空导弹在快速性指标上有较高要求,故如何实现快速性响应的大功率伺服机构仍然是个难题。

(5)工程实现。

柔性摆动喷管推力矢量控制装置具有线性度好、侧向力大、推力损失小等诸多优点,无疑是空空导弹推力矢量控制装置的较好选择。但它在工程实现上还有很多工作要做,主要体现在柔性材料和伺服机构两个方面。

在柔性材料方面需解决的问题如下:

1) 在高温状态下对柔性材料的热防护;

2) 不同环境对柔性材料机械性能的影响;

3) 在发动机喷流压力作用下,柔性喷管轴向压缩量应尽可能小;

4) 柔性喷管与发动机连接面的密封性要好,使其在高压下保持良好的气密性。

在伺服机构方面需解决的问题如下:

1）设计出能安装在空空导弹上的质量轻、尺寸小、功率大的伺服机构；

2）解决符合空空导弹飞行弹道要求的推力矢量控制装置的频率响应问题。

在设计时，柔性摆动喷管推力矢量控制装置需解决的问题如下：

1）喷管柔性材料经燃气纵向压缩后引起的转动中心浮动；

2）喷管整体式摆动所需的较大驱动力矩。

1.2.2 球窝接头摆动喷管

球窝接头摆动喷管就是固定体和活动体之间相对运动表面采用球窝与球头配合面，使摆动部分能够绕着喷管轴线上一个点进行全轴摆动的一种推力矢量控制装置。球窝接头摆动喷管从球窝和球头的结构材料来区分，可分为冷球窝喷管和热球窝喷管。冷球窝喷管是指在发动机工作过程中，球面部分始终保持常温，这种阴球窝和阳球头都是采用合金钢制成的。热球窝就是指在发动机工作过程中，球面部分处于高温状态，这种阴球窝和阳球头都是采用多向编制的碳/碳复合材料制成的。当喷管可动部分摆动时，排气流（即推力）也随之偏转，使推力线不通过飞行器重心，产生相对于重心的侧向控制力矩。这种推力矢量控制装置是将发动机喷管的收缩段和扩张段设计成可相对运动的两部分，两部分之间采用球窝和球头形式相配合。这样喷管的扩张段可绕喷管轴线摆动，用于偏转发动机燃气流，提供俯仰和偏航控制力矩。

球窝接头摆动喷管具有其他摆动喷管所没有的一些优点：第一，结构简单，这可使摆动喷管的设计和制造成本降低，减轻摆动喷管的结构质量（相对于柔性摆动喷管和液浮轴承摆动喷管）。第二，转动中心固定不变。柔性摆动喷管和液浮轴承摆动喷管的转动中心都依赖于发动机的压力和摆动角度，转动中心浮动不定，因而控制性能受到了影响。但球窝接头摆动喷管却独具控制精度高的优越性能。第三，大量减少了橡胶类材料的使用，因而大大提高了喷管结构系统的耐老化性能。第四，可靠性高。但球窝接头摆动喷管的缺点是摩擦力矩较大。

球窝接头摆动喷管推力矢量控制装置主要包括固定的发动机喷管收敛段、球窝接头、喷管的摆动扩张段和伺服机构等几部分。球窝结构既是活动连接件又是载荷支承件，其结构如图 1－3 所示。

由于球窝接头摆动喷管是一种全轴摆动的推力矢量控制装置，可以同时提供俯仰以及偏航控制力矩，所以，球窝接头摆动喷管可以应用在单喷管发动机上，减少伺服作动器的数量，结构质量较轻，底部防热比较简单。但球窝接头摆动喷管不能提供滚动控制力矩，需要一套专门装置提供滚转力矩，这增加了导弹的质量。这种推力矢量控制装置除结构形式外，在原理上仍属于摆动喷管式推力矢量控制装置，因此它的性能指标与柔性摆动喷管基本相同，也具有同时提供俯仰和偏航控制能力，可提供较大的侧向力和较小的推力损失且侧向力的线性度较好等特点。

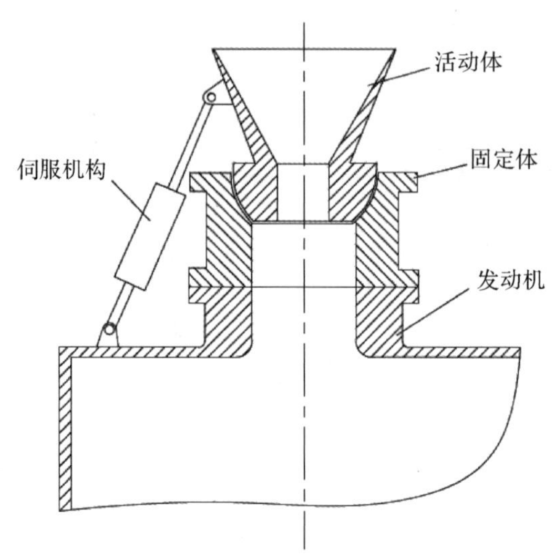

图 1-3 球窝接头摆动喷管结构示意图

推力矢量控制装置的控制性能主要表现在四个方面：喷流偏转角度、侧向力、推力损失和伺服机构功率。前两者表示推力矢量控制装置的功能优劣，后两者表示推力矢量控制装置的效能优劣。

从以下五个方面对该类推力矢量装置进行分析：

(1)喷流偏转角度 DA。

球窝接头摆动喷管推力矢量控制装置在结构实现上比柔性摆动喷管推力矢量控制装置容易，使得摆动喷管的摆动范围较大，一般可达到±25°。

(2)侧向力 F_y。

与其他摆动喷管类推力矢量控制装置相同，该推力矢量控制装置的侧向力大小为

$$F_y = F_x \sin\mathrm{DA} \tag{1-6}$$

(3)推力损失 D_{F_x}。

发动机轴向推力损失为

$$D_{F_x} = F_x(1-\cos\mathrm{DA}) = 2F_x \sin^2\frac{\mathrm{DA}}{2} \tag{1-7}$$

(4)伺服机构功率。

球窝结构在做摆动运动时，接触面之间必然要产生摩擦，因此所需伺服机构

的输出力矩应根据摩擦力矩的大小来设计。通常可对球窝接头加注润滑剂以减小所需的伺服机构功率。

(5)工程实现。

球窝接头摆动喷管推力矢量控制装置较早开始研制,已应用在美国“民兵”导弹现役发动机上,但有些技术问题不易解决,如密封、润滑、摩擦力矩较大等。

球窝摆动喷管的材料要求,除了一般喷管的抗烧蚀性能外,最主要是要了解各种材料的热膨胀性能。为了尽可能减小转动摩擦力矩,同时又能保证气密性,除了采用 O 形密封圈和润滑填料外,还必须保持一个在高温状态下能转动自如的分离线间隙度。因此,球窝结构部件的加工精度要求较高,必须根据不同材料的加热膨胀特性设计合适的界面间隙;而这一间隙往往取决于具体结构材料的热膨胀性能测定和热分析,分离线间隙度一般在 2 mm 左右。

球窝接头摆动喷管的摆动偏转角度主要受限于发动机外廓和偏转对密封烧蚀的敏感程度。在战略弹道导弹发动机上,摆动偏转角度一般都比较小,如民兵发动机的最大偏转角度为$\pm 8°$,MX 导弹发动机预定的最大偏转角度为$\pm 6°$。但在战术导弹发动机上,偏转角度可达到$\pm 20°$,或者更大。

对于具有分离面的摆动喷管式推力矢量控制装置都需要解决接头的密封问题,并保证在高温环境下仍保持良好的气密性。

接头间的摩擦力是随温度和润滑状况而变化的,在喷管温度剧烈变化时摩擦力差别很大,并且润滑状况的不同,也会造成摩擦力的非线性变化,因此在设计推力矢量控制装置时应考虑这些因素的影响。

这种球窝接头摆动喷管的摆动分离线位于气流条件较为理想的燃烧室侧壁,因此,气密性和抗烧蚀问题易于解决。随着新材料和新工艺的进展,这种球窝接头摆动喷管不仅大尺寸结构经过了地面热试车验证,而且已经作为一种摆动喷管构型用来验证发动机的新技术和新工艺,它的设计也已经编成了自动化程序。

1.2.3 铰接接头摆动喷管

这种推力矢量控制装置与球窝接头推力矢量控制装置间的差别在于连接方式的不同。因为结构限制,铰接接头只能单方向运动,故铰接接头摆动喷管属于单轴式推力矢量控制装置,主要由固定体、活动体和铰链接头三部分组成,固定体一般以金属法兰结构与喷管座连接,如图 1-4 所示。

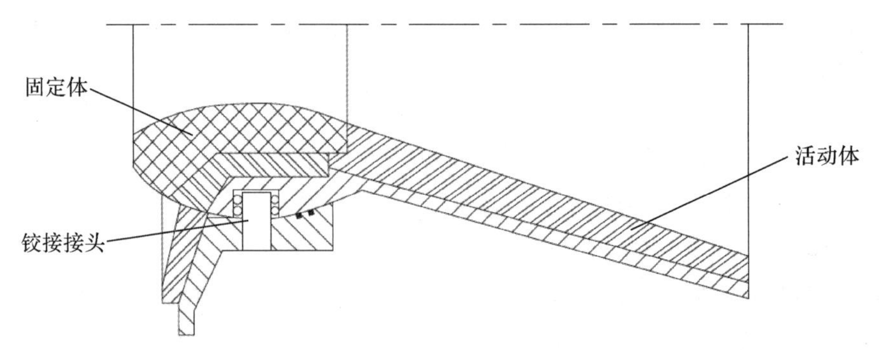

图 1-4 铰链接头单轴摆动喷管结构

单轴摆动喷管只能在一个方向摆动，如需要实现俯仰、偏航和滚动三通道控制，则需使用多个（一般为四个）喷管。四个单轴摆动喷管在发动机尾部的布置通常采用"×"形布置或"＋"形布置，每个喷管均配有一台独立的伺服机构来控制其摆动，依靠四台伺服机构对四个喷管摆动方向和摆动角度的组合控制，如图1-5所示。

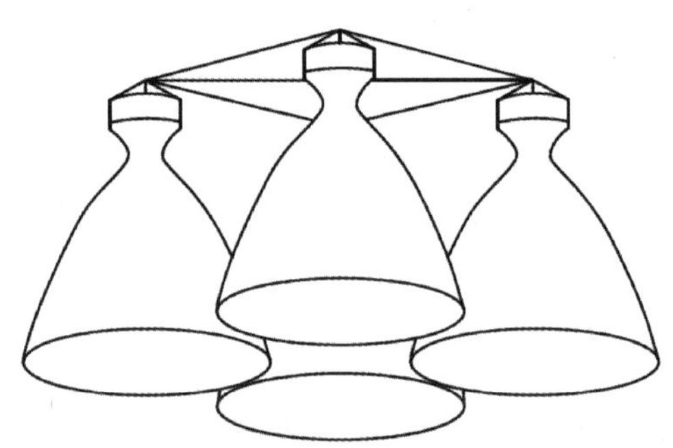

图 1-5 四个铰接接头摆动喷管组成的喷管簇

铰接接头摆动喷管推力矢量控制装置是一种比较简单的推力矢量控制装置，且具有如下优点：①虽然铰接接头摆动喷管只能单轴摆动，但采用四个喷管后，不仅可以提供俯仰、偏航方向的控制力，而且还能够提供滚动方向的控制力矩，因而比用单个摆动喷管推力矢量控制装置减少了一套用来产生滚动控制力矩的推力矢量控制装置；②喷管的摆角可以较大，而侧向控制力基本上正比于喷管的摆角，因此可以提供较大的侧向控制力；③附加部件少，结构简单，不需要特殊的材料和工艺，试验工作量小，成本较低。

铰接接头摆动喷管推力矢量控制装置由发动机喷管固定段、铰接接头、喷管摆动段和伺服机构几部分组成。其中，铰接接头以转轴和轴承方式实现。喷管簇和伺服机构组成如图1-6所示。

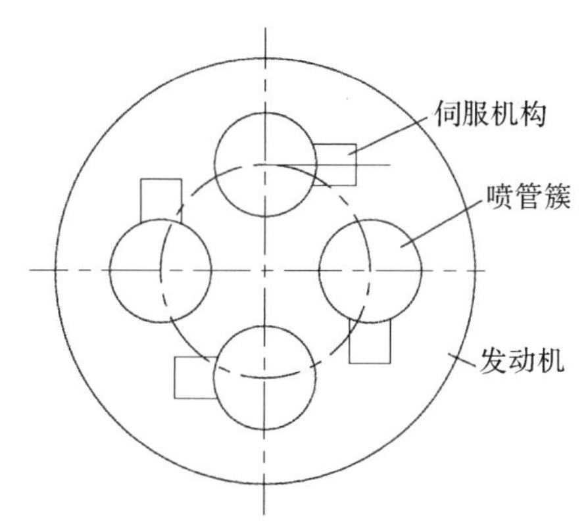

图 1-6　喷管簇和伺服机构示意图

为实现三通道控制，采用“+”或“×”字形对称分布的四喷管发动机同时参与俯仰、偏航控制，铰接接头摆动喷管的性能如下。

(1)喷流偏转角度 DA。

铰接接头在结构实现上比较简单，但受到相邻喷管的结构限制，其摆动喷管的摆动范围一般为±15°。

(2)侧向力 F_y。

如按四个象限定义四个喷管的序号，该推力矢量控制装置的侧向力大小分别为

$$F_y=\frac{F_x}{4}(\sin\theta_1-\sin\theta_2-\sin\theta_3+\sin\theta_4)\cos 45° \tag{1-8}$$

$$F_y=\frac{F_x}{4}(\sin\theta_3+\sin\theta_4-\sin\theta_1-\sin\theta_2)\cos 45° \tag{1-9}$$

式中，θ_i 表示第 i 个喷管的偏转角。

(3)推力损失 D_{F_x}。

发动机轴向推力损失为

$$F_y=\frac{F_x}{2}\left(\sin^2\frac{\theta_1}{2}+\sin^2\frac{\theta_2}{2}+\sin^2\frac{\theta_3}{2}+\sin^2\frac{\theta_4}{2}\right) \tag{1-10}$$

(4)伺服机构功率。

伺服机构所要克服的主要还是铰接接头的摩擦力矩，因此该推力矢量控制装置对伺服机构功率要求较小。

(5)工程实现。

铰接接头摆动喷管是较早应用于型号的一种推力矢量控制装置，已用于美国的“民兵Ⅰ”第一、二、三级发动机，“民兵Ⅱ”第一、三级发动机和“民兵Ⅲ”第一级发动机。

在工程实现上除应解决恶劣环境下接头的密封和润滑问题外，还应解决轴承的选配和多喷管的结构布局问题。

1.2.4 柔性接头摆动喷管

柔性接头摆动喷管是柔性摆动喷管的早期设计形式，是将柔性材料制成连接件安装在发动机固定段和活动段之间，以柔性接头的偏摆来实现发动机喷管的偏摆。

柔性接头是火箭发动机燃烧室与摆动喷管之间的一个非刚性的压力密封连接件。它的一端连接在发动机的固定结构上，另一端连接着摆动喷管。当摆动喷管上作用一个操纵力时，喷管可在要求的方向上摆动，使发动机推力方向发生偏转，产生一个相对于飞行器重心的控制力矩，达到改变飞行器姿态的目的，喷管的截面如图 1－7 所示。

具有柔性接头摆动喷管的推力矢量控制装置主要由四部分组成：活动体、固定体、伺服机构（或称操纵系统）和柔性接头。

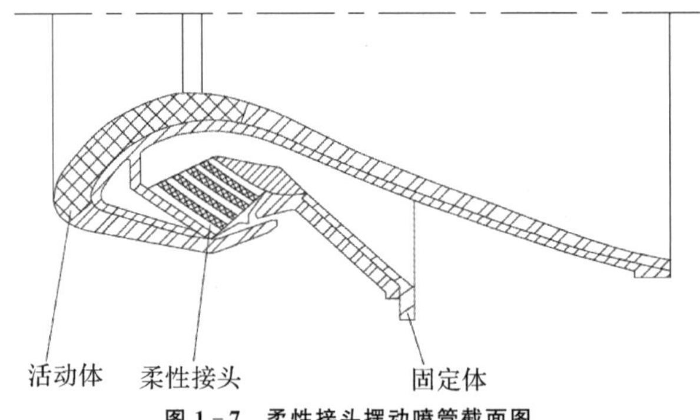

图 1－7　柔性接头摆动喷管截面图

根据热防护件的不同，柔性接头可以分为以下三种主要的结构：①具有波纹管式绝热套的柔性接头；②具有缠绕绝热套的柔性接头；③具有可消融烧蚀防护件的柔性接头。

柔性接头摆动喷管的主要优点是：①柔性接头摆动喷管能做全轴摆动，偏转能力大，能满足大侧向力的要求，具有自密封作用、推力损失小、共有频率高、结构简单、工作可靠性高等特点。②喷管可以布置成前摆心和后摆心，能适应不同结构喷管的要求。③操作维护方便，柔性接头可以做到多次重复使用，降低成本。

柔性接头摆动喷管的主要缺点：柔性接头的摆动力矩较大，要求采用大功率伺服机构，单喷管只能提供俯仰、偏航方向的控制力矩，还需配备一套专门提供

滚转力矩的系统。另外，弹性件的性能受环境温度影响，摆动力矩随环境温度和工作压强变化较大，难以在极限环境温度下工作；在长期储存中，弹性材料等会面临老化问题，要进行防老化处理和保护。

该推力矢量控制装置在性能上与柔性摆动喷管推力矢量控制装置相同，在工程实现上除应解决柔性材料问题外，还应解决密封问题。这种推力矢量控制装置已应用在美国的“海神”第一、二级发动机和“三叉戟I”第一、二级发动机上。

1.2.5 液浮轴承摆动喷管

这种推力矢量控制装置是一种全轴摆动系统，可同时提供俯仰和偏航控制力。它有两个显著的优点：第一，它所需要的操纵力矩是迄今为止研究和应用的各种摆动喷管推力矢量控制装置中最小的一种，减少了伺服机构的功率和质量，即在一定的伺服机构功率条件下，可以带动较大的喷管。第二，液浮轴承本身既是摆动喷管的支承件，又是摆动喷管和发动机固定部件之间的密封件，它不受炽热的燃烧室燃气的直接冲刷，防热结构简单，密封可靠。此外，该推力矢量控制装置结构简单，不需要复杂的制造过程和严密的加工精度，由液浮轴承密封环（液浮囊）、固定体、摆动喷管和活动体等组成，其结构如图 1－8 所示。

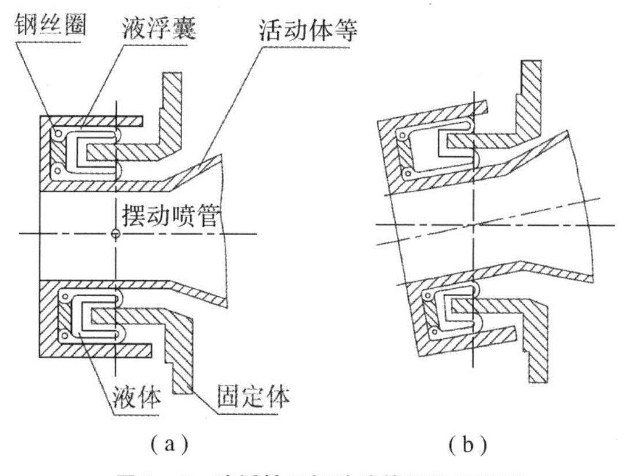

图 1－8　液浮轴承摆动喷管结构示意图

(a)没有偏转时；(b)发生偏转后

该推力矢量控制装置的连接件是液浮轴承密封环，它是一个内腔注满密封液体的定容橡胶体结构，为增强橡胶的承压能力，密封环中有数层增强纤维织物。密封环既是摆动喷管的转动连接件又是密封件。

当伺服机构驱动摆动喷管时，喷管压迫液浮轴承密封环内的液体流动，使摆动喷管产生位移。同时，发动机喷流在摆动喷管上形成一个向后的纵向喷射载荷，该力作用在密封环上，保持密封环的密封压力。

液浮轴承的结构必须满足对高压液体的密封、强度和摆角要求等。液浮轴承喷管摆动时，由于其腔内液体流动和囊包边的滚动，由剪切作用产生一定的反抗力矩，这样就形成了对液浮轴承摆动喷管摆动所需的操纵力矩。根据液浮轴承摆动喷管及其液浮囊的结构、摆动中心位置，可分为以下几种类型：①普通囊和锥形囊；②整体囊和局部囊。在实际应用中，根据发动机总体、喷管整体结构的不同要求，可以组合成所要求的不同结构的液浮轴承摆动喷管。例如，普通的整体式囊结构、普通的局部式囊结构、锥形的局部式囊结构等，如图 1－9 所示。

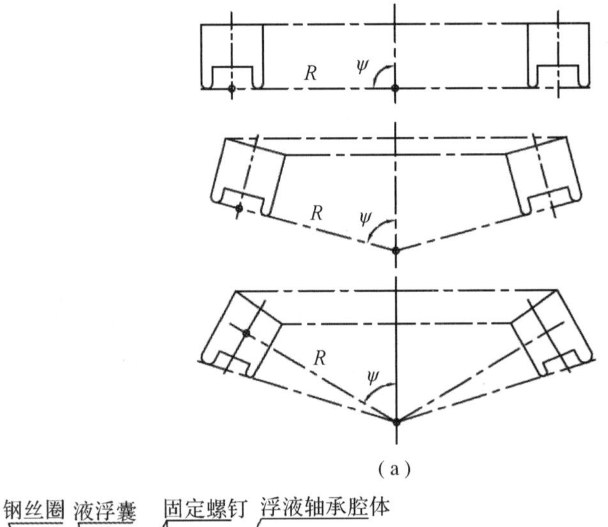

(a)

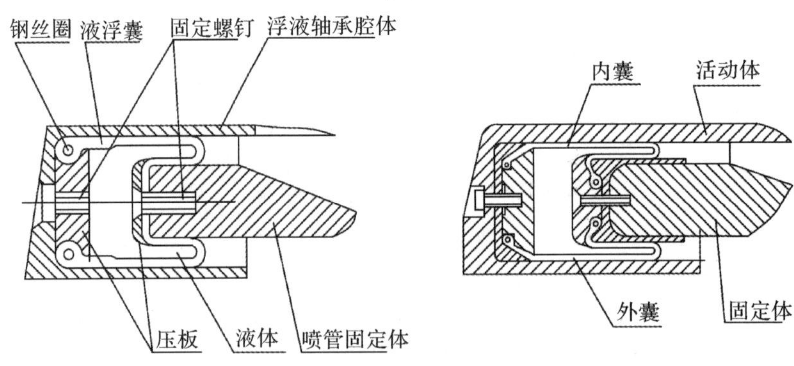

(b)

图 1－9　液浮囊结构示意图

(a)普通囊和锥形囊；(b)整体囊和局部囊

该推力矢量控制装置在性能上与球窝接头摆动推力矢量控制装置基本相同，作为连接件的液浮轴承容易变形，所需伺服机构的操纵力矩很小，而且橡胶密封环同时具备密封作用，热防护结构也比较简单，因此液浮轴承系统是很有发

展前途的推力矢量控制装置，目前已在“民兵”“海神”“三叉戟”等多种导弹上进行了静态试验。

在“民兵”第一级发动机及惯性顶级(IUS)方案用液浮轴承摆动喷管的研究目的是，为液浮轴承摆动喷管应用于弹道式系统发动机做好实际准备。IUS 的基本方案为两级发动机组合，其一、二级发动机都采用液浮轴承摆动喷管。这一阶段的工作使液浮轴承摆动喷管技术被型号采纳，并用于代表当前固体发动机最新技术水平的高性能航天固体发动机组的第一、二级发动机上。1982 年 10 月，第一枚 IUS 作为大力神 34D 运载火箭的顶级成功地将两枚国防通信卫星送入同步轨道，标志着液浮轴承摆动喷管技术从型号研制阶段正式跨入型号使用阶段。1983 年 4 月，IUS 作为航天飞机“挑战者号”的顶级，发射了一枚巨型跟踪数据和中继卫星，把液浮轴承摆动喷管技术的应用又向前推进了一步。IUS 所用液浮轴承摆动喷管的液浮囊由二层涂氯橡胶的 K－29 织物制成，织物强度裕度很高。IUS 第一、二级发动机的主要数据见表 1－1。

表 1－1　IUS 第一、二级发动机的主要数据

发动机级数及代号	全长/mm	外径/mm	喷管喉径/mm	喷管潜入深度/mm	最大工作压力/Pa	燃烧时间/s	发动机质量比
第一级(SRM－1)	3 150	2 337	165	480	423.8×10^4	152	0.935
第二级(SRM－2)	1 885	1 608	107	288	415.9×10^4	103	0.91

液浮轴承摆动喷管推力矢量控制装置的工程实现难度在橡胶材料和制造工艺上。其缺点在于转动刚度过低，而且存在液浮轴承受压后产生的较大的转动中心浮动。

液浮轴承摆动喷管是固体发动机的一个重要部件，又是飞行器控制系统中的重要组成部分，因此，在进行液浮轴承摆动喷管研制时，必须明确对液浮轴承摆动喷管的总体性能要求，以便在设计、制造和试验研究时达到这些要求。

液浮轴承摆动喷管与一般摆动喷管不同的最关键的部件是液浮轴承，液浮轴承中除了金属构件外，最关键的零件是液浮囊。

1.2.6　珠承喷管

珠承喷管是一种机械式全轴摆动推力矢量控制喷管。珠承喷管是一种以滚珠(一排或多排)支承喷射载荷，是用一道或两道密封圈密封高温、高压燃气，能在 360°方向上提供侧向控制力的全轴摆动喷管。它和其他摆动喷管相比，以滚珠作为支承载荷的接头是其独有的特点。

珠承喷管的典型结构如图 1－10 所示，其主要结构与单轴摆动喷管相似，可分为三个部分，即固定体、活动体和珠承接头。固定体一般以金属法兰与发动机后接座相连，大多数情况下采用倒锥结构，以便使喷管部分潜入燃烧室内，它通常是一个凹球体结构，在球窝内安装两道密封圈。珠承喷管的活动体通常以互成 90°的两个支耳与两台伺服机构相连，在伺服机构的动力作用下，能在 360°的方位上进行全轴摆动。活动体通常是一个凹球结构。

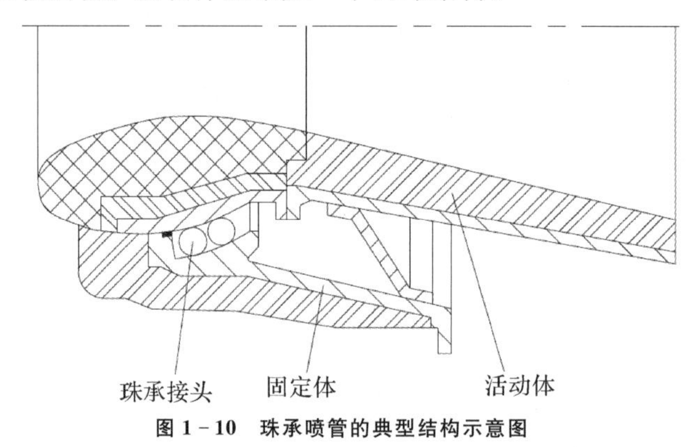

图 1－10　珠承喷管的典型结构示意图

珠承接头实际上由固定体的凹球台体、活动体的凸球台体、排列为单排或多排的滚珠和滚珠保持架组成。球台金属表面应有很高的硬度，以承受滚珠传递的接触载荷，因此它应有很高的光洁度，以减小摆动时的摩擦。

珠承喷管本身不具备抗扭转能力，在设计珠承喷管时，必须设计抗扭装置。目前，通常采用的抗扭装置有金属筒形波纹管和防扭夹布胶囊等多种形式。

珠承喷管主要用于第二代战略导弹，能提供较大的侧向力和摆角，有自紧密封作用，频率响应好，摆心位移小，摆动力矩主要为摩擦力矩，环境适应力强，结构紧凑，但对球面硬度要求高。

1.2.7　常平架摆动喷管

常平架摆动喷管是铰接接头摆动喷管推力矢量控制装置的改进型，所不同的只是前者比后者多一个常平架，而常平架是为了支承和传力并使喷管绕着转轴进行摆动的一种辅助装置。将摆动喷管安装在常平架上，用两套伺服机构分别驱动常平架和摆动喷管。当一套伺服机构驱动常平架时，带动摆动喷管在一个方向偏转。如果此时另一套伺服机构同时驱动摆动喷管，则使摆动喷管绕常平架转轴做周向运动，从而使得常平架摆动喷管推力矢量控制装置由单轴式变

为全轴式系统，同时提供俯仰、偏航两通道控制力。

常平架摆动喷管除比铰接接头摆动喷管推力矢量控制装置多一个自由度外，工作原理基本相同，因此在性能指标上两者没有本质区别。常平架摆动喷管在工程实现上也比较简单，但因多了一套伺服机构，并且多了几处铰接接头，该推力矢量控制装置在结构设计上稍显复杂。

常平架摆动喷管推力矢量控制装置中常平架以铰接方式与发动机相连，摆动喷管也以铰接方式与常平架相连，其结构如图 1－11 所示。

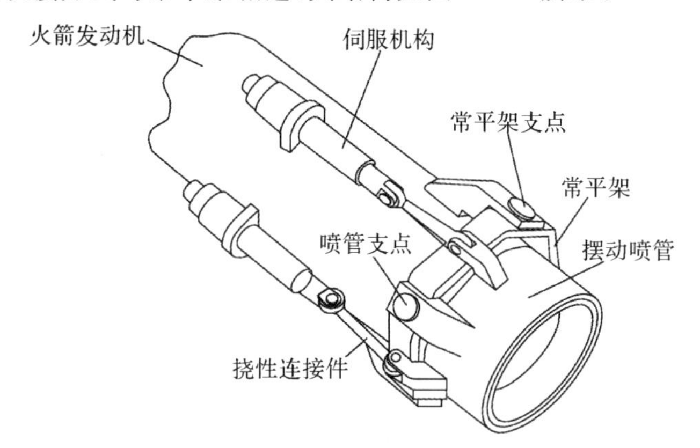

图 1－11 常平架摆动喷管结构示意图

常平架摆动喷管提供的侧向控制力（ F_y ）为

$$F_y = F\sin\mathrm{DA} = \frac{F\mathrm{DA}}{57.3} \tag{1-10}$$

轴向推力损失（ ΔF_y ）为

$$\Delta F_y = 2F\sin^2\frac{\mathrm{DA}}{2} = \frac{F}{2}\left(\frac{\mathrm{DA}}{57.3}\right)^2 \tag{1-11}$$

侧向力与喷管偏转角基本上是呈线性关系的，因而给控制机构及伺服机构的设计带来了极大的方便。

常平架摆动喷管的主要缺点仍然是分离面的密封与摩擦力矩问题。因为常平架摆动喷管的摩擦力矩不仅仅是由密封环产生的，而且包括常平架及摆动喷管上铰接接头处滚动轴承所引起的摩擦力矩。摩擦力矩主要取决于作用在轴承上的载荷，而且随着载荷的增大而增大。常平架摆动喷管的另一个缺点，也是全轴摆动单喷管的共同缺点，是不能提供滚动控制力矩，还需要一套专门的装置。即使如此，由于采用单喷管后可以提高发动机性能，所以，全轴摆动的单喷管要比单轴摆动的多喷管好一些。因此，常平架摆动喷管推力矢量控制装置不仅可以用于大型固体火箭发动机上，也可以用于中、小型固体发动机上。

1.2.8　旋转喷管

旋转喷管推力矢量控制装置是较早得到应用的推力矢量控制装置，一般用于大型导弹上，如美国的北极星导弹，现已逐步被其他较先进的推力矢量控制装置所代替。

旋转喷管与其他摆动喷管推力矢量控制装置不同，它不是驱动喷管绕弹轴中心线做径向偏摆造成推力偏移的，而是通过喷管旋转达到发动机推力偏移的，进而提供侧向力。

喷管的旋转中心不与导弹轴线重合，因此当喷管旋转时，会产生与所要求侧向力方向垂直的附加力和力矩。为抵消这一附加力，应采用对称分布的喷管簇。同时，喷管簇还可提供俯仰、偏航、滚动三通道控制，使旋转喷管推力矢量控制装置成为全轴式推力矢量控制装置。

旋转喷管推力矢量控制装置由固定装置、喷管旋转体、轴承和伺服机构等几部分组成。固定装置与发动机纵轴之间不垂直，喷管旋转体也以一定角度(一般为15°～30°)安装在固定装置上，喷管旋转体可相对固定装置旋转。其结构如图1-12所示。

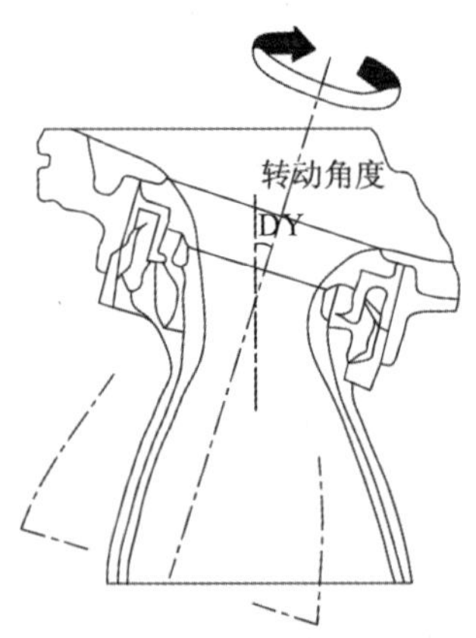

图1-12　北极星导弹第二级旋转喷管结构示意图

旋转喷管的各个性能具体见下面几个方面。

(1)喷流偏转角度DA。

旋转喷管推力矢量控制装置是靠推力偏心形式实现发动机喷流的不对称，因此造成的喷流偏转范围较小，一般喷流偏转角为±10°。

(2)侧向力F_y、附加侧向力F_{y_z}。

旋转喷管产生的侧向力不仅喷管绕旋转轴线的转动角DY有关，而且与喷

管轴线和旋转轴线之间的夹角 F_{Fy} 有关，一个喷管旋转产生的侧向力和附加力为

$$F_y = F_x \sin F_{Fy} \sin \mathrm{DY} \tag{1-12}$$

$$F_{y_z} = 2F_x \sin F_{Fy} \cos F_{Fy} \sin^2 \frac{\mathrm{DY}}{2} \tag{1-13}$$

(3)推力损失 D_{F_x}。

每个喷管在不旋转时推力损失为零，在旋转时为

$$D_{F_x} = 2F_x \sin^2 F_{Fy} \sin^2 \frac{\mathrm{DY}}{2} \tag{1-14}$$

由此可见，当相对两个喷管反向旋转时，附加力抵消，侧向力加倍。而当其同向旋转时，在侧向力加倍的同时，附加力成为滚动控制力，可对滚动通道进行控制。但附加力的存在也会损失一部分发动机推力。

(4)工程实现。

在工程实现上，除密封问题外，固定装置和喷管旋转体之间需用较大的轴承，结构比较复杂。同时，较大的喷管旋转角引起较小的喷流偏转角，要求旋转体有大的活动空间，造成喷管及其伺服机构的部位安排困难，伺服机构的功率也难以达到要求，使其不适合应用在小型导弹上。

1.2.9 燃气舵

燃气舵是从空气舵直接借用过来的，其工作原理和空气舵完全相同，区别仅在于燃气舵上的气动力是靠发动机燃气吹过舵面产生的。因此，燃气舵面从配置到形状均与空气舵面相类似——四个对称安装在发动机喷口处，在舵机带动下偏转，产生弹体所需的侧向控制力矩，改变导弹的飞行姿态，可以实现俯仰、偏航、滚动三个方向控制。

燃气舵的主要优点有：①所需驱动力较小；②在喷管中所占空间相对较小；③响应速率相对较快。其主要缺点有：①推力损失大(1%左右)；②燃料中的铝含量较高，腐蚀严重；③矢量控制效率较低。

燃气舵的剖面形状多采用对称菱形翼型。

燃气舵的伺服机构主要由能源、作动器及传动装置所组成(有时把操纵舵面的伺服机构称为舵机)。由于燃气舵所需要的操纵力矩较小，所以，其动力源可以采用电机泵或燃气涡轮泵系统，也可以采用高压冷气瓶系统。伺服作动器通过传动机构(如连杆等)驱动舵轴，并带动舵面偏转来提供所要求的侧向控制力或滚动控制力矩。

燃气舵通常是成对且对称地安装在喷管出口周围的排气流中的，一般是在喷管的四个象限内各装一个。燃气舵固定在舵轴上，舵轴支承在飞行器的壳体上。舵轴在伺服机构的驱动下转动时，也就带动了舵面一起偏转，同时产生侧向控制力。

当飞行器不需要侧向控制力时，燃气舵处于零位（中立位置），相对于燃气流没有攻角，因而不产生升力（即侧向力），只产生阻力。当飞行器需要侧向控制力时，控制系统将指令传给伺服机构，伺服作动器根据指令驱动舵轴及舵面偏转，使燃气舵相对于排气流有一个攻角，从而在舵面上产生了升力。

燃气舵推力矢量控制装置的结构如图 1-13 所示。

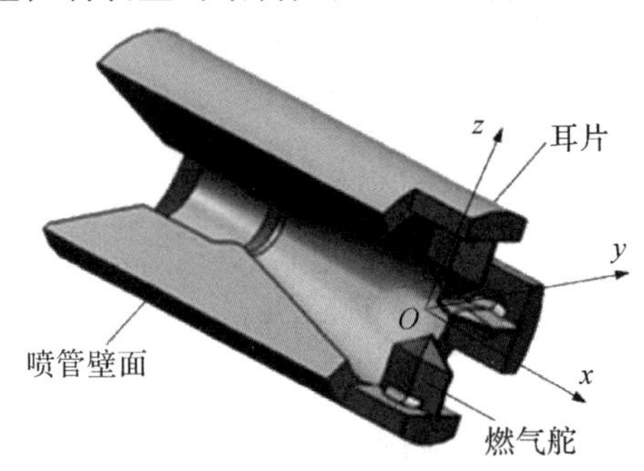

图 1-13　燃气舵推力矢量控制装置的结构示意图

燃气舵各个相关方面的性能具体见下面几个方面。

(1)舵面偏转角度 DA。

燃气舵面偏转角度受两方面限制：其一是根据空气动力学原理，为保持产生的侧向力具有较好的线性度，DA 不宜过大；其二是发动机径向尺寸的限制，DA 也不能很大。一般最大偏转角为$-20^\circ \sim -10^\circ$或$10^\circ \sim 20^\circ$。

(2)侧向力 F_y。

当燃气舵不偏转时，相对于燃气流的攻角为零，此时不产生气动力。当舵面偏转时，根据空气动力学，舵面产生的侧向力为

$$F_y = \frac{1}{2}\rho_{OA} v_A^2 S_A C_{YD} DA \tag{1-15}$$

式中，ρ_{OA} 为喷口处气流密度；v_A 为喷口处气流速率；S_A 为舵面面积；C_{YD} 为舵面升力系统对舵面偏转角的导数。

燃气流马赫数(Ma)可表示为

$$Ma = v_A / \sqrt{X_K \frac{F_A}{\rho_{OA}}} \tag{1-16}$$

式中，X_K 为气体绝热指数；F_A 为喷管出口压力。

则

$$F_y = \frac{1}{2} X_K F_A (Ma)^2 S_A C_{YD} \mathrm{DA} \tag{1-17}$$

舵面升力系数对舵面偏转角的导数 C_{YD} 可表示为

$$C_{YD} = 4 \times \frac{K_A / 57.3}{\sqrt{F^2 - 1}} \tag{1-18}$$

式中，K_A 为舵面形状系数。

则

$$F_y = 0.003\,5 K_A X_K p_A (Ma)^2 S_A \mathrm{DA} / \sqrt{(Ma)^2 - 1} \tag{1-19}$$

由此可知，燃气舵产生侧向力的大小除与舵面本身的面积和偏转角相关外，还与舵面所处喷管位置的喷流压力和速率相关。由于一般发动机喷流的可调节余地较小，所以增大侧向力仍需通过加大舵面面积和增大舵面偏转角来实现，但这样会带来质量增加和气流分离问题，因此燃气舵推力矢量控制装置所能提供的侧向力较小，效率也较低。

(3)燃气舵阻力 F_D。

与空气舵类似，燃气舵引起的阻力 (F_D) 为

$$F_D = \frac{1}{2} \rho_{OA} v_A^2 S_A C_D \mathrm{DA} = 2 X_K K_A (Ma)^2 \sqrt{(Ma)^2 - 1} \left[\left(\frac{\mathrm{DA}}{57.3} \right)^2 + \left(\frac{C_A}{B_A} \right)^2 \right] \tag{1-20}$$

式中，C_A 为燃气舵翼型厚度；B_A 为燃气舵根弦长。

由此可见，即使舵面不偏转，燃气舵始终存在一个阻力，这样必然带来额外的推力消耗，降低弹载能源的利用率。

对不同角度燃气舵绕流场进行数值计算，综合分析仿真结果可以得出以下结论：①燃气舵背风面的压力受舵面偏转角变化的影响很小，迎风面压力随舵面偏转角的增大而增大；②燃气舵迎风面最大厚度处上游受舵面偏转角的影响最大，因此在燃气舵设计时，单纯从提供最大升力角度考虑，应增大燃气舵中线之前的有效面积；③燃气舵迎风面和背风面的压力差从梢部到根部逐渐增大，根部附件产生的压差要远远大于梢部。

导热系数在前缘附近达到最大值，在表面边界逐渐减小，在舵中部突然降低。当舵旋转时，迎风面的导热系数比背风面高。舵前缘附近的表面表现出较高的烧蚀率，燃气舵化学烧蚀的总量相比于舵的总烧蚀量是相对较小。

(4)工程实现。

燃气舵在空空导弹上的应用较为广泛，较有代表性的有美国“AIM－9X”导弹、德国牵头的“IRIS－T”导弹、南非“A－Darter”导弹和日本“AAM－5”导弹等。

燃气舵是一种简单的推力矢量控制装置，从工程角度来看比较容易实现，主

要工作在舵面形状设计和舵面材料的选择方面。

该推力矢量控制装置侧向力的产生很大程度上依赖于舵面形状，因此应设计出在超声速状态下效率较高的舵面。而燃气舵所处的恶劣环境也要求舵面材料应具有耐高温和耐烧蚀性能。

燃气舵材料的选择应当考虑以下四个因素：材料的耐热极限、材料硬度、材料成本和材料密度。

1.2.10 燃气桨

燃气桨又叫阻流板或扰流器，它是一种固定喷管的推力矢量控制装置。

燃气桨是通过安装在发动机喷管出口平面处成对的燃气桨来提供侧向控制力的。在推力矢量控制装置工作时，燃气桨插入燃气流中，使得超声速气流分离形成诱导激波，在喷管内引起不对称压力分布，该压力差的合力在垂直于喷管轴线方向的投影即为侧向控制力。

燃气桨通常是对称地安装在喷管出口的周围，每个象限一个。在不需要侧向控制力时，燃气桨不伸进发动机的排气流中，这样，既防止了排气流对燃气桨的烧蚀，又避免了轴向推力损失。当飞行器需要侧向控制力时，伺服机构根据控制指令将燃气桨转到发动机的排气流中，使气流受阻，并产生所要求的侧向控制力。侧向控制力的大小是通过改变燃气桨转入排气流中的角度，即对应的喷管出口被堵塞面积的大小来实现的，其工作原理如图 1－14 所示。

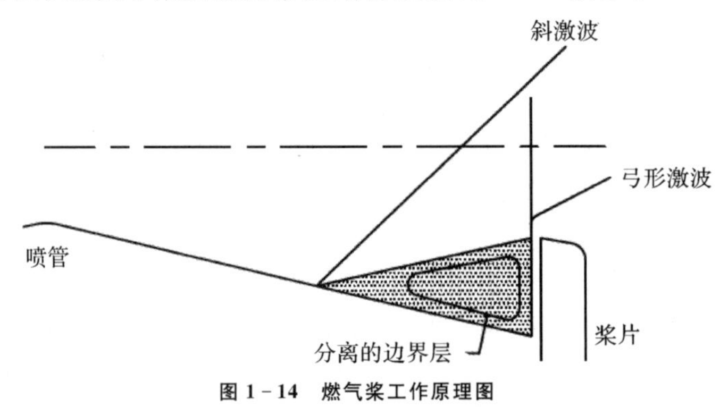

图 1－14　燃气桨工作原理图

燃气桨是具有一定平面形状的金属或非金属结构，它是产生诱导激波和侧向控制力的主要元件。燃气桨固定在转轴上，并有伺服作动器带动转轴使其转动。伺服机构则是燃气桨转入与转出排气流的驱动装置，与燃气舵的伺服机构基本相同。

燃气桨的主要优点是：①结构简单；②侧向力正比于桨叶与喷管出口面积比，便于实现线性控制；③操纵力矩小，伺服机构功率小，质量轻；④可实现全轴控制。其主要缺点是：①由于桨叶材料烧蚀，工作时间受到限制，且不适于高温、高铝粉含量的推进剂；②喷管尾部局部烧蚀严重；③轴向推力损失较大；④收藏桨叶需要较大空间，喷管膨胀比受到限制。

燃气桨主要包括四片桨叶和伺服机构两部分。其结构如图1-15所示。

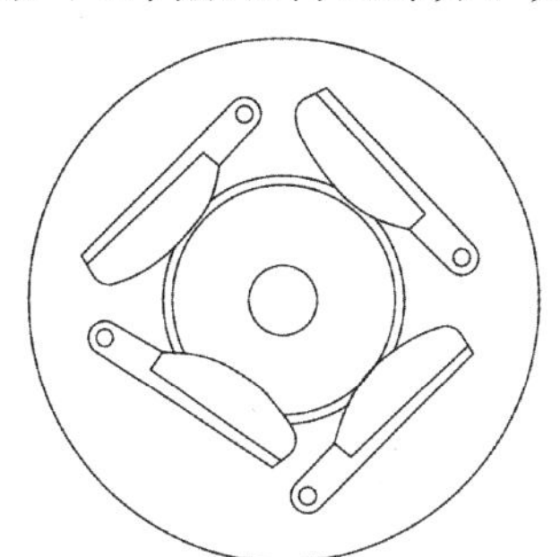

图1-15 燃气桨结构示意图

燃气桨各相关方面的参数具体见下面几个方面。

(1)喷流偏转角DA。

燃气桨产生的喷流偏转角度与燃气桨堵塞喷口的面积成比例，而且线性度很好。在双桨叶插入时，喷流偏转角度最大可到14°。

(2)侧向力F_y。

燃气桨产生的侧向力与喷流偏转角成正比，即燃气桨切入喷口的面积越大侧向力越大。但当桨叶达到一定值时，喷管内的诱导激波将碰到对面的喷管壁，从而抵消部分侧向力。因此，设计的桨面大小应使最大切入时产生的斜激波与对面喷管壁边缘相切，使得的侧向力大。燃气桨最大侧向力系数可达到0.25。

(3)轴向推力损失F_D。

当推力矢量控制装置不工作时，燃气桨置于发动机喷口周围，推力损失为零。工作时燃气桨切入燃气流越多，产生的阻力越大。推力损失与喷流偏转角之间基本呈1:1关系，即喷流每偏转1°，推力损失增加1%。

(4)伺服机构功率。

推力矢量控制装置伺服机构只驱动燃气桨切入和切出燃气流，因此所需提供的功率很小，质量可以设计得很轻，这是燃气桨的最大优势。

(5)工程实现。

燃气桨是一种简单的推力矢量控制装置，从工程角度来看比较容易实现，主要问题在桨叶的布置上。因桨叶是安装在喷口外部四周，这样在发动机后方需设计较大空间以安装桨叶，各部位的安排问题较难解决。

1.2.11 偏流环推力矢量控制装置

这种形式的推力矢量控制装置采用一个位于发动机喷口处，安装在万向支架上的，与喷口形状基本相同的圆环式结构作为喷流致偏装置。该装置在伺服机构的驱动下在弹轴横向做偏摆运动，使偏流环进出燃气流，引起气流的不对称压力分布，产生侧向力的。偏流环式推力矢量控制装置是通过安装在发动机喷管出口平面上的一个可以绕着喷管轴线上某一点进行转动的喷流致偏装置来提供侧向力的。当喷流致偏装置的一部分转入喷管排气流时，使排气流受阻，产生激波，改变了排气流(推力)的方向，产生所要求的侧向控制力。

这种推力矢量控制装置主要由喷流致偏装置以及伺服机构所组成。喷流致偏装置实际上是一个内部为球面的圆环，并与喷管出口周围的球形表面相配合，以便在伺服机构的驱动下进行全轴摆动。

伺服机构包括能源及两个互成 90°的伺服作动器。当伺服机构接到控制指令时，伺服作动器驱动喷流致偏推力矢量控制装置偏转，使一部分喷流致偏推力矢量控制装置进入排气流中，对排气流形成了障碍，在喷流致偏推力矢量控制装置上产生了斜激波，激波后压力升高，从而形成了不对称的压力分布，这些压力的合力在垂直于喷管轴线方向的投影即为侧向力。

该推力矢量控制装置结构如图 1-16 所示。

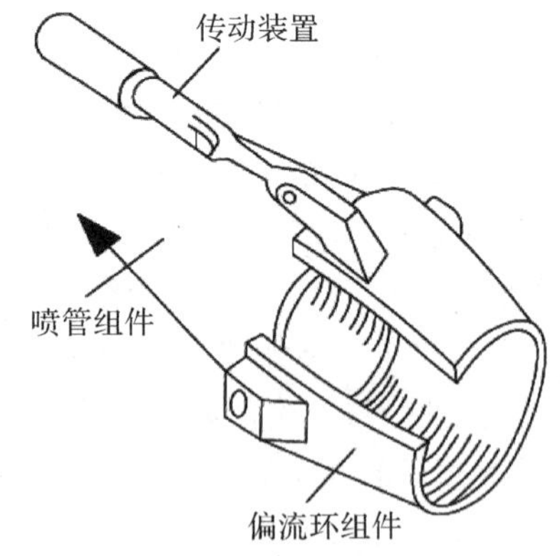

图 1-16 偏流环式推力矢量控制装置结构示意图

偏流环式推力矢量控制装置各方面的性能指标具体见以下方面。

(1)喷流偏转角度 DA。

偏流环式推力矢量控制装置的一大优点是可产生较大的喷流偏转角，最大可达±30°。而且在偏流环偏转角 ST 与喷流偏转角 DA 之间存在较好的分段线

性度，因此这种推力矢量控制装置已在型号上得到应用。

(2)侧向力 F_y。

由于侧向力是因激波引起的压力不平衡造成的，根据流体动力学原理，假设燃气流为无黏性的理想气体，其速率和密度沿整个喷管出口截面是均匀的，并且作用在偏流环上的压力按余弦规律分布，可得出侧向力为

$$F_y = R^2 \frac{\mathrm{ST}}{57.3}\left[\frac{4}{3}(F_1 - F_A) - \frac{\pi}{2}(F_0 - F_A)\right]\cos\mathrm{ST} \qquad (1-21)$$

式中，R 为偏流环内表面半径；F_1 为激波后的压力；P_A 为发动机喷口出口压力；F_0 为外界环境压力。

由式(1-21)可以看出，偏流环推力矢量控制装置产生侧向力的大小与发动机喷管设计密切相关，当喷管处喷流在欠膨胀状态下($F_0 > F_A$)时，侧向力最大，但此时发动机能量的利用率较低。为缓解这一矛盾，可选择导弹在典型设计高度飞行时令 $F_0 = F_A$，这样即充分利用了能量又提供了较大的侧向力。

(3)推力损失 F_D。

与侧向力计算相同，轴向推力损失可表示为

$$F_D = R^2 \frac{\mathrm{ST}}{57.3}\left[\frac{4}{3}(F_1 - F_A) - \frac{\pi}{2}(F_0 - F_A)\right]\sin\mathrm{ST} \qquad (1-22)$$

由此可见，偏流环推力矢量控制装置引起的轴向推力损失与侧向力具有相同的特性，当提供最大侧向力时，推力损失也最大。

(4)伺服机构功率。

偏流环推力矢量控制装置的伺服机构不像燃气舵的伺服机构那样，只驱动一个质量较小的舵面，而是需要使整个偏流环偏转，因此所要求的功率比燃气舵大，并与设计要求的偏转角度 ST 有关。一般需使用中等功率输出的舵机。

(5)工程实现。

偏流环推力矢量控制装置在结构上比较简单，工程实现比较容易。在制造偏流环时，除与其他推力矢量装置一样，应选用耐高温烧蚀的材料(如钨渗铜)外，还应注意密封或对伺服机构的热防护问题。偏流环外表面与发动机喷管内表面之间的配合间隙，会使一部分燃气可能进入伺服机构中，造成损坏。为此可采用密封垫和对伺服机构加装防热板的方法解决这一问题。

1.2.12 半球形喷流致偏推力矢量控制装置

这种形式的推力矢量控制装置是采用一种位于发动机喷口处，安装在支架上，静止时开口大小与喷口大小一致的球形舵面作为喷流致偏装置。舵面可设

计成安装在万向支架上的整体式半球形喷流致偏推力矢量控制装置，也可设计成装在两个正交支架上的两对圆弧形舵面致偏推力矢量控制装置，实现对弹体俯仰、偏航的双通道控制。

半球形壳体装在支架或常平架上，由伺服机构驱动半球形壳体绕着喷管轴线一个点转动，整体式半球形喷流致偏推力矢量控制装置如图 1－17 所示。

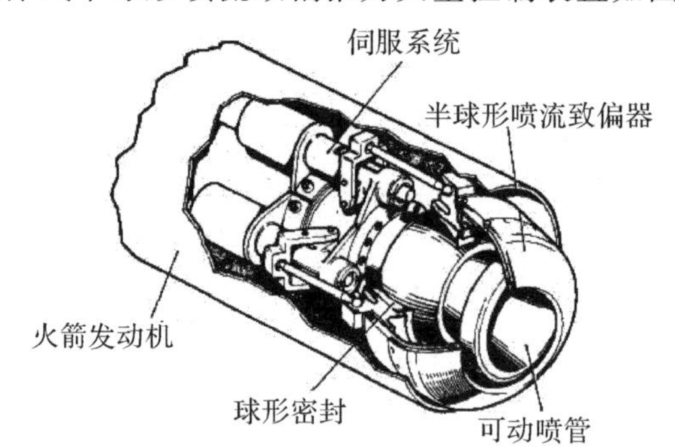

图 1－17　整体式半球形喷流致偏推力矢量控制装置结构示意图

当飞行器需要侧向控制力时，半球形喷流致偏推力矢量控制装置在伺服机构的驱动下进入超声速排气流中，由于气流受阻，在喷管内引起激波，激波后压力升高，在喷管内形成了不对称的压力分布，其压力的合力在垂直于喷管轴线方向的投影即为所要求的侧向控制力。与偏流环致偏推力矢量控制装置工作原理相同，在半球形喷流致偏装置进入燃气流后，在超声速气流中形成激波，引起压力不平衡产生侧向力。

半球形喷流致偏推力矢量控制装置所引起的喷流偏转角约可达±20°，侧向力和阻力的大小与致偏装置遮盖喷口的面积成正比。该推力矢量控制装置喷流偏斜是在喷管之外，因此引起的推力损失较小。据有关资料介绍，当喷口面积被遮盖 1％时，将产生 0.52°的喷流偏转，相当于主推力 0.9％的侧向力和 0.45％的推力损失。

在工程实现方面，由于这种推力矢量控制装置的半球形壳体质量较大，再加上为了防止排气流受阻后产生回流对喷管周围装置的影响，必须采取密封措施，从而增加了推力矢量控制装置的操纵力矩和结构质量。另外，半球形壳体在燃气流作用下的烧蚀也是很严重的，必须选用耐高温的材料和涂层。该推力矢量控制装置对于一些工作时间较短的小型固体发动机很适用，没有太大的难点，对伺服机构的要求也不苛刻，因此是一种空空导弹推力矢量控制装置较适宜的候选方案。

1.2.13 轴向喷流致偏推力矢量控制装置

与以上两种喷流致偏方式相比，这种推力矢量控制装置的最大特点是发动机喷流致偏装置是沿平行于导弹轴向往复运动的，一般采用四个舵机驱动对称安装的四片致偏舵面。

轴向喷流致偏推力矢量控制装置主要由轴向偏转器及伺服机构所组成，推力矢量控制装置如图1－18所示。

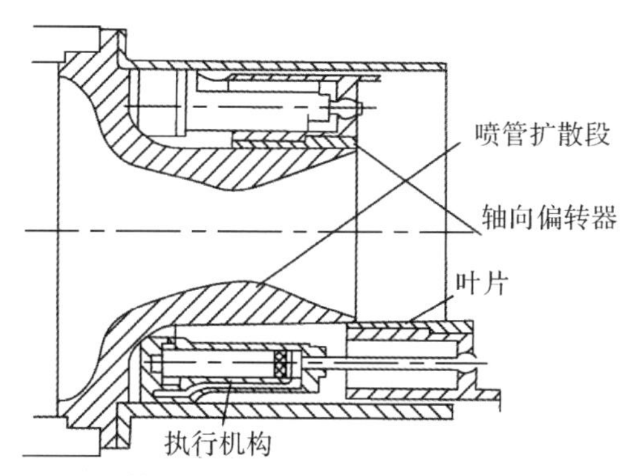

图1－18 轴向喷流致偏推力矢量控制装置结构示意图

轴向喷流致偏推力矢量控制装置的工作原理与上述相同，也是通过致偏装置引起激波效应产生所需的侧向力。轴向喷流致偏装置的优点是侧向力基本上与叶片插入排气流中的面积成正比。叶片插入的面积越大，所产生侧向控制力也越大，因而侧向力大小的控制比较简单。另外，这种推力矢量控制装置的轴向推力损失很小。当飞行器不需要侧向控制力时，叶片不插入排气流，不产生阻力；即使叶片插入排气流，引起的轴向推力损失也很小，完全可以忽略不计。此外，由于轴向喷流致偏推力矢量控制装置的质量很小，需要的伺服机构功率较低，所以伺服机构的质量也比较轻。

这种推力矢量控制装置的运动是直线式的，因此其运动机构设计简单，所需伺服机构的驱动功率也较小；而且舵面插入气流面积与喷流偏转角度具有线性对应关系，便于实现比例控制。但等效面积小，使得喷流偏转角度只能达到7°左右，故提供的侧向力也较小。此外，由于轴向喷流致偏推力矢量控制装置插入排气流中所产生的激波后的高压直接作用在致偏推力矢量控制装置上，也就是说，所产生的侧向控制力是由致偏装置本身来承受的，所以必须用一支承结构来

承受侧向力。同时，致偏装置的叶片还要做轴向运动，需要通过滚柱支承在承力构件上，这样既增加了推力矢量控制装置的结构质量，又使结构复杂化，使这种方式的应用有很大的局限性。

1.2.14 摆动喷管套

摆动喷管套推力矢量控制装置是利用安装在发动机喷口处可以摆动的喷管套来实现喷流偏转的。当喷管套偏转时，排气流也随之偏转，同时，由于排气流受阻，喷流在喷管套上产生激波和膨胀波，造成喷管套内壁的压力差，该压力差的合力在垂直喷管轴线方向的投影即为所需的侧向力。

摆动喷管套推力矢量控制装置的结构如图 1－19 所示。

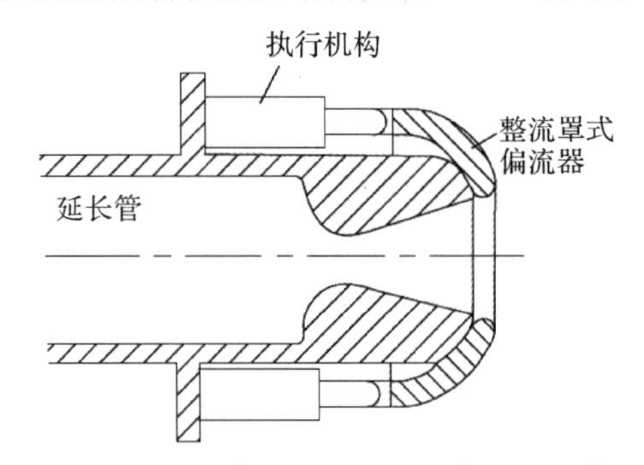

图 1－19　摆动喷管套推力矢量控制装置结构示意图

摆动喷管套推力矢量控制装置各方面的性能具体见以下几个方面。

(1)喷流偏转角度 DA。

摆动喷管产生的喷流偏转角度受制于接头的结构限制，一般的喷流偏转角为 20°。

(2)侧向力 F_y。

根据流体在弯管内流动原理，并假定喷流为无黏性理想气体，气流的速率和密度沿喷管出口截面是均匀的，在喷管壁的压力按余弦分布，则侧向力为

$$F_y=\frac{\pi}{2}(F_1-F_2)Dl\cos D_T \tag{1-23}$$

式中，F_1 为激波后的压力；F_2 为膨胀波后压力；D 为喷管套内壁半径；l 为喷管套长度；D_T 为喷管套偏转角。

(3)推力损失 F_D。

与上类似,摆动喷管引起的推力损失为

$$F_D = \frac{\pi}{2}(F_1 - F_2)Dl\sin D_T \tag{1-24}$$

(4)伺服机构功率。

由于摆动喷管套产生的侧向力是与喷管套内径和长度成正比的,为获得较大的侧向力就需加大喷管套的尺寸,喷管套结构质量的增加必然带来伺服机构功率的增大,因此摆动喷管套推力矢量控制装置需使用较大功率的伺服机构。另外,喷管套所产生的侧向力还与微波与膨胀波后的压力差有关,因此压力差又与发动机喷管的出口压力成正比。因此,当出口压力很低时,摆动喷管套所产生的侧向控制力是非常有限的。

(5)工程实现。

摆动喷管套推力矢量控制装置的缺点是一个喷管只能产生一个方向的侧向控制力。因此,要实现整个飞行器的姿态控制必须采用喷管簇(通常是采用四喷管),同时也带来一个好处,这就是,不仅可以提供俯仰与偏航的侧向控制力,而且还可以提供滚动方向的控制力矩。然而,为了防止喷管套之间的相互碰撞,发动机喷管的出口直径不能太大,这限制了喷管的膨胀比,从而不能使推进剂的能量充分发挥出来,也就降低了发动机的比冲。如果采用较短的喷管套,那么,所产生的侧向控制力太小,以致不能满足飞行器对侧向力的要求。

摆动喷管套在设计时需考虑两个特点:其一是喷管套在发动机尾部,使弹体局部加粗,将影响全弹的气动性能;其二是作用在喷管套上的力通过连接接头直接传向喷管,因此在喷管设计上应设计承力结构。

1.2.15 燃气二次喷射

燃气二次喷射推力矢量控制装置是将燃气发生器产生的或直接取自发动机内的燃气注入喷管的扩张段,在该气流快速膨胀后,对靠近喷射口一侧的超声速发动机主气流形成障碍,相当于超声速气流绕钝头物体的流动状态,这样将在喷射口上游形成一弓形激波,使弓形激波后的发动机主气流偏转,形成侧向力。调整二次流注入的流量,可改变激波强度和角度,从而控制侧向力的大小。燃气二次喷射推力矢量控制装置尽管喷管不摆动,只要在喷管横截面的四个象限内各配置一套二次气体喷射装置,它和全轴式摆动喷管一样,能够实现全轴推力矢量控制装置,不但能够提供飞行器俯仰和偏航控制力,还能提供滚动控制力。而控制四个象限喷射口的开闭则可完成推力矢量的全轴控制。

燃气二次喷射推力矢量控制装置包括燃气二次喷射系统、固定喷管等,其结构如图 1－20 所示。

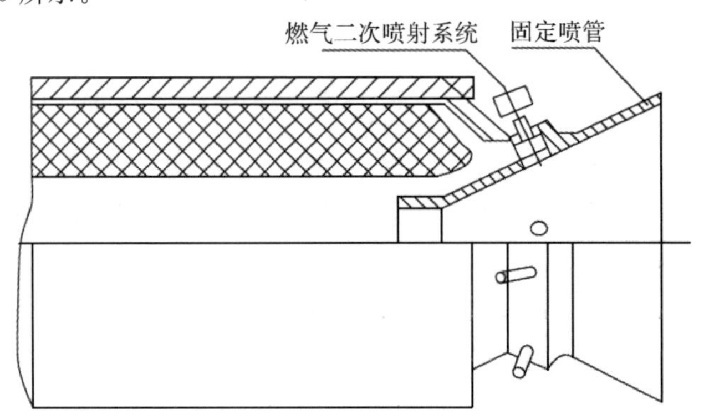

图 1－20　燃气二次喷射推力矢量控制装置结构示意图

当需要侧向力时，伺服机构根据控制系统的指令驱动控制活门打开，并使燃烧室内的高温、高压燃气经过燃气导管和控制活门射入主喷管超声速气流中，从而形成二次喷射，产生所需要的侧向力，其原理如图 1－21 所示。根据定制信号伺服控制系统能控制活门的开启量，即可控制燃气的流量，从而控制侧向力的大小。当不需要侧向力时，伺服机构驱动控制活门关闭，切断二次流。

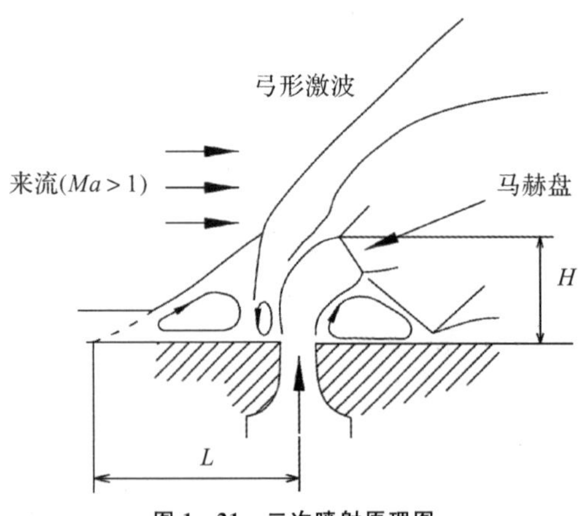

图 1－21　二次喷射原理图

根据二次喷射推力矢量控制装置的工作原理，其控制效率很高，二次流与主喷流的相互作用几乎是瞬间完成的，而且在较小的流量下可获得较大的侧向力。试验表明，二次气流的放大倍数在 2～5 之间，喷流偏转角可达 12°，且推力损失很小，要求的伺服机构也简化为控制阀。

燃气二次喷射推力矢量控制装置性能评价指标应取为侧向控制力与侧向比冲，这两个指标能直接反映燃气二次喷射推力矢量控制装置优劣。此外，燃气二

次喷射还会影响发动机轴向推力，可将有喷轴向力与无喷轴向力的比值作为性能评价指标之一。在满足侧向控制力与侧向比冲性能评价指标前提下，尽量选择有喷轴向力与无喷轴向力的比值中较大的状态，提高飞行器性能。

但燃气二次喷射在工程上实现困难，其控制方法理论性强，精度要求高。特别是燃气注入推力矢量控制装置中的控制阀工作环境恶劣，实现有很大难度，目前只做过地面静态试车。

燃气二次喷射孔附近流场极其复杂，燃气阀工作环境十分恶劣；超声速燃气二次喷射射流与主流相互干扰、混合，造成边界层分离，在壁面附近形成大小不一的漩涡。此区域内燃气对流传热突出，燃气与壁面间热交换剧烈，使壁面温度急剧上升。由于边界层分离，回流区内高速燃气流对壁面冲刷十分严重，再加上高温超声速主流和超声速横流对燃气二次喷射孔附近壁面的冲刷作用，使燃气二次喷射孔及附近壁面出现严重烧蚀，必须选择合适的材料。

摆动喷管类型推力矢量控制装置的侧向力计算时比较简单的，因而不是设计的核心问题。与此不同，流体二次喷射推力矢量控制装置的侧向力计算却是推力矢量控制装置设计的中心环节。这是由于影响该推力矢量控制装置侧向力的因素很多，这些因素导致的计算比较复杂，而且这些因素是部件设计的基础与根据。

计算侧向力的方法有激波理论分析方法、经验分析方法、小扰动理论分析方法及守恒定律分析方法等。

影响侧向力主要参数有喷射流量、喷射位置、喷射角度、喷射马赫数、喷射压力、二次流热力特性和喷射孔数等。

1.2.16　空气二次喷射推力矢量控制装置

空气二次喷射推力矢量控制装置与燃气二次喷射推力矢量控制装置的工作原理完全相同，所不同点仅在于所注入的气体来源。空气二次喷射推力矢量控制装置是采集喷管外部的空气注入发动机主气流中，因此在结构上有所简化，并改善了控制阀的工作环境。但附带需要安装集气装置，该装置将对导弹外形设计和气动性能产生不良影响，并且采集空气还受到飞行环境的影响，在控制方面存在有待解决的问题。

空气二次喷射推力矢量控制装置有围绕喷管的戽形集气罩、喷射器以及伺服机构组成。戽形集气罩主要作用是收集气体，向喷射器提供所需要的空气量。喷射器和伺服机构的结构及功用与燃气二次喷射推力矢量控制装置是完全相同的。

空气二次喷射推力矢量控制装置具有结构简单、质量轻、成本低、不需要耐高温的燃气活门(喷射器)等优点，比燃气二次喷射推力矢量控制装置简单容易实现。此外，喷射空气与喷管中的燃气相互作用，还能增加发动机轴向推力。

影响空气二次喷射推力矢量控制装置性能的是二次喷射位置、喷射角、发动机出口压力与环境压力比等。需要注意的是，下游的激波干涉以及在壁面上的反射会严重降低控制效率，但仍然会使轴向推力或多或少地增加。

但是，对于空气二次喷射推力矢量控制装置来说，由于随着飞行高度的增加，大气的密度和压力是逐渐下降的，喷射压力及气体的流量也随之降低，不能满足侧向力控制的要求。这限制了空气二次喷射推力矢量控制装置的应用。

1.2.17 液体二次喷射推力矢量控制装置

液体二次喷射推力矢量控制装置与燃气二次喷射推力矢量控制装置的不同点仍在于所注入的流体不同。液体二次喷射推力矢量控制装置需携带所需注入的液体，除了与主气流的混合、反应及相互作用之外，还存在着液体喷射剂本身的微滴破碎和蒸发过程。因此，在结构上进一步复杂化，质量有所增加，只适用于较大型的火箭上，液体二次喷射推力矢量控制装置结构简图如图 1－22 所示。

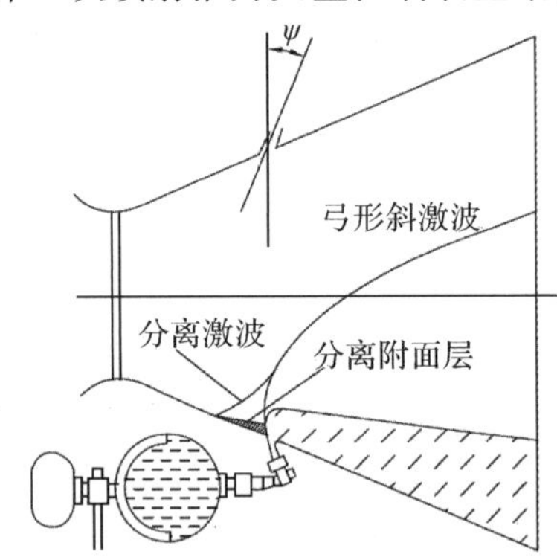

图 1－22　液体二次喷射推力矢量控制装置结构简图

液体喷射与气体喷射相比具有一系列优点：①响应快；②喷射剂喷入发动机喷管后，增加了主气流的质量与能量，并引起喷管壁上局部压力升高，其合力在喷管轴向的投影产生一附加的轴向力，因而增加了助推力；③发动机喷管固定不动就能实现俯仰偏航甚至滚转方向控制，所需伺服机构功率较小，防热方便；对发动机燃烧室内的压力及流动不产生影响；④对材料要求不高，容易实现。

试验表明：①二次流产生的侧向力与二次流的参数有关，二次流的流量越

大，二次流喷射的角度越大，侧向力越大。此外，二次流喷孔的位置、数量以及喷射孔出口面积的大小等几何参数对侧向力有一定的影响。②在二次流参数和几何参数相同的条件下，环境压力对侧向力有很大的影响，环境压力越低，推力矢量控制效果越好。

对于液体二次流而言，其二次流工质密度大，则要达到相同的推力矢量调节需要较大的流量，但推力响应时间短，推力效率高，与气体二次流具有类似的推力调节特性。喉部与扩张段二次流处在同一直线时，喉部二次流与扩张段二次流的干扰显著。

计算和试验表明：①密度大的惰性液体工质比密度小的惰性液体工质或者吸热分解的液体工质性能要好，但是劣于放热分解的液体工质。一些稠密的惰性液体(如溴或汞)还有其他的热力学优点。②能与燃烧废气产生化学反应的液体工质有着巨大的潜力。③气体二次喷射能与液体二次喷射性能相当。

液体二次喷射所产生的侧向力较小，液体二次喷射推力矢量控制装置结构较复杂，需要环形液体储箱、增压气瓶等，伺服机构质量较大，因此不适用于要求大侧向力的固体火箭发动机。目前，液体二次喷射推力矢量控制装置大都在固体导弹的第二级发动机上使用，例如美国潜地导弹“北极星A3”第二级，洲际弹道导弹“民兵Ⅲ”的第二、三级，法国的“MI”潜地导弹的第二级等。

1.3 推力矢量控制装置对导弹的三通道控制能力

空空导弹在飞行中必须进行俯仰、偏航和滚动的三通道控制，使导弹能够正常飞向目标。各类推力矢量控制装置控制导弹的能力不同，有的适用于单通道控制、有的适用于双通道控制。对于空空导弹这样的小型导弹来说，理想的推力矢量控制装置应能在完成俯仰、偏航通道控制的同时，还可参与对滚动通道的控制，这样导弹的设计较为简洁，容易进行部位安排。表1-2为各类推力矢量控制装置的通道控制能力的总结。根据表中列出的结果可以看出，同时具有三通道控制能力的推力矢量控制装置是不多的。其中，二次喷射推力矢量控制装置在工程实现上有较大难度，旋转喷管推力矢量控制装置选用喷管簇形式完成对滚动通道的控制，不适合小弹径火箭发动机。总而言之，燃气舵推力矢量控制装置在通道控制方面具有优势。

表 1-2 通道控制能力对比

控制能力	推力矢量控制装置	单通道	双通道	三通道
摆动喷管式	柔性喷管		★	
	球窝接头		★	
	铰接接头	★		
	柔性接头		★	
	液浮轴承		★	
	旋转喷管			★
	常平架		★	
阻流致偏式	燃气桨		★	
	燃气舵			★
	偏流环		★	
	半球形偏流推力矢量控制装置		★	
	轴向偏流推力矢量控制装置		★	
	摆动喷管套	★		
流体二次喷射	燃气			★
	空气			★
	液体			★

1.4 推力矢量控制装置与气动舵的联动能力

对于推力矢量/气动力复合控制的导弹推力矢量控制装置配合问题上有两种形式，一种是平行偏置，即和气动舵使用不同的伺服机构，根据控制信号分别控制舵面的偏转。这种方式的控制灵活性高，可以对两种推力矢量控制装置的控制策略进行精确分配，但需要两套伺服机构，不利于部位安排。另一种是联合偏置，即推力矢量舵和气动舵能够以一定的关系进行联动，带来控制通道的简化，有利于全弹布局。表 1-3 是各类推力矢量控制装置与气动舵的偏置情况，从联动能力和联动机构设计的难度上看，燃气舵和轴向偏流推力矢量控制装置的优势较为明显。

表 1-3　各类推力矢量控制装置与气动舵的偏置情况

推力矢量控制装置	配　置	平行偏置	联合偏置	联动偏置设计难度
摆动喷管式	柔性喷管		★	难
	球窝接头		★	难
	铰接接头	★		
	柔性接头		★	难
	液浮轴承		★	难
	旋转喷管	★		
	常平架	★		
阻流致偏式	燃气舵		★	易
	燃气桨	★		
	偏流环	★		
	半球形偏流推力矢量控制装置		★	难
	轴向偏流推力矢量控制装置		★	易
	摆动喷管套	★		
流体二次喷射	燃气	★		
	空气	★		
	液体	★		

1.5　各种推力矢量控制装置的性能比较

在选择推力矢量控制装置时，必须了解各种备选推力矢量控制装置的性能及特点。如果某种推力矢量控制装置的性能不能满足要求，当然不能作为备选推力矢量控制装置。就此而言，性能选择是选择推力矢量控制装置的第一步。

本节讨论的推力矢量控制装置性能是指直接影响能否在设计的飞行器上使用的推力矢量控制装置性能参数，主要有喷流偏转角、侧向力、推力损失、伺服机构功率及尺寸。

最大喷流偏转角表征推力矢量控制装置在一定效率下的致偏能力，喷流偏转角的大小直接反映了推力矢量控制装置提供侧向控制力的大小。对于各种摆动喷管推力矢量控制装置而言，喷管摆角基本上就是喷流偏转角；对于流体二次喷射和其他造成部分排气流偏转的推力矢量控制装置，可以把侧向力与主推力

之比的正弦角作为等效喷流偏转角。之所以强调是在一定效率下的致偏能力，是由于某些推力矢量控制装置本可达到更大一些的喷流偏转角，但效率太低或推力损失过大，致使推力矢量控制装置质量及飞行器起飞质量大大增加，使用不合理。为了保证飞行器的使用要求，系统提供的最大喷流偏转角必须大于飞行器要求的最大偏转角。

除了流体二次喷射推力矢量控制装置使发动机轴向推力有所增加外，其余的推力矢量控制装置都会使轴向推力减少。过大的轴向推力损失，会造成发动机轴向总冲的相应降低，导致飞行器速率损失。如果要保持飞行器速率就必须增加发动机总冲，即增加推进剂质量，从而使飞行器质量增加。因此，某些轴向推力损失很大的推力矢量控制装置，在一些要求较严格的飞行器上不宜采用。燃气舵、燃气桨等推力矢量控制装置造成的轴向推力损失是很大的。特别是燃气舵，在不需要侧向力时，舵面偏转角尽管为零，但由于舵面阻力仍造成相当大的常值推力损失。在摆动喷管类型中的铰接接头摆动喷管，除了推力偏斜损失外，还包括由于分离线和喷管摆动造成形面不连续产生的推力损失。

伺服机构的功率及尺寸反映了推力矢量控制装置操纵力矩的大小。操纵力矩过大，则相应的伺服机构功率和尺寸也较大，除了增加整个推力矢量控制装置质量外，它的体积可能超过发动机尾部的空间限制，甚至过大的功率在有限空间内伺服机构无法实现。在初步设计时，伺服机构功率和尺寸不一定能有确切的定量数据，在性能比较时，根据理论分析和经验可用大、中、小来定性地反映某一种推力矢量控制装置可能要求的伺服机构功率和尺寸。

总结以上几种推力矢量控制装置的性能，可见表 1 - 4。

表 1 - 4　几种推力矢量控制装置性能对比

推力矢量控制装置	性　能				
	配　置	喷流偏转角	侧向力	推力损失	舵机功率
摆动喷管式	柔性喷管	±25°	大	小	大
	球窝接头	±25°	大	小	较大
	铰接接头	±15°	大	小	较大
	柔性接头	±15°	大	小	大
	液浮轴承	±15°	大	小	较小
	旋转喷管	±10°	大	小	较大
	常平架	±15°	大	小	较大

续表

推力矢量控制装置	性能				
	配置	喷流偏转角	侧向力	推力损失	舵机功率
阻流致偏式	燃气舵	±15°	大	大	较小
	燃气桨	±25°	小	较小	较小
	偏流环	±25°	大	大	较大
	半球形偏流推力矢量控制装置	±20°	大	大	较大
	轴向偏流推力矢量控制装置	±10°	较小	较小	较小
	摆动喷管套	±7°	小	较大	较小
流体二次喷射	燃气	±15°	大	大	较大
	空气	±10°	小	小	小
	液体	±6°	小	小	小

1.6 小　结

本章介绍了十多种对固体火箭发动机进行推力矢量控制装置控制的可能形式，并着重讨论了几种常用的及比较先进且又有发展前途的推力矢量控制装置。各种推力矢量控制装置都有各自的优点和缺点，对于不同要求的导弹或者固体火箭发动机，应当根据实际情况选择、设计相应的推力矢量控制装置。

在空空导弹上选择推力矢量控制装置应本着结构简单、侧向力大、轴向推力损失小、驱动力矩小和可靠性高的原则。对于以上论述的三大类推力矢量控制装置来说，流体二次喷射推力矢量控制装置由于结构复杂，附加装置多而不适宜用于空空导弹。而摆动喷管式推力矢量控制装置存在着对材料耐热、密封要求高、驱动力矩大等问题，对空空导弹的适应性也比较差。空空导弹采用燃气舵最为符合选用原则。虽然该类推力矢量控制装置的操纵效率不是最高的，但其他诸多优点（如联动性、三通道控制等）足以弥补这一差距。特别对近距格斗类空空导弹，燃气舵无疑是较好的选择。

参 考 文 献

[1]林飞,王根彬. 固体火箭发动机推力向量控制[M]. 北京:国防工业出版社,1981.
[2]杨晨. 空空导弹推力矢量舵系统适配性选择[J]. 战术导弹技术,2000(1):53-57.
[3]刘代军,崔颢. 推力矢量控制技术与第四代空空导弹[J]. 航空兵器,2000(5):28-31.
[4]段冬冬,沈小林. 推力矢量技术在空空导弹上的应用与分析[J]. 飞航导弹,2012(4):84-87.
[5]谢永强,李舜,周须峰,等. 推力矢量技术在空空导弹上的应用分析[J]. 科学技术与工程,2009,9(20):6109-6113.
[6]梁保俊. 美国固体火箭球窝摆动喷管的发展评述[J]. 国外固体火箭技术,1982(2):1-13.
[7]刘文芝, 薛俊芳,李超超,等. 固体火箭发动机滚动球窝喷管摆动性能分析[J]. 机械工程学报,2013,49(13):93-99.
[8]李小芹. 球窝喷管性能分析[D]. 呼和浩特:内蒙古工业大学,2010.
[9]LEONARD H C, ROBERT L G, RUSSELL A E, et al. Solid Rocket Enabling Technologies and Milestones in the United States[J]. Journal of Propulsion and Power,2003,19(6):1038-1066.
[10]任亿君. 美国液浮喷管技术简析[J]. 推进技术,1986(4):39-44.
[11]黄坚定. 推力向量控制:液浮喷管(综述)[J]. 固体火箭技术. 1989(4):45-56.
[12]张玲翔. 战术导弹推力矢量控制系统述评[J]. 飞航导弹,1976(6):1-12.
[13]HOLLSTEIN H J. Jet Tab Thrust Vector Control[J]. Spacecraft, 1965,2(6): 927-930.
[14]韩文超. 扰流片式推力矢量控制系统特性研究[D]. 南京:南京理工大学,2011.
[15]常见虎, 周长省,李军,等. 推力矢量燃气舵特性的机理分析[J]. 弹道学报, 2009,21(2):23-26.
[16]郭平,都昌兵,王江. 带喷流扰流片的火箭发动机推力特性分析[J]. 长沙航空职业技术学院学报,2014,14(3):48-51.
[17]吴雄,焦绍球,杜长宝. 固体火箭发动机燃气二次喷射推力矢量控制试验研究[J]. 固体火箭技术,2008,31(5):457-460.
[18]吴雄. 固体发动机燃气二次喷射理论与试验研究[D]. 长沙:国防科学技术大学,2007.
[19]HYUN K,WOONG-SUP Y. Performance Analysis of Secondary Gas Injertion into a Conical Rocket Nozzle[J]. Journal of Propulsion and Power,2002,18(3):585-591.
[20]琚春光, 刘宇,王长辉,等. 塞式喷管二次喷射推力矢量控制研究[J]. 推进技术, 2009,30(1):67-71.

第2章 燃气舵气动外形设计和试验

燃气舵气动外形设计是指在满足总体指标要求下，确定较优的燃气舵平面和剖面形状，即通过理论分析、工程估算和计算流体力学(Computational Fluid Dynamics, CFD)仿真，比较并选出相对理想的燃气舵设计方案，给出气动特性计算数据，供导弹总体方案论证和设计使用。理论设计完成后，还必须通过测力与铰链力矩风洞试验、发动机地面点火烧蚀试验和热试测力试验，对理论计算结果进行修正并提供最终的燃气舵气动特性数据。本章首先介绍燃气舵气动外形设计，然后介绍燃气舵相关试验，最后介绍试验数据的使用方法。

2.1 燃气舵气动外形设计要求和内容

2.1.1 空空导弹上已用燃气舵

燃气舵早期用在中程液体地地导弹和运载火箭上，后来广泛应用于地地、地空、舰舰、反潜等战术固体导弹上，它是垂直发射先进拦截导弹经常采用的推力矢量控制技术之一。近年来，燃气舵在近距格斗型空空导弹上也已得到较大应用。在近距格斗型空空导弹上，燃气舵被用作推力矢量控制技术，可以使导弹获得控制所需的姿态角加速率、角速率和过载系数，由此可以增大导弹发射条件下的离轴角范围，可以实现导弹大攻角快速转弯，极大地扩大了空空导弹的攻击区边界。

苏联的 R－73 导弹于 1976 年左右开始研制，1987 年服役，是世界上第一种使用推力矢量控制装置的空空导弹，导弹采用带反安定面的鸭式气动布局，采用气动力和推力矢量复合控制方式。R－73 导弹的推力矢量控制装置采用的是扰流板式，它通过扰流板偏转，以部分阻挡发动机喷流，来改变发动机的燃气流方向，从而产生矢量推力。R－73 导弹扰流板推力矢量控制装置不具备横滚控制能力，因此在导弹翼面的后端专门设置了用于横滚控制的副翼。因鸭式推力矢量控制装置在导弹前端，所以在导弹后端专门设置了伺服机构用以驱动推力矢

量控制装置，因此质量较大。

除 R－73 空空导弹外，其余采用推力矢量控制装置的空空导弹均采用燃气舵。目前，使用燃气舵已经服役的空空导弹分别是法国的 MICA、德国的 IRIS－T、美国的 AIM－9X，而正在研制的南非的 A－DATER、日本的 AA－5 导弹也使用的是燃气舵。空空导弹上已使用的燃气舵的结构和气动构型图如图 2－1 所示。

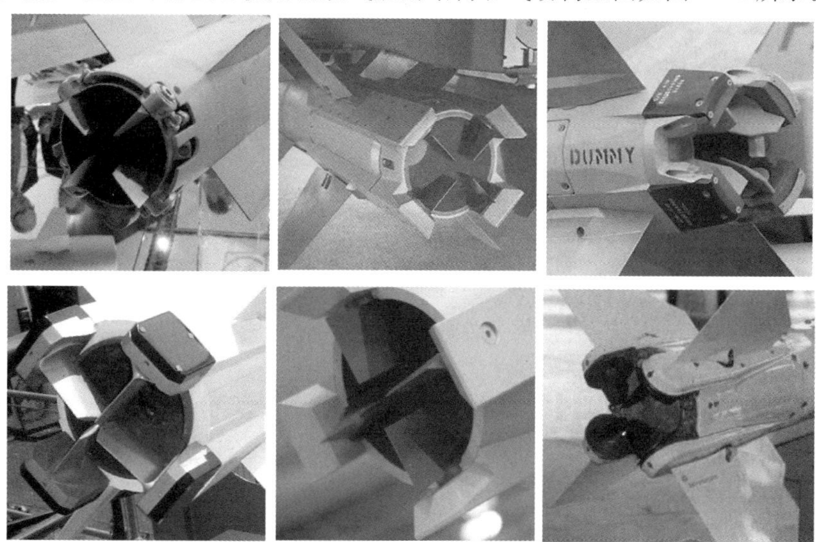

图 2－1　空空导弹上已使用的燃气舵的结构和气动构型图

图 2－1 表明，空空导弹使用的燃气舵的面积都相对较大，且都安放在喷管的外面，这是因为空空导弹的弹径较小(特别是使用燃气舵的格斗型空空导弹)，要在高速飞行中快速转弯，需要使用燃气舵来提供较大的控制力矩。

2.1.2　燃气舵气动外形设计要求

对燃气舵气动外形设计，一般有如下要求：

1)总升力满足总体和控制要求，足够的升力梯度满足控制要求并接近常数；

2)推力损失要小，以减小对导弹射程的不利影响；

3)较小的铰链力矩及其压心变化范围要小，以更好满足舵机功率要求；

4)舵面差动时产生的横滚控制力矩要大，以满足导弹横滚控制要求；

5)燃气舵的安装位置应尽量靠近喷管出口，以提高其气动效率；

6)燃气舵在最大偏转时不产生机械干扰，且产生的气动干扰要小；

7)在设计计算时要考虑粒子流、安装位置及护板干扰等影响因素；

8)燃气舵尺寸尽量小，结构紧凑，以便于附件的设计和安装；

9)燃气舵质量要小,加工简单,工作可靠,满足强度和刚度要求。

设计出满足上述要求的燃气舵面并不是轻而易举的事,因为影响设计参数的因素很多,而且常常是相互矛盾和制约的。这就要求在各参数之间做出综合平衡,并经过大量和反复的理论计算和试验工作,才能研制出符合要求的燃气舵气动外形。

2.1.3 燃气舵气动外形设计依据

(1)燃气舵的工作条件如下。

1)喷管几何形状参数,如喉径 d 、出口直径 D 和半锥角 θ;

2)喷管出口平均气流参数,如马赫数 Ma、静压 p 、静温 T 、速率 v 、密度 ρ 、动压头 q 、比热比 k 和黏度 μ 等。或者给出火箭发动机的驻室总压、总温、燃气比热比和气体常数,根据这些参数和喷管几何参数可求出平均气流参数;

3)燃气流的组成,如金属粒子含量等;

4)工作时间以及导弹飞行的高度范围等。

应当指出的是,燃气舵所处区域的燃气流场参数分布是不均匀的,而且随着高度的增加,喷管出口形成的压缩波会变成膨胀波,在这样复杂的流场中工作的舵面,要准确计算其气动特性是非常困难的。因此,在初步气动设计时,一般使用喷管出口平均气流参数,来估算舵面的气动特性。实践证明,这种方法对方案选择是可行的。

(2)燃气舵的主要气动外形设计指标如下。

1)最大升力梯度和总升力;

2)推力损失;

3)最大铰链力矩和铰链力矩变化范围;

4)烧蚀率。

最大升力梯度和总升力是舵面平面面积和最大舵面偏转角的设计依据,而舵轴位置和舵面形状是由最大铰链力矩和铰链力矩变化范围确定的。燃气舵会造成轴向推力损失,它影响导弹的射程。目前,使用燃气舵的都是近距空空导弹,它们飞行时间较短,且燃气舵都是在初始段使用,所以烧蚀率还没有单独考虑,这也简化了燃气舵的设计要求。

2.1.4 燃气舵气动外形设计内容

燃气舵气动外形设计内容有如下几项。

1)确定舵面平面气动外形参数,包括燃气舵的基本形状(梯形、矩形、多边形等)、面积(S)、展弦比(λ)、后掠角(χ)和根梢比(η)等;

2)确定舵面剖面形状参数,包括剖面形状,相对厚度($\bar{c}$),前、后缘倒角半径(R),最大厚度线位置等;

3)确定燃气舵的安装位置、与喷管的间隙、舵轴的位置;

4)确定燃气舵的护板;

5)估算燃气舵气动特性;

6)燃气舵测力和铰链力矩风洞试验、发动机地面点火烧蚀试验、热试测力试验等。

前5项内容基本上是理论方面的工作,即通过气动理论分析和工程估算、比较并选出相对理想的燃气舵设计方案,给出气动特性计算数据,供导弹方案论证和方案设计使用。然而,燃气流流场非常复杂,计算结果与实际值差别较大,因此,还必须通过测力和铰链力矩风洞试验、发动机地面点火烧蚀试验、热试测力试验,对理论计算结果进行修正,才能应用于实际设计。燃气舵测力和铰链力矩风洞试验、发动机地面点火烧蚀试验、热试测力试验是燃气舵研制过程中的重要环节,同理论分析和计算比较,其工作量大、费时长、花费多。

2.2 固体发动机喷流流场分析

舵面气动外形设计与其所处的流场密切相关。固体火箭发动机的喷流流场与飞行中的大气来流流场不同。为了进行燃气舵的气动外形设计,必须首先对喷流流场进行认真研究,弄清燃气喷流流场的详细特性。

2.2.1 喷流流场的有限性和不均匀性

众所周知,自由来流流场具有均匀性和无限性,而喷流流场却为有限的和不均匀的流场。固体火箭发动机一般都采用锥形喷管,在锥形喷管出口截面处的马赫数径向分布基本上是均匀的。然而,燃气舵处于喷管出口之外,此处流场却是不均匀的,其马赫数、静压力等参数都随径向和轴向位置不同而变化。图2-2显示了马赫数随轴向距离的变化,图2-2中表明,各截面平均马赫数沿轴向下游方向增大,而轴线马赫数是先下降后又上升的。由此可知,其对应的静压和动压将沿轴线方向迅速减小。这点在确定舵体的安装位置、转轴位置和计算气动特性时必须充分估计到。图 2-2 中 x 为距发动机喷管出口的距离，D 为发动机喷管出口直径。

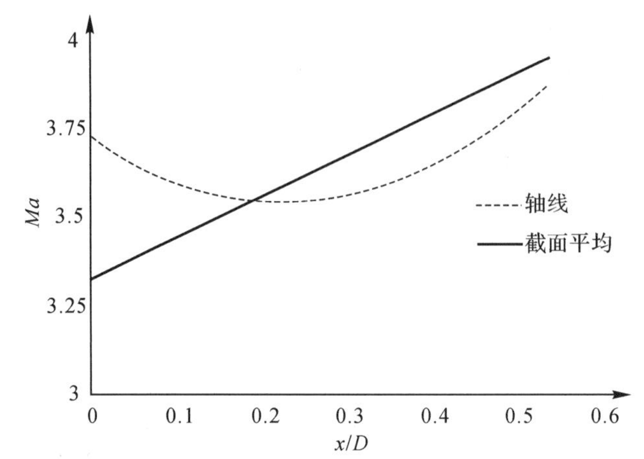

图 2-2　某锥形喷管截面平均马赫数和轴线马赫数随轴向距离的变化

2.2.2　喷管出口的激波和膨胀波

飞行高度不同环境压力的变化，以及火箭发动机（特别是多级推力时）总压的变化，使得喷管出口静压与环境压力之比发生很大变化。当环境压力大于喷管出口静压时，在喷管出口会形成压缩波；当环境压力小于喷管出口静压时，在喷管出口会形成膨胀波，如图 2-3 所示。当燃气舵在激波或膨胀波区域工作时，其升力效率会下降，因此，在确定燃气舵面的位置时，应尽量使燃气舵面处于激波和膨胀波干扰最小的区域。

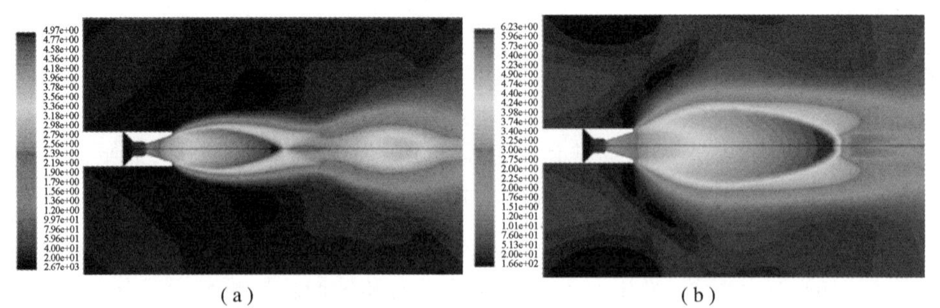

(a)　　　　(b)

图 2-3　某火箭发动机 0 km / 10 km 高度时马赫数等值线对比

(a) $H=0$ km；(b) $H=10$ km

2.2.3 高温流和粒子流

在固体火箭发动机工作时，喷出的气流将达到很高的温度，在燃气舵工作区域，其温度高达 1 600～2 400 K。燃气与空气的热力学参数存在差异，主要是比热比的差别，空气的比热比通常为 1.4，而燃气的比热比一般为 1.2 左右。这一方面影响喷流流场，另一方面影响舵面本身的气动力特性，在风洞中用空气做模拟试验时必须考虑这方面的影响因素。另外，为了消除燃气振荡和提高发动机的比冲，固体推进剂中一般都添加大量的金属粉末，这种推进剂在燃烧时将会产生大量的金属粒子，燃气舵在这种高温和高强的粒子流中工作，不但会受到严重烧蚀，还会受到强烈的冲刷。烧蚀和冲刷不但破坏喷管内部表面，减小舵面面积，还会对燃气舵气动特性（特别是阻力）产生重要影响。如图 2－4 所示，粒子流使舵面的阻力增加很多，图中 δ 为燃气舵舵面偏转角，F_A 为燃气舵的切向力。

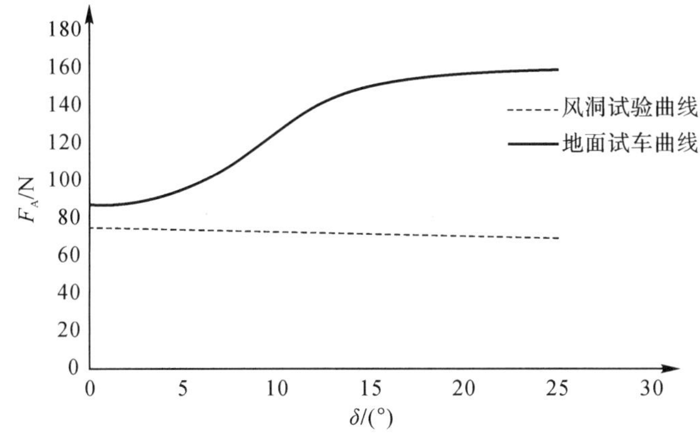

图 2－4 不同环境下燃气舵切向力比较

2.2.4 喷流流场的瞬间性

由于固体火箭发动机装药和药芯形状的不同，燃烧室的压力随时间将不断变化。另外，由于高温和粒子冲刷的影响，喉部及其喷管不断烧蚀，所以喉部与喷管的面积比也会发生变化。这两种情况都会使燃气舵所处的流场呈现出瞬时性。对发动机工作时间短的近程空空导弹来说，喉部及其喷管烧蚀不严重，对流场的瞬间性影响较小。对发动机工作时间较长的中远程空空导弹来说，其烧蚀情况就会很严重，对此应予充分考虑。图 2－5 给出了由于喷管的烧蚀使燃气舵流场区域马赫数沿轴线发生变化的情况。同样，由于燃气舵面的烧蚀和冲刷将直接对其控制力产生影响将是不言而喻的。

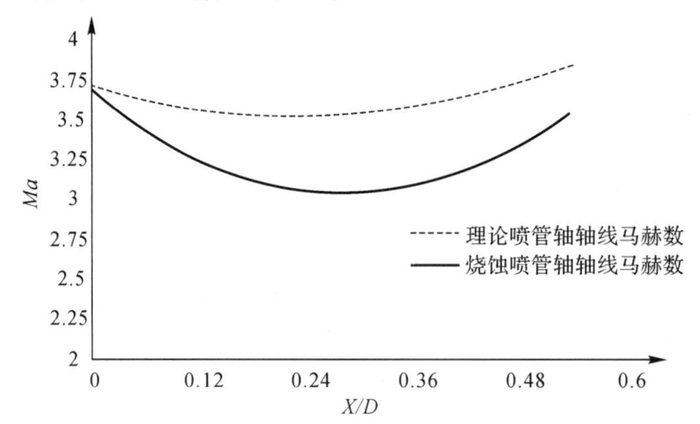

图 2-5　某锥形理论喷管和烧蚀喷管轴线马赫数随轴向距离的变化

固体火箭发动机燃烧室压力随时间会发生大的变化，由此引起舵面处的燃气流动压随燃烧室的压力变化而变化。因此，在计算燃气流动压时不能利用喷管出口平均气流参数，而应使用发动机燃烧室瞬时的压力或瞬时的流场参数。

2.3　燃气舵气动计算方法

2.3.1　喷流流场及理论计算模型

固体火箭发动机喷流流场由气、固两相流组成，固相的存在影响气流的流动性，同时，流场的局部特性，又使流动具有非均匀性质。在做流场特性计算时，理论上应采用非均匀流方法，以得出符合真实现象和反映燃气舵气动特性本质的数据。非均匀流方法突破一般方法中均匀流假设和非粒子流假设，将流场的非均匀性和粒子流影响作为两个重要因素考虑。

对非均匀流的模拟可采用 Chapman - Korst 理论的底部流动模型，流场的计算采用无旋流的特征线方法。从喷管喉部开始计算，根据喉道半径和喷管壁面曲率半径确定喉部初始声速线，喷管流场的计算与飞行参数无关，喷流流场计算以喷管流场为边界条件，喷管边界与环境参数迭代完成喷流流场计算。固体火箭发动机喷管流场和喷流流场示意图如图 2-6 所示。

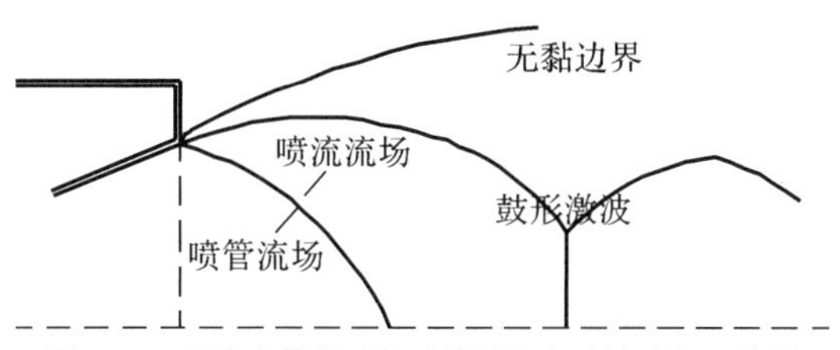

图 2-6 固体火箭发动机喷管流场和喷流流场示意图

流场特征线方法的控制方程如下：

$$\begin{aligned}&\frac{\mathrm{d}r}{\mathrm{d}t}=\tan(\theta\pm\mu)\\&\frac{\mathrm{d}\lambda}{\lambda}=\pm\tan\theta+\frac{\sin\mu\sin\theta\tan\mu\,\mathrm{d}x}{\cos(\theta\pm\mu)r}\end{aligned}\qquad(2-1)$$

式中，θ 为速率矢量与 x 轴的夹角；μ 为马赫角；λ 为速率系数。

燃气舵的气动计算可采用面元法。该方法将舵面平面分成 nm 个面元，根据坐标确定各微元在流场中的位置。由流场计算结果可知各微元处的气流偏转角以及马赫数(Ma)、动压头 q^*，据此求出微元上的当量攻角 α 及压力系数 $C_p=C_p(Ma,\alpha,k)$，k 为比热比。压力系数的求法可以使用幂级数展开法等。这样通过压力系数的积分，就可求出各气动参数值。以法向力为例：

$$C_{\mathrm{N}}=\sum_{i,j=1,1}^{n,m}\frac{(C_p q^* s^*)_{i,j}}{qS_{\mathrm{R}}}\qquad(2-2)$$

式中，S_{R} 为参考面积；s^* 为微元面积；q 为参考动压头，一般取出口截面平均动压。

对于粒子流的影响可这样考虑，在喷管出口处，平均单位面积粒子动量流量为：$\dot{p}=\dot{m}v_{\mathrm{e}}k_{\mathrm{m}}k_v/s_{\mathrm{D}}$，式中 $\dot{m}$ 为发动机秒流量；v_{e} 为喷管出口当量气相速率；k_{m} 为出口燃气流凝聚相质量分数；k_v 为粒子速率修正因子；S_{D} 为喷管出口截面积。根据同类喷管两相流计算，$k_v\approx0.49$。在 18%的铝粉装药时，$k_{\mathrm{m}}\approx0.3$。

粒子流是非连续介质，其作用可以用碰撞理论估算，即粒子对燃气舵的作用力为 $K_p pS\sin\alpha$，切向力为 $K_p pS\sin\alpha\cos\alpha$，式中 S 为燃气舵平面面积；p 为燃气舵受到的压力；K_p 为非连续介质修正参数。

燃气舵流场模拟和理论计算分析的 CFD 方法辟有专门章节介绍，也有不少文章论述，这里不再赘述。

2.3.2 燃气舵工程气动估算方法

燃气舵处于复杂的燃气喷流流场中，理论计算复杂，在燃气舵气动外形设计中，常采用工程方法。在工程方法中，一般常做如下简化假设：

1)来流均匀,同时取发动机喷口处的平均值;

2)不计喷流中固体粒子等的影响。

这样可以采用均匀流中的计算方法来计算燃气舵的气动特性,如可用求解线性位流方程加黏性修正。这里介绍工程估算方法。

燃气舵气动参数主要包括升力(F_L)、阻力(F_D)、法向力(F_N)、切向力(F_A)和舵面偏转角(δ)。它们的关系如下:

$$F_L = F_N\cos\delta - F_A\sin\delta \tag{2-3b}$$

$$F_D = F_N\sin\delta + F_A\cos\delta \tag{2-3c}$$

下面进行具体论述。

(1)法向力梯度 N^δ。

舵面法向力系数导数可由平板翼线化理论得到。由于燃气流速率很高,马赫数接近3,用线化理论计算有相当的精确度。这一线性假设,角度在10°以内时是正确的,对在超声速流中采用小展弦比的舵面,常值法向力系数导数能够扩展到25°,而舵面法向力梯度则要由一些工程系数进行修正。具体如下:

$$N^\delta = k_1k_2k_3k_4C_N^\delta qS_{yx} \tag{2-4}$$

其中,$k_1 = 1 - \dfrac{1}{2\lambda\sqrt{(Ma)^2-1}}$;$k_3 = 1 - \dot{S}t$;$k_4 = 1 - \sqrt{\sigma_q^2+\sigma_s^2}$;$C_N^\delta = \dfrac{4}{57.3\sqrt{(Ma)^2-1}}$。

式中,C_N^δ 为舵面法向力系数;k_1 为有限舵展修正系数;k_2 为喷口波系及护板影响修正系数,由试验确定;k_3 为烧蚀引起的舵面面积损失系数;k_4 为燃气舵速率头和测力试验误差修正系数;λ 为舵面展弦比;$\dot{S}$ 为单位时间的面积损失率;t 为发动机工作时间;σ_q 为速率头误差;σ_s 为测力误差;q 为喷口气流平均速率头;S_{yx} 为有效升力面积。

(2)切向力 F_A。

$$F_A = C_AqS_{yx} \tag{2-5}$$

式中,C_A 为切向力系数,它近似等于舵面偏转角为零时的阻力系数 C_{D0}。

$$C_A \approx C_{D0} = C_{Df} + C_{Dw}$$

$$C_{Df} = 2C_f\eta_c;\ C_f = \frac{0.472}{(\lg b_A)^{2.58}}\left\{1 - \frac{1}{100}(1-\lambda)^4\left[4.55 - 0.27\lg\left(\frac{2b_A}{1+\lambda}\right)\right]\right\}$$

式中,b_A 为以舵面平均气动弦为参考长度 C_{Df} 为摩擦阻力系数;η_M 为 Ma 相关的修正系数 η_c 与舵面角度相关的修正系数。

$$\eta_{M}=\frac{1}{[1+0.18(Ma)^{2}]^{0.44}};\quad \eta_{c}=(\eta_{cz}-1)\cos\chi_{1/2}+1;$$

$$\eta_{cz}=1+1.5\times\frac{t}{\bar{c}}+120\times(\frac{t}{\bar{c}})\times 4$$

$$C_{Dw}=C_{DLE}+C_{Dwl}+C_{DTE};\quad C_{DLE}=(\frac{\Delta p}{q})_{LE}\frac{2r_{1}}{\bar{c}};\ C_{DTE}=(\frac{\Delta p}{q})_{TE}\frac{2r_{2}}{\bar{c}}$$

式中，$(\frac{\Delta p}{q})_{LE}$，$(\frac{\Delta p}{q})_{TE}$ 分别为舵面前、后缘压强系数；r_1，r_2 分别为前、后缘半径；$\bar{c}$ 为相对厚度。

$$C_{Dwl}=2\vartheta_{1}^{2}(c_{1}+\vartheta_{1}c_{2})\frac{c_{1}}{\bar{c}}+2\vartheta_{2}^{2}(c_{1}+\vartheta_{2}c_{2})\frac{c_{2}}{\bar{c}}$$

式中，ϑ_1，ϑ_2 分别为舵面前、后楔角；c_1，c_2 分别为前、后楔长度。

（3）铰链力矩。

设舵面弦向压心 x_{cp} 在舵面平均气动弦上，则

$$h=x_{cp}-x_{j} \tag{2-6}$$

式中，h 为舵面转轴至压心的距离；x_{cp} 为平均气动弦前缘至压力中心的距离；x_j 为平均气动弦前缘至舵面转轴的距离。

$$x_{cp}=x_{1}-\Delta x_{2}-\Delta x_{3} \tag{2-7}$$

式中，x_1 为三元平板舵面压心至平均气动弦前缘的距离；Δx_2 为舵面相对厚度引起的压心前移修正量；Δx_3 为钝前缘引起的压心前移修正量。

$$\Delta x_{2}=x_{1}(1-\zeta) \tag{2-8}$$

式中，ζ 为翼型压心至前缘距离与二元平板压心到前缘距离之比。翼型压心可按波尔兹曼三次近似理论求出。由此可以求出燃气舵面的铰链力矩（M_j）为

$$M_{j}=F_{N}h=N(x_{cp}-x_{j}) \tag{2-9}$$

（4）滚转力矩。

如果没有喷管侧壁，横向或翼展方向的超声速压力中心位置将同翼展的中心重合。只要燃气舵与侧壁之间的缝隙保持很小，舵面根部的压力就高于梢部的压力，于是压力中心位置向侧壁移动，使滚转力矩的力臂加大。设喷管直径为 D，舵面展向压力中心为 z_{cp}，舵面根弦到壁面之间的距离（缝隙）为 z_0，则燃气舵面产生的滚转力矩（M_x）为

$$M_{x}=F_{N}(\frac{D}{2}-z_{cp}-z_{0}) \tag{2-10}$$

舵面弦向压力中心和展向压力中心将在 2.4 节中进一步详细论述。

2.4 燃气舵气动外形设计

本节及之后三节将论述燃气舵的具体气动设计和试验情况。在这四节中，一方面论述气动设计和试验的一般要求和过程，另一方面，以具体的任务和实际案例给出设计结果和试验结果，并以此进行相应的气动特性分析和气动性能评估，以使燃气舵气动外形设计和试验内容更加具体，设计方法更具实用性。

2.4.1 设计输入和设计要求

燃气舵设计输入包括两个部分：一部分是喷管几何外形参数，用于确定燃气舵的设计空间和安装位置；另一部分是出口处的燃气流参数，对此通常做法是给出发动机的驻室参数，然后通过喷管喷流的计算来算出出口处的燃气流参数。设计要求包括升力/法向力梯度、推力损失或燃气舵的阻力、铰链力矩和滚转力矩、舵面偏转角等。本设计案例的设计输入和要求如下。

(1)喷管几何外形参数。

1) 喷管喉径：××mm(见图 2-7 中 d)；

2) 喷管出口截面内径：××mm(见图 2-7 中 D)；

3) 喷管半张角：××(°)(见图 2-7 中 θ)；

4) 弹身底部直径：××mm(见图 2-7 中 $D_{弹体}$)。

喷管外形示意图如图 2-7 所示。

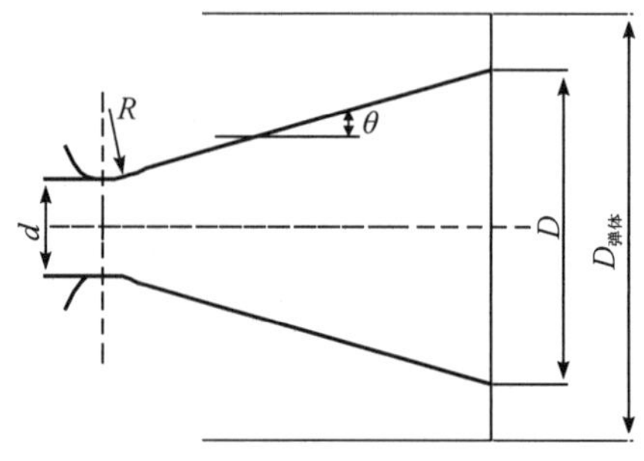

图 2-7　喷管外形示意图

(2)发动机热力参数。

1) 发动机驻室总压：××MPa；

2) 发动机驻室总温：××K；

3）燃气比热比：1.198；

4）燃气气体常数：298 J·kg·K^{-1}。

（3）设计要求。

1）单片燃气舵的升力梯度：$L^{\delta} \geqslant \times\times N/(°)$及最大升力：$F_L \geqslant \times\times N$；

2）最大舵面偏转角：$\delta_{max}=28°$；

3）铰链力矩：$M_j \leqslant \times\times N\cdot m$；

4）燃气舵零偏推力损失尽量小；

5）燃气舵烧蚀率：$\dot{S} \leqslant 5\%$；

6）燃气舵面前缘与喷口间隙要小；

7）气动特性品质（线性度好、铰链力矩小、失速控制好等）尽量好。

2.4.2 燃气舵控制方式和气动布局

在空空导弹以及防空导弹上，燃气舵的功能主要是补充或代替气动舵在低速条件下操纵能力的不足。因此，已知使用燃气舵的几款型号（空空导弹的MICA，IRIS-T，AIM-9X，防空导弹的HQ-9，HQ-16和俄罗斯的S-300）上，导弹的气动布局都是正常式。空气舵位于弹体尾部，导弹对燃气舵的控制方式都是与空气舵联动的，形成复合控制。这样就大大简化了控制系统对舵面控制力数据的使用方法。

由于空空导弹以及防空导弹上燃气舵的功能要求及与空气舵的联动控制方式，燃气舵沿弹体周向的布置个数和布置位置都是与气动舵同数同位的，即四片舵，“×”形布局。而轴向位置有在喷管之内的，有在喷管之外的，还有的一部分在喷管内、一部分在喷管之外。如空空导弹的IRIS-T和AIM-9X的燃气舵布置在喷管之外，MICA的燃气舵有一部分布置在喷管之内，防空导弹HQ-9和HQ-16的燃气舵布置在喷管之外，S-300的燃气舵布置在喷管之内。

2.4.3 燃气舵烧蚀率

燃气舵气动外形设计先要考虑的是烧蚀率，因为烧蚀率对燃气舵面积和外形参数的确定直接产生影响。燃气舵工作在具有很强烧蚀性的燃气流中，固体火箭发动机喷出的燃气流温度很高，又是超声速气流，气流中又含有大量Al_2O_3粒子，燃气舵的工作环境极其恶劣，受到的冲刷是很严重的。这些恶劣的工作环境会使燃气舵产生烧蚀，特别是对于工作时间长或在受到长时间冲刷后还要再工作的情况，烧蚀可能会更严重。表示燃气舵烧蚀状况的方法有质量烧蚀率、线烧蚀率和面积烧蚀率，在燃气舵气动外形设计时主要考虑的是面积烧蚀率。

燃气舵面积烧蚀率定义为

$$\dot{S}=\frac{S-S_{yx}}{S}\times 100\% \tag{2-11}$$

式中，$\dot{S}$ 为燃气舵面积烧蚀率；S 为烧蚀试验前燃气舵面积；S_{yx} 为烧蚀试验后燃气舵的有效面积。

燃气舵面积烧蚀率会影响燃气舵的控制力和控制力矩的输出，面积烧蚀率是气动外形设计需要考虑和控制系统要求的重要技术指标之一。为此，除了在燃气舵制造选材时要选用抗冲刷、耐烧蚀的材料外，在燃气舵气动外形设计时也要相应考虑烧蚀率的问题。要使设计出的舵面满足升力要求，必须对面积烧蚀率加以限制，并给出烧蚀率要求指标，并且由于目前准确确定烧蚀率存在困难，在设计时还要留有一定余量。燃气舵的烧蚀率要通过发动机点火试验进行测量，它可以结合燃气舵的强度考核等其他试验一同进行。

在气动外形设计方面，燃气舵的几何尺寸和形状对烧蚀会产生影响。试验发现，燃气舵的烧蚀部位几乎集中在舵面的前缘部分，这说明前缘参数对舵面烧蚀率起着重要作用，而就面积烧蚀率而言，舵面几何尺寸则起着重要作用。研究发现，影响燃气舵面积烧蚀率的主要因素有前缘后掠角 χ_0、前缘半径 R，以及前缘厚度或钝度、舵面半展长 l，如图 2-8 所示。下面分别分析它们对舵面的烧蚀率的影响情况。

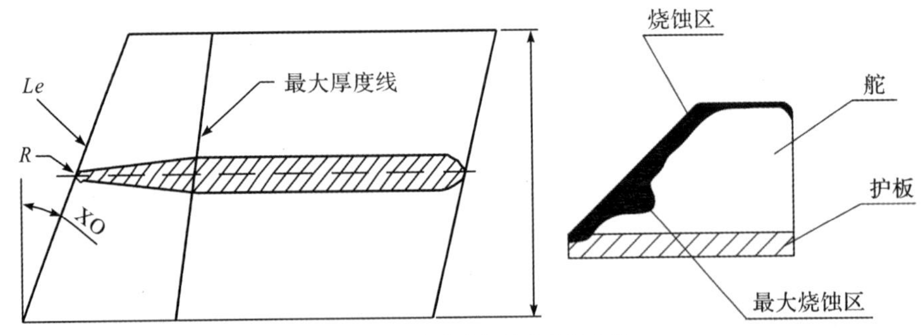

图 2-8　燃气舵烧蚀外形几何参数

(1)前缘后掠角对舵面烧蚀率影响。

引起燃气舵前缘烧蚀的原因有三个：一是前缘出现很高的燃气流驻点温度；二是固体粒子流对前缘冲刷最强烈；三是前缘的厚度较薄。空空导弹固体火箭发动机燃气流温度近 2 000℃，燃气舵前缘的滞止温度高达 3 000℃。当驻点温度高于舵面材料的熔点时，前缘出现熔化，舵面烧蚀量大。当驻点温度低于舵面材料的熔点时，烧蚀量取决于该材料在高温下的硬度，若材料仍具有足够的硬

度，舵面抗粒子流的冲刷能力就强，烧蚀量就小。从空气动力学上我们知道，前缘驻点温度可用下式估算出来：

$$T = T_0\left[1 + r\frac{k-1}{2}(Ma)^*\right] \tag{2-12}$$

式中，T 为燃气流驻点温度；T_0 为燃气流绝对温度；r 为温度恢复系数；k 为比热比；$(Ma)^*$ 为有效马赫数，$(Ma)^* = (Ma)\cos\chi_0$，χ_0 为舵面前缘后掠角。

式(2-12)表明，当 $T_0, r, k, (Ma)^*$ 值一定时，前缘后掠角越大则驻点温度越低，前缘后掠角越小则驻点温度越高。

试验也证明了这一点。曾选用两片不同前缘后掠角 50°和 30°的 50WMO 合金舵，在同一台发动机上试验。结果表明，前缘后掠角大的舵面烧蚀率为 5.9%，而前缘后掠角小的舵面烧蚀率为 7.9%。这说明，前缘后掠角大，则驻点温度低，烧蚀率就小。反之，前缘后掠角小，则驻点温度高，烧蚀率就大。但是，一般来讲，前缘后掠角不宜选的过大，过大的后掠角虽然有利于减小烧蚀率，但会使舵面升力效率显著下降。

(2)前缘半径对舵面烧蚀率影响。

前缘半径的大小也就是前缘的钝度。从冲刷的角度考虑，由于钝前缘前方形成正激波，在超声速的高速燃气流通过正激波后使燃气流速率降低，这样，钝前缘就能减轻粒子流对前缘的冲刷作用。而锐前缘舵面需要承受高速、高温粒子流的强烈冲刷作用，其冲刷效应要比钝前缘更强烈。据资料报道，在相同的钨含量下，前缘半径小于 12.7 mm 的舵，其面积烧蚀率较大。如 85W-15MO 合金舵，当前缘半径从 12.7 mm 减小到 3.2 mm 时，面积烧蚀率由 1%增加到 9%。从驻点温度热交换角度考虑，较小的前缘半径增加了前缘的对流热交换，减小了在前缘处产生较高舵面温度的热传导效率，从而使舵前缘烧蚀率增加。用两片 30WMO 合金舵，加工成不同的前缘半径，一片为 5 mm，另一片为 4 mm，在相同的条件下做试验，发现前者烧蚀率为 5.7%，后者为 9.9%。这充分说明，前缘半径小的舵面要比半径大的舵面烧蚀率高。当然，增加前缘半径会增加舵的质量，增加燃气舵引起的推力损失。另外，增加前缘半径还会引起升力的损失。这些都是燃气舵设计时必须要关注和权衡的因素。

(3)舵面半展长对舵面烧蚀率的影响。

试验表明，舵面烧蚀部位集中在前缘部分，且在展长方向形成两头大、中间小的形状。由此舵面的烧蚀率随舵面半展长的减小而减小，但是舵面半展长的减小会使舵面性能恶化。舵面半展长的设计主要考虑的是气动性能的更好满足。

根据烧蚀率要求的不同，可将燃气舵的烧蚀分为以下三种情况：

1) 非烧蚀型:烧蚀率一般小于5%。非烧蚀型燃气舵的气动特性变化不大，这方便了推力矢量控制装置设计和使用。

2) 烧蚀型:燃气舵在工作期间舵面面积呈线性减少。烧蚀型燃气舵能够降低结构对舵体材料的选择难度,但气动设计和控制系统使用时应考虑由此引起的气动参数持续变化的影响。

3) 梯度烧蚀型:该类型燃气舵在发动机工作前期一段时间内不允许烧蚀(烧蚀率很小),发动机工作后期能够迅速完全烧蚀。这是气动和控制系统需求的理想状态,但这会给结构选材和设计带来难度。

要使设计出的舵面满足升力要求,必须对面积烧蚀率加以限制。一般而言，对于面积较大、工作时间较长的燃气舵,可选面积烧蚀率为10%,如果太大,升力会降低太多。而对于工作时间较短的舵,在材料可以较好满足要求的前提下，舵面积烧蚀率越小越好。如果烧蚀率能控制得很小,以至于在气动设计时不予考虑,就会使得燃气舵气动力的获得更加便捷化,气动数学模型的构造减少了时间维度,使得推力矢量控制装置模型简化,控制能力提高。

随着材料技术的发展和工艺能力的提高,燃气舵抗烧蚀能力也在不断增强。对于近距格斗型空空导弹而言,燃气舵的使用只在发射后的初始段,使用时间很短(1~2 s之内),因此,在我们目前的空空导弹燃气舵设计中,对燃气舵面积烧蚀率提出了不大于5%的要求。通过燃气舵的发动机试车烧蚀试验,证明了该烧蚀率能够满足要求。

2.4.4 燃气舵安装位置

在确定舵体安装位置时,应考虑以下因素:

1)喷管出口处激波和膨胀波对舵面的影响区域要小,以提高燃气舵的升力效率;

2)舵体比较靠近喷管出口,以减小动压沿轴向减小对燃气舵升力的不利影响;

3)满足导弹总体和结构对燃气舵尺寸的限制性要求;

4)尽量使舵体的连接结构简单化。

燃气舵的安装位置可以完全在喷管内,也可以完全在喷管外,还可以内外兼顾(即舵面前部在喷管内,舵面后部在喷管外)。在实际应用中,固体火箭发动机的燃气舵大多安装在喷管之外,并尽量靠近喷口处;也有少数位于喷口内的,如俄罗斯的S-300地空导弹等,或在喷管内外兼顾布置的,如法国的MICA空空导弹等。燃气舵安装在喷管内或喷管内外兼顾的目的主要是照顾总体和结构对

燃气舵尺寸的限制性要求。如对于发射筒式安装和弹射发射的地空导弹而言，总体和结构非常不希望弹体底部有其他附件突出，这时燃气舵安装在喷管内就是一个更好选择。燃气舵舵面伸入喷管的优点是其气动特性基本不受外界环境的影响，舵面效率高；缺点是舵护板受热严重，且舵面偏转角大时会影响发动机推力大小和方向。燃气舵安装在喷口之外又分两种情况，如图 2-9 所示。一种是舵面根弦与喷管出口处壁面延长线平行，这种安装方式给设计较大的舵面面积创造了条件，同时舵护板受热减轻，但缺点是导弹飞行高度较低时，由于燃气流为超声速，有相当大一部分舵面受到喷管出口处激波的影响，在高空飞行时，受出口膨胀波影响，从而使舵面升力效率降低；另一种是根弦与弹体轴线平行，它的优点是出口处激波和膨胀波干扰区域小，舵面升力效率高，而且结构简单，因而固体火箭发动机的燃气舵大多采用这种安装方式。

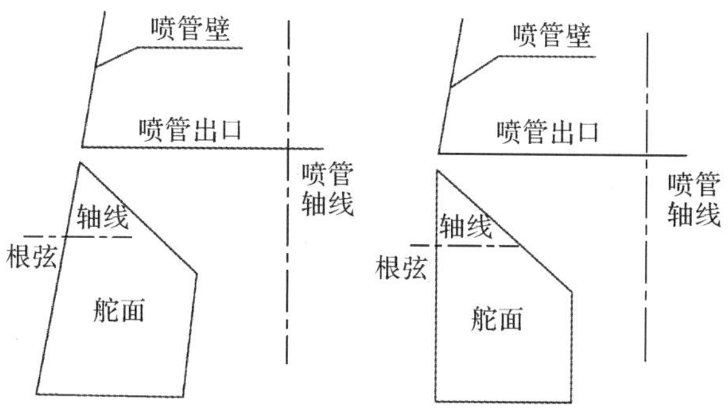

图 2-9 两种外置式燃气舵安装方式

对于完全安装在喷管之外的燃气舵，其安装位置直接影响燃气舵气动力的大小。导弹在不同高度下飞行，大气压力会发生变化。若发动机出口压力大于大气压力，则燃气流出口后会膨胀。若发动机出口压力小于大气压力，则气流出口后会压缩。另外，离喷管出口的轴向距离越远，燃气流压力和动压越小，这将减小舵面的升力效率。因此，为了提高燃气舵处的动压，根弦前缘点应尽量靠近喷管出口处的平面。

本案例中的舵体安装位置情况如下。

对于近程格斗型空空导弹而言，导弹弹径小，喷管口径小，燃气舵要安装在发动机喷管之外。在本案例中，燃气舵的升力梯度要求较高，燃气舵安装要尽量靠近喷口处，燃气舵和护板的安置也不做倾斜。

x 方向：舵面根弦前缘与喷口间留出 3 mm 空隙，留出燃气舵转动误差升力作用下的舵轴轴向位移、阻力作用下的机构倾斜的空间。

r 方向：舵面根弦从喷管内壁径向向外移 1～2 mm。根据喷口喷管内壁气流扩张角、综合 x 方向间隙、燃气舵在阻力作用下的 x 方向位移、其他附属结构的反射作用等因素，保证燃气流不直接射到护板以下。

倾斜角：倾斜角决定了燃气舵在喷流中的角向位置。护板向外倾斜容易使燃气舵受到激波、剪切层、气流边界等条件间断的干扰，非线性气动特性加重，而且升力梯度减小；向内倾斜造成烧蚀加重，阻力增加。因此，在目前升力梯度吃紧的情况下，采用根弦与弹体轴线平行的方式，减小干扰区域，提高舵面升力效率。而且其结构简单，适合与空气舵联动。

2.4.5 最大舵面偏转角

除了面积之外，燃气舵的升力大小直接与舵面偏转角大小相关。最大舵面偏转角的确定原则是，舵面偏转能够产生所需要的升力而又不致产生太大的诱导阻力，同时还要考虑舵面偏转的结构实现、舵间气动干扰、控制系统实现的难易程度，以及舵面铰链力矩大小等情况。

在以往使用燃气舵的火箭上，以及其他类导弹（包括地地、地空、舰舰、反潜等使用固体火箭的战术导弹）上，一般设定的最大舵面偏转角有15°，20°，25°等。

空空导弹与地空导弹相比的不同点是，空空导弹发射时初速已很高，基本是高亚声速、跨声速，这对燃气舵的控制能力（升力梯度）要求更高。另外，燃气舵是与空气舵一起复合控制的，燃气舵最大舵面偏转角的设定要与空气舵一起考虑、关联设计。目前，使用燃气舵的都是格斗型空空导弹，导弹弹径都较小，燃气舵舵面偏转的结构实现方式都是与空气舵联动的，它与尾部的气动舵共用一个电机驱动，然后通过连杆机构实现对燃气舵的复合驱动。近距格斗型空空导弹，要求在亚跨声速下作大攻角转弯机动飞行，最大飞行攻角在40°～55°之间，空气舵的最大舵面偏转角一般设定为－30°～25°或25°～30°，燃气舵与空气舵联动，燃气舵最大舵面偏转角取决于与空气舵的传动比，传动比一般设定为1∶1，这样燃气舵的最大舵面偏转角一般为25°～30°。

本案例空气舵的最大舵面偏转角取为±28°，选取的传动比为1∶1。燃气舵的最大舵面偏转角为28°，与空气舵一样，其中的部分舵面偏转角用于差动横滚控制。

2.4.6 燃气舵形状参数影响分析和外形设计

1. 舵面形状参数描述

舵面形状参数分为平面形状参数和剖面形状参数。

燃气舵气动外形平面形状及其参数，包括基本平面形状（梯形、矩形、多边形

等)、平面形状参数[展弦比(λ)、后掠角(χ)、根梢比(η)]等,其中展弦比(λ)、根梢比(η)由舵面几何参数求得,舵面平面形状参数如图2-10所示。

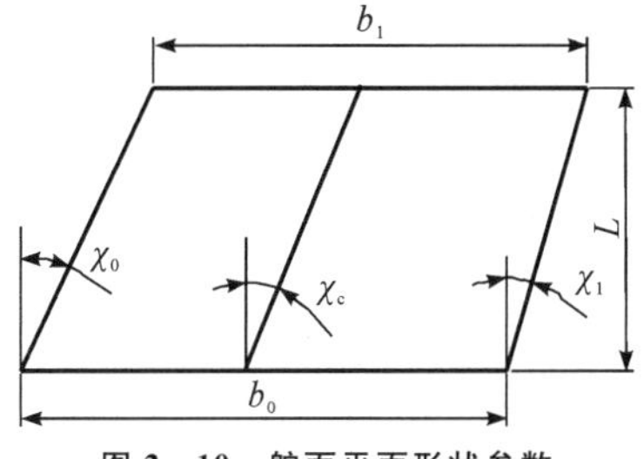

图2-10 舵面平面形状参数

在气动上,描述舵面几何外形的各边有专业称谓,即前缘、侧缘、后掠和最大厚度线等。为了更好地分析、研究与比较各种舵面气动特性的优劣,使用三个组合参数来表征,它们分别是后掠角、根梢比和展弦比。后掠角用来表示舵面平面形状向后倾斜的程度,后掠舵前缘与根弦垂线之间的夹角称为前缘后掠角,记作χ_0,描述最大厚度线与根弦垂线之间的夹角称为最大厚度线后掠角χ_c,描述后缘与根弦垂线之间的夹角称为后缘后掠角χ_1;根梢比用来表示舵面从舵根到舵梢的收缩程度,它是舵面根弦b_0与梢弦b_1的长度之比,表示为$\eta=\dfrac{b_0}{b_1}$;展弦比用来表示舵面展向的细长程度,表示为$\lambda=\dfrac{(2l)^2}{2S}$,其中$l$为舵面的半展长,$S$为单个舵面的面积。下面将以这些参数来分析它们对舵面气动特性的影响,供燃气舵气动设计时的选择和参考。

燃气舵剖面形状及其参数,包括基本剖面形状(菱形、六边形、双弧形等),剖面形状参数(最大相对厚度$\bar{c}_{\max}$、最大厚度位置、前缘半径和后缘半径)等。舵面剖面形状参数如图2-11所示。

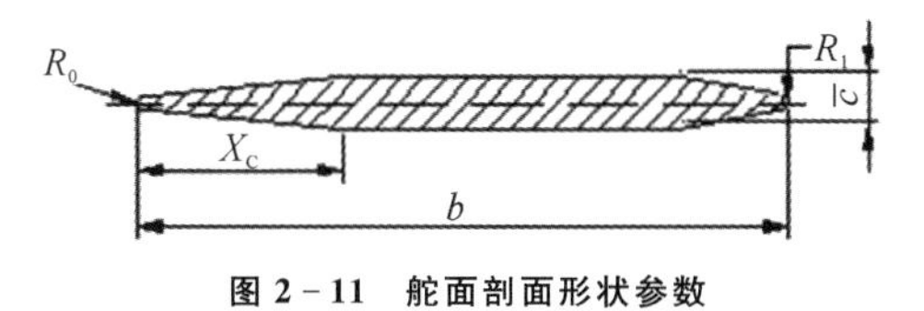

图2-11 舵面剖面形状参数

2. 常用燃气舵形状

导弹的空气舵面基本平面形状有很多,有平面翼、格栅翼、卷弧翼等。而燃气舵工作在环境恶劣的超声速燃气流中,且空间受限,因此它的平面形状都是平面形翼。舵面平面形状的选择与马赫数有关,燃气舵工作在发动机喷出的燃气流中,火箭发动机喷管出口处的燃气喷流速率都是超声速,一般在$3Ma$左右。

因此，燃气舵气动外形选择应符合超声速翼面的选取原则。

燃气舵常用的平面形状是梯形翼。带后掠前缘的梯形翼面，控制性好，在其他方面（如超声速阻力、翼面压力中心变化、对横滚的控制能力、有限空间的面积布置率、耐烧蚀性等）的气动特性适中。在众多燃气舵使用的平面形状中很多都是梯形翼的变种，比如常用的双后掠梯形翼，即前缘为双后掠角，翼根的小后掠角使整个燃气舵面积相对靠前，翼梢的大后掠角使燃气舵获得较好的性能。相对单梯形舵面而言，这种舵面形状会有较小的舵面铰链力矩。目前，空空导弹上已使用的燃气舵只是前缘单一后掠的梯形翼，由于空间较小，还没有使用双后掠的梯形翼。空空导弹燃气舵已用到的第二种形状就是矩形翼，矩形翼可在有限空间中产生较高的升力梯度。这种翼面之所以能产生高的升力梯度，主要是因为舵面前缘不后掠，前缘受到的垂直来流马赫数高，同时舵面平均位置靠前，这样就能更好地利用喷流流场中高动压来产生高的升力。当然，矩形翼舵面形状的烧蚀会严重些，但矩形翼面可在有限的翼弦和翼展空间内具有最大的翼面面积。矩形翼的进一步变种就是双矩形翼，这种翼是在外侧的前部减小了弦长，形成双矩形形状，外侧矩形的减小及后置用以减小在喷流中心引起的烧蚀。矩形翼可以在发动机喷管直径尺寸小、舵面升力梯度要求高，而燃气舵仅在发射之初使用，且使用时间较短的导弹上，燃气舵使用完后的快速烧蚀，反而对减小推力损失有利，因此，它能更好地用在空空导弹或小型防空导弹上。矩形翼的另一种变种就是在矩形翼的外侧增加了三角形侧边的外翼，它能进一步提高舵面的升力梯度，目前空空导弹上已使用了矩形翼外加三角形侧边外翼的燃气舵。再一个就是多边形舵面，它的前缘根部倒角后掠，梢弦后缘切尖，其目的是减小翼面的气动三维效应，形成二元翼面效果，其结果是更好地减小舵面的铰链力矩，这种舵面也很适合空空导弹燃气舵的外形选取。图 2-12 给出了几种典型的燃气舵平面形状，图中(a)(c)已在空空导弹上得到了应用。

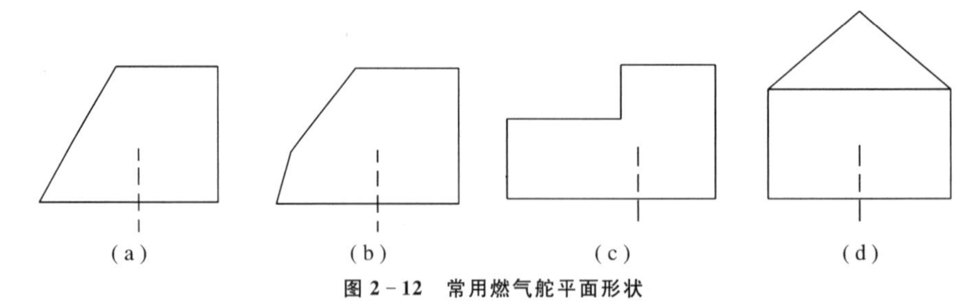

图 2-12 常用燃气舵平面形状

翼型即舵的剖面形状，按气流的速率可分为亚声速翼型、超声速翼型和两者之间的跨声速翼型（过渡翼型）。燃气舵工作在超声速燃气流中，常用的超声速翼型有三种：菱形（双楔形）、六角形（改型双楔形）和双弧形，如图 2-13 所示。

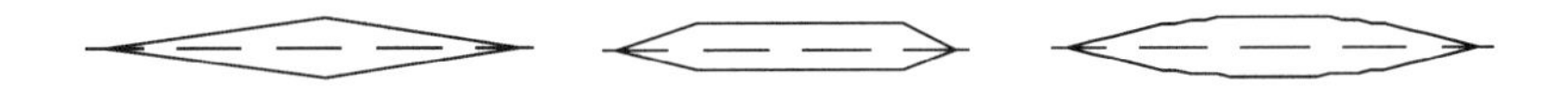

图 2-13　超声速翼型的三种剖面形状

根据超声速线化理论，波阻与 $\bar{c}^2$ 成正比，故减小相对厚度是最有效的减阻途径。相对厚度不变时，在菱形、六角形和双弧形翼型中，菱形剖面波阻最小，六角形翼型的工艺性能最好，具体见表 2-1。

表 2-1　三种翼型波阻系数的比较

名　称	形　状	波阻系数
菱形		$4\bar{c}^2/\sqrt{(Ma)^2-1}$
六角形		$6\bar{c}^2/\sqrt{(Ma)^2-1}$
双弧形		$5.33\bar{c}^2/\sqrt{(Ma)^2-1}$

因此，对于小尺寸实心舵面，多选用菱形；对于稍大尺寸的舵面，则多选用六角形；双弧形剖面翼型是针对大尺寸的非实心弹翼，对燃气舵不适用。

3. 平面参数对气动特性影响分析

燃气舵平面形状参数对舵面的气动特性产生重要影响。燃气舵的气动特性包括舵面的法向力梯度、舵面阻力（包括零升阻力和诱导阻力）、舵面铰链力矩（在法向力确定的情况下，取决于舵面弦向压力中心变化范围）、滚转力矩，反映了燃气舵对弹体横滚的控制能力（在法向力确定的情况下，取决于舵面展向压力中心位置）等，反映了燃气舵平面形状的参数有展弦比、后掠角、根梢比。

展弦比对舵面气动力的影响：舵面的法向力系数梯度 C_N^α 的大小主要与舵面的展弦比 λ 有关，如图 2-14 所示。在亚声速和跨声速下，λ 增大将导致 C_N^α 显著增加。但在大马赫数、中等展弦比下，λ 的增加对 C_N^α 的影响显著降低。

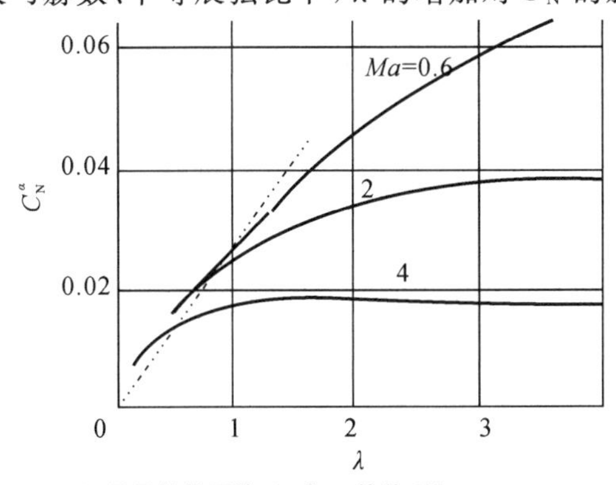

图 2-14　不同马赫数下的 C_N^α 与 λ 的关系（$\chi_c=0$，$\bar{c}=0.02$）

空空导弹燃气舵一般工作在 3Ma 左右，作为控制舵面的燃气舵，一般是中等或稍小的展弦比，在这样条件下，λ 的变化对 C_N^α 虽有一些影响，但不是很大。这样，在选择燃气舵展弦比时，应更多考虑其他因素，而在条件允许时，展弦比可选取大些。如果考虑到燃气舵的动压随 x 轴线向后是逐渐减小的，在考虑提高法向力梯度时，展弦比应尽可能选得大些。

展弦比 λ 也影响着舵面的阻力系数，对于燃气舵而言就是影响着它引起的推力损失。展弦比 λ 对舵面波阻系数 C_{xw} 的直接影响如图 2－15 所示。在跨声速区域，增大展弦比显著增加了舵面的波阻系数，然而，在 $Ma>1.8$ 后，展弦比对波阻基本没有影响。

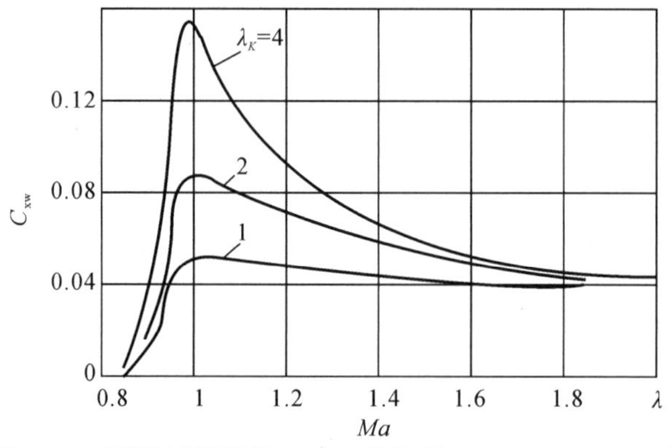

图 2－15　不同马赫数下的 C_{xw} 与 λ 的关系（$\chi_c=0, \eta=5, \bar{c}=0.04$）

空空导弹燃气舵工作的燃气流速率要大于 1.8Ma，单从这一因素考虑，在设计燃气舵展弦比时，可以不考虑展弦比对阻力的影响。然而，除了直接影响外，在跨声速乃至超声速区域，展弦比却会对舵面的波阻产生很大的间接影响。实际上，展弦比的减小会导致舵面展长减小（舵面承载弯矩相应减小）和根弦增大，这些都会在不损害舵面强度和刚度情况下，使舵面的相对厚度 $\bar{c}^2$ 同时减小。而波阻的大小是与 $\bar{c}^2$ 成正比的，所以 λ 的减小，将伴随着 $\bar{c}$ 的相应减小，会导致波阻急剧减小。这就是为什么超声速下选择小展弦比舵面的主要原因。

后掠角对舵面气动力的影响：后掠角对燃气舵气动特性产生一定影响，图 2－16 给出了后掠角 $\chi_{0.5}$ 对舵面 C_N^α 影响示例。在亚声速和跨声速下，$\chi_{0.5}$ 的增大导致 C_N^α 有某些减小。而在大的超声速下，后掠角对舵面升力系数的影响并不明显。

舵面后掠角也对波阻产生重要影响。图 2－17 给出了不同后掠角下的舵面波阻随马赫数的变化情况。后掠角的影响主要表现在 $0.8 \leqslant Ma \leqslant 1.6$ 的跨声速区，在跨声速区，随着 χ_c 的增大，临界马赫数 $(Ma)_{cr}$ 提高，当舵面波阻随马赫数变化曲线变得平缓些时，最大波阻减小。在大的马赫数下，χ_c 对弹翼波阻的影

响可以忽略。由于燃气舵工作的马赫数都较高，这样在设计燃气舵后掠角时，可以不考虑对阻力的影响。

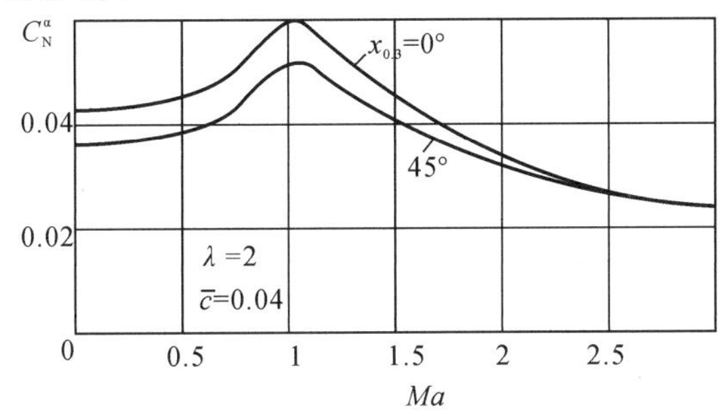

图 2-16 不同后掠角 $\chi_{0.5}$ 下的 C_N^α 与 Ma 的关系

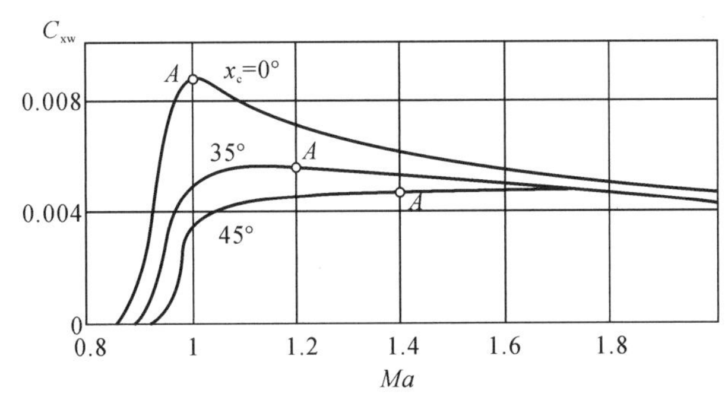

图 2-17 不同后掠角下的 C_{xw} 与 Ma 变化关系曲线（$\lambda=2,\eta=5,\bar{c}=0.04$）

根梢比对舵面气动力的影响：在其他几何参数不变的情况下，根梢比 η 对舵面升力的影响较小，其一般趋势是随着 η 增大，C_N^α 值略有增加。这主要原因是根梢比 η 越大，舵面梢弦长就越短，翼尖马赫锥三维效应所影响到的舵面面积就越小，升力损失也就越小所致。三角翼与矩形翼的 η 是两种极端情况，其他几何参数相同情况下，三角翼的升阻比大于矩形翼。

舵面根梢比 η 的变化（其他参数不变）并不直接影响波阻，但其间接影响是显著的。例如，由 $\eta=1$ 变为 $\eta=5$（$S=\text{const}$），将使根弦增加1.67倍，舵面内部面积的相对增大，使舵面载荷的展向压力中心靠近根弦，这使舵面受载弯矩减少，其结果可使舵面相对厚度减小至原来的1/2，导致舵面波阻显著下降。

几何参数对舵面压力中心的影响：燃气舵压力中心位置及其位置变化量（Δx_{cp} 和 z_{cp}）影响燃气舵的铰链力矩和对横滚的控制能力，同样也由此影响舵机的尺寸、质量、需用功率和成本等。舵面铰链力矩的舵轴位置是可以设计调整的，因此，对燃气舵铰链力矩值影响的是弦向压力中心的变化量 Δx_{cp}。

影响舵面压力中心及其变化的因素有飞行条件和飞行状态、平面几何形状及相对厚度等。影响空气舵面压力中心变化的飞行条件和飞行状态有4个，即

Ma，φ，α，δ。对燃气舵而言，来流条件的变化因素仅为1个，即舵面偏转角δ（气流实际攻角），这使得问题研究变得简单化。大量试验结果表明：当攻角$\alpha \leqslant 5°$时，弦向压力中心位置$\bar{x}_{cp}$可以认为与攻角无关；当攻角超过5°时，随着攻角的增加，压力中心后移，尤其是对于小的$\lambda\tan\chi_{0.5}$和η值的舵面更为明显。在一次近似中，在$5° < \delta < 20°$的范围内，存在某种线性关系，于是

$$x_{cp} = (\bar{x}_{cp})_{\alpha=5°} + \frac{\alpha - 5}{15}(\Delta\bar{x}_{cp})_{\alpha=20°} \tag{2-13}$$

式中，x_{cp}为由平均气动弦起点到压力中心弦线方向的距离。当然，在$\alpha > 20°$以后，舵面可能会出现严重分离，上述压力中心的计算就不合适了。

在舵面面积不变情况下，小展弦比增加了由于攻角变化引起的压力中心移动量。也就是说，增大展弦比λ，将使弦长相应变小，舵面压心变化就减小，这对减小弦向压力中心的变化量Δx_{cp}有利。

根梢比对压力中心变化范围的影响也可以利用梯形翼的平均气动弦长公式来分析。

$$b_A = \frac{4}{3}\frac{S}{l}\left[1 - \frac{\eta}{(\eta+1)^2}\right] = \frac{4}{3}\frac{S}{l}K \tag{2-14}$$

式中，$K = 1 - \frac{\eta}{(\eta+1)^2}$

根据梯形翼的平均气动弦长公式，设K为受根梢比影响的变化系数，由此看出，在舵面面积和展长不变的情况下，随着根梢比的增加，K值增加，如图2-18所示，即平均气动弦长会相应增加。平均气动弦长变长，意味着压力中心变化范围增加。也就是说，根梢比增加，压力中心变化范围会有所增加。

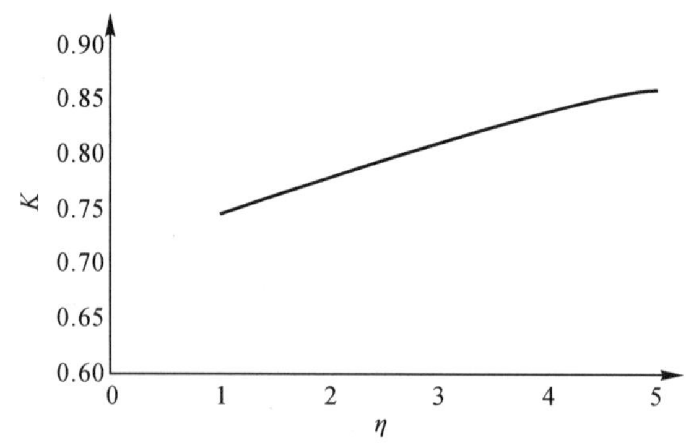

图2-18　梯形翼的平均气动弦长随跟梢比的变化

后掠角对压力中心变化范围的影响，根据梯形翼的平均气动弦长公式，后掠角并不直接影响平均气动弦长，因此在马赫数确定的情况下，后掠角变化对弦向

压心随攻角的变化量影响较小。

燃气舵面展向压力中心位置主要取决于舵面的展向面心位置。展弦比增加,展向面心外移,展向压心外移。根梢比增加,展向面心向根弦移动,展向压心内移。需要指出的是,燃气舵面的展向压力中心靠近根部,对增加导弹的滚动控制力矩是有益的。

理论和试验研究指出,在超声速马赫数大于 2.5 后,在燃气舵工作偏转角范围内,大后掠角、大展弦比和小根梢比的舵面具有烧蚀面积小、压心位移小和升力梯度大的优点。由于喷口尺寸等条件限制,必须选用小展弦比。大后掠角虽然对减少烧蚀有利,但如果后掠角小些,能获得超声速前缘就可增大升力梯度,因此必须综合考虑。对燃气舵气动设计具有以下一般性结论。

展弦比:一般取 1.5~2.0。

后掠角:一般不应太大,最大不应大于 60°,前缘后掠角也可为等后掠角或双后掠角。为了增大升力梯度,应采用超声速前缘,同时,压心随舵面偏转角的变化也比采用亚声速前缘小。

根梢比:根梢比不宜太大,否则展长和根弦长受限制时,舵面积会减小;且过大的根梢比在较大攻角下也会造成翼端气流分离,舵面气动设计有利的根梢比为 $\eta=2.2\sim2.5$。在空空导弹燃气舵上,由于导弹弹径小,舵展受到很大限制,为了更好满足燃气舵升力梯度要求,已将根梢比最小做到了 1。

(4)剖面参数对气动特性影响分析。

燃气舵的升力是由舵面上下表面的压力差产生的。舵面上下表面的压力与舵面的剖面形状相关,舵面的剖面形状也影响着舵面的阻力。燃气舵外形的剖面形状参数,包括剖面形状最大相对厚度 $\bar{c}_{max}$,前、后缘倒角半径 R 等。舵面的剖面形状简称“翼型”。

火箭发动机喷管出口处的喷流速率都是超声速,一般在 3Ma 左右。常用的超声速翼型有三种:菱形(双楔形)、六角形(改型双楔形)和双弧形。超声速气流流过翼型的流态与亚声速完全不同,气流出现了激波和膨胀波,压力分布明显改变,阻力也明显增加。因此,如何减小波阻是设计者需要主要考虑的问题。

选择翼型先考虑的是剖面形状。燃气舵尺寸较小,又工作在火箭发动机的高温粒子流中,受到烧蚀和严重冲刷,因此燃气舵使用的一般是两种实心翼型,即菱形和六角形。对于小尺寸实心舵面,多选用菱形;对于稍大尺寸的舵面,则多选用六角形。空空导弹弹径和发动机喷管尺寸小,使用的一般是菱形实心翼型。

剖面设计的一个重要因素就是翼型的相对厚度。当马赫数大于 1.2 时,舵面的波阻值与翼型相对厚度 $\bar{c}^2$ 成正比,如图 2-19 所示。由此可见超声速导弹的弹翼应采用薄翼型。相应地，燃气舵在考虑了舵升力和热应力复合作用下的结构强度之后，舵面厚度应该尽量做薄。

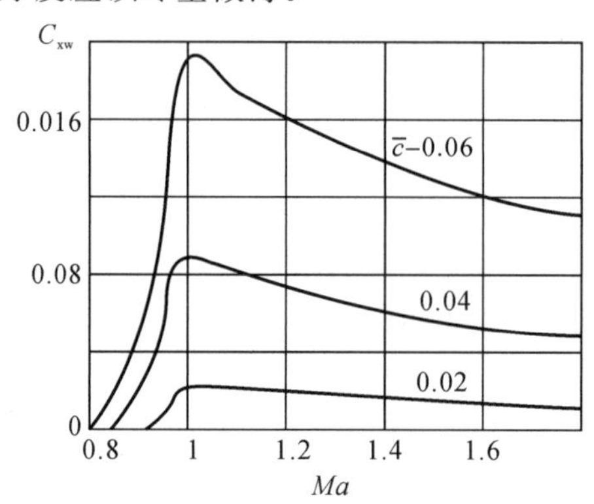

图 2-19　不同相对厚度下的 C_{xw} 与 Ma 变化关系曲线（$\lambda=2,\eta=5,\chi_c=0$）

为了减小波阻应使激波附体，并降低逆压梯度以避免气流分离，要求前缘形状最好是尖的。但考虑到气动加热影响及结构强度和工艺要求，特别是燃气舵存在的冲刷和烧蚀，在实际设计中，燃气舵前缘都需要一定的钝度，这种钝度都做成了一定曲率半径的形状。

当翼型应用到三维翼面上时，它的二维气动特性要受到三维效应的影响。即使二维气动特性最佳，由它构成的三维翼面的气动特性却不一定是最佳的，然而，二维剖面气动特性的优劣必然会对三维翼面的气动特性产生影响。另外，剖面翼型的选择只是翼面外形设计的一部分，剖面选择还要配合翼面的平面外形设计。

超声速燃气舵弦向压力中心受舵面厚度的影响。根据超声速升力面理论，零厚度二维平板超声速流压力中心位于 $0.5\bar{c}$，小展弦比下（有效的）压力中心移动趋向前移。按照美国空军 DATCOM 方法，当喷管流动超声速平均马赫数为 3.4，矩形燃气舵展弦比为 0.66 时，压力中心将位于 0.35 处。

如果没有喷管侧壁，横向或翼展方向的超声速压力中心位置将同翼展的中心重合，只要燃气舵和侧壁之间的缝隙保持很小，根部压力就高于梢部压力。于是压力中心位置向侧壁移动，使横滚转矩的力臂加大。

2.4.7　燃气舵面积设计

燃气舵平面面积 S 大小主要是由升力梯度或最大舵面偏转角下升力要求所决定的。另外，确定燃气舵的舵面积还应考虑燃气舵烧蚀的影响，根据总体和控制系统要求选取合适的烧蚀类型。燃气舵平面面积可按下式求得：

$$S = l_{\max} / [C_L^{\delta} \delta_{\max} q (1 - \dot{S})] \quad (2-15)$$

另外，喷口直径的大小限制了舵面积的上限，也即舵面展长和弦长的上限，同时气动设计还要求相邻舵面不发生大的干扰，否则舵面升力效率将会降低。

在工程上，由于气动力计算存在误差，以及外形优化设计的要求，在初步设计中，一般要对一种或两种典型外形进行面积的方案优化，即设计出大、中、小三种面积，确定相应外形参数，进行气动计算和风洞试验。然后，根据气动特性数据，进行控制系统仿真，再进行方案修改。这样反复循环设计，直到气动特性满足总体和控制系统要求为止。

2.4.8 燃气舵舵轴位置及护板和耳片

舵轴位置的确定应该遵循以下三个原则：

1)从舵面升力梯度考虑。理论上以舵面在偏转条件下，舵面面心处于燃气流的比较中心为最佳，以最大限度地提高舵面的升力效益。从总体最优设计来看，在满足姿态控制要求的条件下，升力梯度和最大升力越小越好。

2)从舵面铰链力矩考虑，对采用铰链力矩反馈的舵面而言，总体和控制设计要求燃气舵在舵面偏转范围内应是正操纵，因此舵轴必须设计在舵面压力中心的前面。而压心随舵面偏转角的增加是前移的，为了不出现舵面反操纵现象，舵轴要靠前设计。在这种情况下，舵轴位置太靠前会降低舵面升力效率，同时由于增加了翼梢后缘与舵轴的距离，必须考虑舵面之间机械干涉的可能性。因此，舵轴选取原则是，既要保证在最大舵面偏转角时，有一定的静稳定度，又要保证在后缘对后缘偏转时不能相碰。

3)从舵面铰链力矩考虑，对采用位置反馈的舵面而言，总体和控制设计要求燃气舵在整个舵面偏转范围内应具有最小的铰链力矩。因此，舵轴应设计在舵面压力中心变化范围的中间，通过正负铰链力矩大小的优化，使燃气舵铰链力矩最小。

舵面压力中心对舵轴位置的确定非常敏感，影响很大，因此舵轴位置的确定一般要根据风洞试验结果调整和确定。

护板：在燃气舵的舵体根部，一般要安装护板。它的作用是对舵轴和舵支架起到防热作用。在结构上，燃气舵护板与舵面根弦连为一体，护板一般嵌装在舵体支座——耳片体内，其目标是正好使舵根弦与喷管壁面一线，使舵面气动效率最大化。由于护板嵌装在耳片体内，护板要做成圆形，以便能使舵机构正常旋转来产生舵面偏转角。应该指出的是，护板面积不宜太大，太大会带来较大的摩擦阻力，也不利于在圆形壳体上的匹配安装。

耳片：位于弹体后面的燃气舵，需要耳片(舵体支座)对燃气舵体进行支承。耳片的另一个作用是限制燃气流越过根弦溢出，耳片的长度一般要涵盖舵面根

弦的长度，耳片的宽度要覆盖最大舵面偏转角时的舵面根弦，以克服三维效应和防止或降低环境压力变化引起的喷管出口激波或膨胀波对舵体的影响，从而提高舵的升力效益。经验表明，平面耳片还兼有结构紧凑、减轻质量的好处。护板和耳片如图 2-20 所示。

燃气舵气动设计过程中，要分析护板和耳片对气动特性的影响。

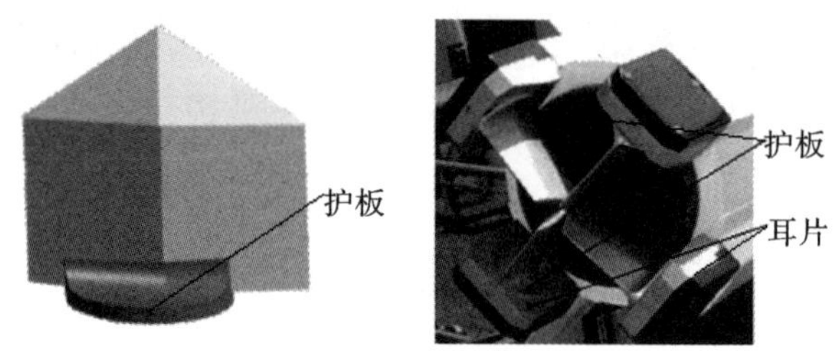

图 2-20 燃气舵护板和耳片示意图

2.4.9 案例燃气舵外形

在燃气舵气动外形设计中，根据导弹总体对升力梯度及最大升力要求，通过工程计算，计算出所需燃气舵面积，再根据相关型号参考、工程经验、CFD 理论计算，确定舵面气动外形参数。本案例考虑到工程计算误差及舵面气动性能优化的需要，设计了多种舵面外形，对主要舵面设计了两种面积和一定变形，如图 2-21 所示。

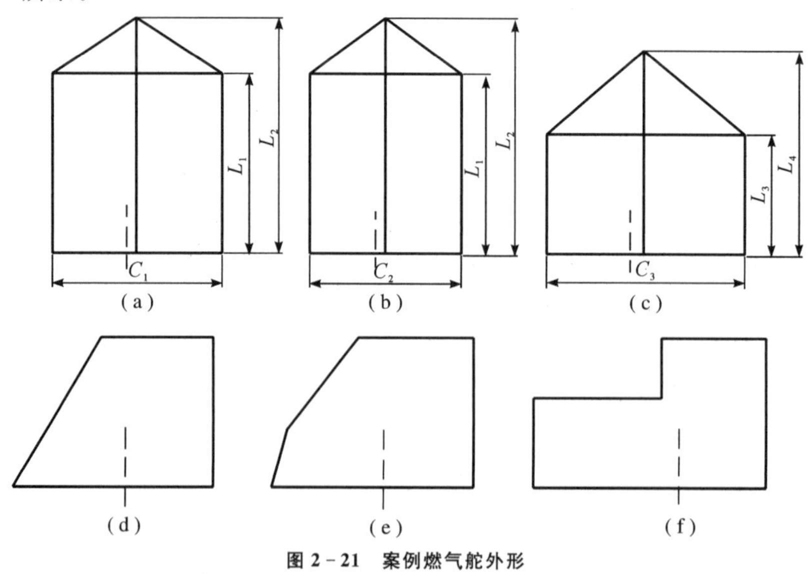

图 2-21 案例燃气舵外形

在图 2－21 中，案例设计的燃气舵外形参数具有两个明显特征：一是前缘后掠角较小；二是展长较大。究其原因是，由于空空导弹的弹径较小，喷管出口直径较小，为了满足其相对较高的升力梯度要求。对于大尺寸的导弹，燃气舵外形参数设计余地会大些。

经过气动设计和风洞试验综合分析，本案例型号最终选择了矩形外加三角形外形的舵面方案，下面的第 2.5 和 2.6 节中燃气舵气动特性分析和论述主要以这种矩形舵面为主。图 2－21 中矩形(a)舵与矩形(b)舵展长相同，弦长不同，即面积和展弦比不同，矩形(a)面积要大。矩形(c)舵弦长最长，展长比矩形(a)(b)要短，矩形(c)与矩形(b)舵面积基本相同。三个舵面的展弦比分别为 $\lambda_a=2.9$，$\lambda_b=3.4$，$\lambda_c=2.3$。

2.5 燃气舵风洞试验和数据分析

2.5.1 概述

由于燃气舵喷流流场的复杂性(两相流、有限性、不均匀性及干扰特性)，对燃气舵气动力的理论计算十分困难，计算精度也满足不了设计要求(特别是对阻力和舵面铰链力矩)。目前，在工程应用上，获得复杂环境下燃气舵的气动参数主要通过试验，并将与理论计算手段相互结合、相互补充、相互促进。

燃气舵试验有三种方式：发动机地面试验、飞行试验和风洞试验。

发动机地面试验，很难模拟燃气舵(由压比变化引起的)高空特性。而且，各发动机之间总体参数(总压、总温等)存在一定差异，使得使用发动机地面试车试验测试的燃气舵气动参数重复性差。另外，固体火箭发动机工作时间短，燃气温度高，以及很大的冲击载荷，对测试设备和测试技术要求非常高，使得测量非常困难，测量精度相对较低，难以准确地获得一致性的气动特性参数，而且试验成本也非常高。发动机地面试验主要用于测试燃气舵阻力特性以及对其他气动参数的修正。

飞行试验是获得导弹实际飞行中燃气舵气动特性的最真实、最直接的途径。但是，飞行试验测试困难，重复性差，且成本过高，难以有效进行。

风洞试验是飞行器气动特性试验的一种通行方法。相对于燃气舵的热试试验，风洞试验的优点在于它可以模拟喷流与大气环境的压力比。另外，风洞试验环境单一，来流精度可控，数据重复性好，这对燃气舵的气动设计、外形选择、试验数据比较和分析非常有用。因此，燃气舵风洞试验是有效而又经济的试验方式。通过风洞试验，容易准确测量出燃气舵的受力情况，可以清楚分析燃气舵的气动工作原理，分析燃气舵的状态参数、几何参数、位置参数对气动特性的影响。燃气舵气动试验主要是通过风洞试验，再做少量的发动机地面试验对风洞试验数据进行验证和修正。风洞试验的缺点是没有能够模拟喷流的热效应和气固两相流条件。

燃气舵风洞试验通常的方法是，依据设计要求，根据气动设计经验和工程方法估算，选择几种燃气舵外形在风洞中进行模拟试验。根据试验数据进行气动性能分析，评估出燃气舵的升力（升力梯度和最大升力）满足性能指标要求的舵面，并在此基础上进行气动特性的优劣比较，选择气动性能好的舵面。根据测出的压力中心位置，选择与舵机相匹配的舵轴位置，重新进行风洞试验，测定舵面效率和铰链力矩特性。经过认真的筛选和反复试验，测量选定燃气舵的气动特性。

根据飞行器风洞试验程序要求，风洞试验设计的内容很多，包括试验目的与要求、确定必须模拟的相似参数、确定风洞试验的精确度、确定试验方案、选择风洞和仪器设备、模型及其支架设计要求、确定试验数据的采集、处理和修正方法、制定试验任务书、试验数据的预估与分析等。本书仅论述燃气舵风洞试验的一些特殊要求，其他共同性要求可参看相关风洞试验资料，本书不再赘述。

2.5.2　相似理论

风洞试验是用模型试验来代替实物试验，它的理论基础是相似理论。依据相似理论，使用量纲分析或方程分析的方法就可以导出风洞试验常用的相似参数。根据相似理论和由它导出的风洞试验的相似参数将试验数据按相似参数进行整理，就可将风洞试验的测量结果再经过换算用到实际中去。

根据相似理论，应在风洞试验中同时模拟所有应模拟的相似参数，做到“完全相似”。然而，这种“完全相似”实际上很难做到，一般只能做到“部分相似”。因此，风洞模拟试验都只能是部分相似模拟，即选取比较重要的参数，而忽略次要参数的影响。对于燃气舵气动力试验，在超声速条件下气动力系数 C_{R} 可以由下式表达：

$$C_{\mathrm{R}}=f[G(x,y,z),\alpha,\beta,(Re),(Ma),F_{\mathrm{e}}/F_{\infty}] \tag{2-16}$$

式中，$G(x,y,z)$ 为几何相似参数，用于确定风洞试验的燃气舵气动外形尺寸、位置等。在选定风洞和确定风洞大小的条件下，风洞喷管出口直径和舵体几何尺寸应按同一比例缩比（即保证几何相似），风洞喷管出口半锥角要与实际喷管

半锥角相同，喷管超声速段的几何外形严格模拟，喷管喉道面积根据马赫数和比热比 k 计算。

α，β 为攻角和侧滑角，这两个参数，风洞试验可以精确地模拟。

Re 为雷诺数，表征了气动黏性力的影响。对于飞行器来说，主要涉及边界层状态的模拟，具体地说就是对阻力的模拟。真实飞行条件下，通常舵面流态应该是湍流状态，这是不难想象的，因为燃气流本身湍流度很大，舵面又处在燃气流与大气的混合气流中。雷诺数对于缩比小喷管的流态模拟是很困难的，但这对我们所关心的法向力、压心和铰链力矩的影响是不大的，这和常规气动力试验是一致的。对燃气舵这种简单的后掠流线型截面而言，雷诺数的影响不是主要的，在舵面失速攻角条件下（即出现背风面黏性分离的情况），雷诺数的影响才变得显著，而实际应用中总是尽量避开这种情况。燃气舵风洞试验的零升阻力数据需要用其他方法进行修正。

Ma 为马赫数，它体现了气流的压缩性。对于可压缩气流而言，马赫数是主要的相似准则，对气动特性的影响非常明显，尤其是对于只研究燃气流中物体的绕流试验，可相当于无黏流中的物体绕流特性，马赫数是起决定作用的，所以风洞试验中马赫数的模拟是最主要的。但是，喷管绕流比均匀流绕流要复杂得多，它涉及喷管边界马赫数的分布，如钟形喷管，出口马赫数呈“M”形分布，边界马赫数比中心马赫数要低，而喷管膨胀情况是由马赫数决定的，所以，马赫数分布的模拟是很重要的。对于锥形喷管问题要简单一些，通常可由模拟压力比（F_e/F_∞）来实现。空空导弹火箭发动机一般都使用锥形喷管。

对于喷流喷管马赫数模拟是一个比较复杂的问题。风洞试验通常的做法是只考虑比热比 k 的不同，试验用模拟喷管是按空气的比热比 $k=1.4$ 设计。在确定喷管出口面积之后，喷管喉道面积相应增大。需要指出的是，真实飞行条件下火箭喷流的比热比 k 是一个近似平均值，对喷管的各点来说，k 是不一样的，也无法测量，最早的研究性试验曾经模拟过动压头 $k(Ma)^2$，实际效果不如直接模拟马赫数有效，只是在试验数据的应用中要做动压修正。

流动边界的模拟靠调整压力比 F_e/F_∞ 来模拟，这对燃气舵处于火箭喷管出口外的这种结构形式的试验来说是一个特殊要求，是喷管流场性质所决定的。燃气舵处于复杂的喷管流场中，不同的压比产生的喷管流场有很大差别，如 $F_e/F_\infty<1$ 时，喷管出口波系非常复杂，燃气舵处于喷管流场的多个压缩波系之中；$F_e/F_\infty>1$ 时，喷管出口是膨胀状态，气流加速，这些都是需要模拟的。对风洞试验而言，F_e/F_∞ 的模拟，通常由调整引射器的引射能力来实现。在燃气舵测力试验之前，不同压力比条件下的流场必须进行校测，其目的：一是检验喷管的设计、加工是否满足试验模拟的要求；二是提供不同压比的流场参数，供试验数据分析和参数计算参考。

2.5.3 喷管设计

做燃气舵风洞试验，需要准备的硬件试验条件为，选择风洞、设计或加工试验用喷管、加工模型、选择或加工天平。其中，风洞选择、模型加工、天平加工都与一般测力风洞试验相似，这里不再赘述。而设计或加工试验用喷管是燃气舵风洞试验的专属项目。

风洞试验是用空气进行冷喷流模拟，由于与发动机燃料的比热比 k 不同，在喷管型面设计时，保证喷管超声速段的几何相似，通过改变喷管的喉道面积来实现马赫数的相似。喷管出口截面积 S_D 的大小，应根据风洞试验段截面的大小确定，在确定喷管出口截面之后，喷管的喉道面积 S_d 与喷管出口面积 S_D 之比按下确定：

$$\frac{S_d}{S_D}=\left(\frac{k+1}{2}\right)^{\frac{k+1}{2(k-1)}}(Ma)\left[1+\frac{k-1}{2}(Ma)^2\right]^{\frac{k+1}{2(k-1)}} \tag{2-17}$$

确定喷管的喉道面积之后，喷管的收缩段由下式绘制，可以较好避免喷管流场的不均匀性。

$$r=\frac{r_*}{\sqrt{1-\left[1-\left(\frac{r_*}{r_2}\right)^2\right]\frac{\left(1-\frac{x^2}{l^2}\right)^2}{\left(1+\frac{x^2}{3l^2}\right)^3}}} \tag{2-18}$$

式(2-18)中各参数的意义如图 2-22 所示。

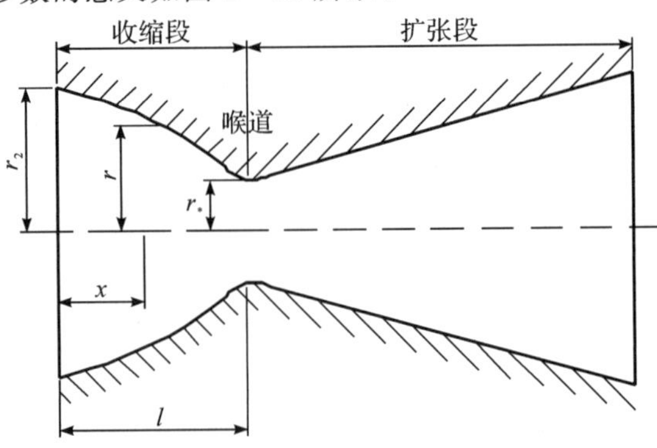

图 2-22 风洞模拟喷管参数

为确保试验的精度，有时需要加工几副喷管，供试验时校测选用。

燃气舵风洞试验布置示意图如图 2-23 所示。

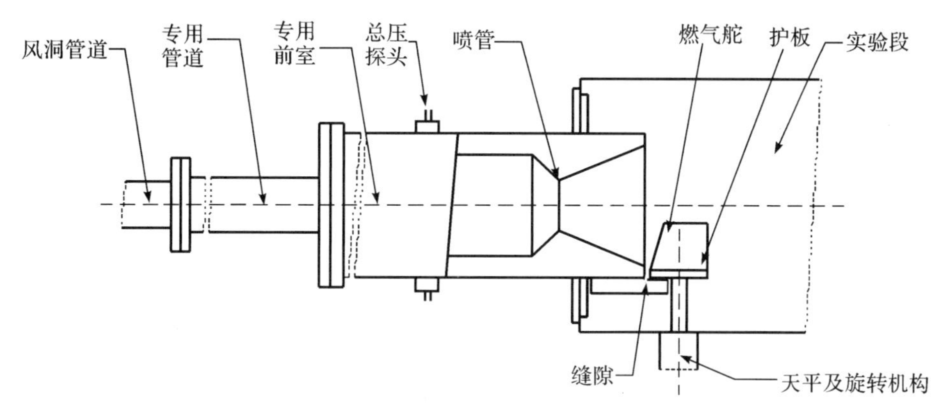

图 2－23 燃气舵风洞试验布置示意图

2.5.4 试验内容

在开始燃气舵风洞试验时，由于是根据任务不同而新加工的喷管，先应该进行流场校测。流场校测试验的内容和目的如下：

1)喷管出口马赫数校测。以检验设计、加工喷管的马赫数是否满足试验模拟要求。

2)发动机喷管流场的马赫数分布校测。在喷管下游的几个不同典型截面，分别在几种不同的压力比条件下，用皮托管排架测量波后总压，根据正激波关系式计算当地马赫数，再用面积加权法计算出各截面平均马赫数。各截面的校测条件是在稳定段总压不变的情况下，通过调整引射器的引射能力调节喷流的环境压力，从而保证压比的模拟。

影响燃气舵气动特性的部件，除了燃气舵本身外，还有两个附件：一是燃气舵的护板；二是燃气舵的耳片。燃气舵的根部之外由舵轴与转动机构相连，以实现燃气舵的自由转动。燃气舵处于高温气固两相流中，其根部必须安装有护板，以避免气流(压力、温度和粒子)顺舵轴窜入，导致转动能力失效。在空空导弹燃气舵应用中，燃气舵较小，护板较小，护板与燃气舵连为一体，护板已是燃气舵的一部分，因此，燃气舵的风洞试验是与护板一体进行的。一些使用燃气舵的大型产品，有专门做燃气舵有无护板影响的，这一点本书不予论述。燃气舵作为导弹的控制部件，需要安装在弹体之上，在燃气舵内置的情况下，可以直接安装在发动机喷管上，而在燃气舵外置的情况下，必须在弹体尾部增加耳片，将燃气舵装配在耳片上。这一耳片一般与弹体尾部无缝连接，绕弹体有一定宽度和长度。这一耳片对燃气舵气动特性会产生一定影响，燃气舵气动特性必须考虑这一耳片影响，特别是对推力损失和侧向力的影响。

燃气舵风洞试验一般为两期。第一期为初步选择性试验，一般包括以下几方面：

1)单独舵面选型试验。对初步理论设计的舵面分别进行单独舵面的测力和铰链力矩试验，试验条件一般是无干扰舵和确定的一个常用压比。其目的主要是分析各舵面满足总体要求的升力梯度和最大升力的程度，比较各舵面气动性能(升阻比、压力中心变化等)的优劣，选出符合总体要求且气动特性良好的舵面。这样，在进一步进行风洞试验时，可以减少风洞试验的次数。

2)压比影响试验。压比在一定量值以下，会影响燃气舵的气动性能。由于喷流流场的有限性，特别是在大舵面偏转角情况下，大的弦长更可能伸到主喷流区之外，这时将会降低燃气舵的气动特性。

3)舵面位置移动试验。通过舵面位置的移动，可以判断舵面的最佳安放位置，以充分利用燃气舵的最佳气动特性。这里的最佳气动特性主要指舵面的升阻比特性，即在满足升力要求的情况下，舵面阻力最小，以减小燃气舵引起的发动机推力损失。

4)组合舵面测力试验。测量舵面受相邻舵的干扰情况，主要测量大舵面偏转干扰条件，以便更好地选择出舵面的展弦比。其原则是，舵面不应有大的气动干扰。

5)如有需要，可进行流场纹影观察，但它需要拆除天平单独进行试验。

如果第一期选型试验的舵面不能满足总体指标要求，需要重新设计新的舵面进行试验。由于舵面铰链力矩理论计算误差较大，第一期试验后一般都要重新选定舵轴的位置。

在第一期舵面选型试验的基础上，开展第二期风洞试验。开展第二期试验时，其舵轴位置和舵面安装位置要确定下来。第二期试验的目的是为燃气舵使用提供基础数据，第二期试验项目一般包括以下方面：

1)单独舵面的气动力测量。测量燃气舵的全状态气动特性，为基础数据提供做准备。

2)需要时，应进行不同压比下的单独舵面的气动测量，测量燃气舵的全状态气动特性，为基础数据的压比影响修正做准备；如果压比影响严重，需要修正时，压比选择一定要有规律，覆盖范围要全，以方便对单舵基础数据修正使用。

3)四片舵布局中舵面之间的干扰效应试验，包括不同组合舵面偏转角的影响。如果舵间干扰严重需要修正，则组合状态一定要有规律，状态要全，以方便对单舵基础数据修正使用。

4)烧蚀舵的气动力测量。舵面烧蚀后，将对法向力、压力中心位置、零升阻力等都产生影响。根据实际需要，有时还必须进行因烧蚀引起舵面形状的改变对气动力特性的影响试验。通常选择典型的烧蚀状态(也可以是理论烧蚀计算结果)，修改燃气舵模型前缘尺寸进行风洞试验，其试验数据为燃气舵气动力的

时效修正做准备。本案例没做这项试验。

案例主要试验内容见表 2-2。

表 2-2 案例主要试验内容

试验项目	模　型	舵面偏转角	干扰舵偏转角	喷管出口压比
流场校测	喷管	(δ=0°,30°,60°)	无	0.6,1.0,3.0
单独舵测力	多种外形舵面	−2°～28°	无	3.0
变压比试验	单独舵,B 舵面	−2°～28°	无	0.6,1.0,3.0
移动舵面位置	单独舵,B 舵面 位置 3 mm,11 mm,32 mm	−2°～28°	无	3.0
组合舵测力	B,C 舵面	0°,16°,28°	有相邻一对舵面	3.0

2.5.5 试验数据处理

(1)风洞试验流场参数测量和计算方法。

1)假定气流从稳定段流经连接管道和喷管为等熵流动过程,即喷管出口及其下游流场总压与总温分别等于稳定段内气流的总压 p_0 与总温 T_0。

2)喷管出口下游截面马赫数的计算。采用"+"字形或"一"字形总压排管测量截面上各测点激波后总压 p_{02},用正激波关系式计算出各测量点的喷流马赫数,见下式:

$$\frac{F_0}{F_{02}}=\left[\frac{2k}{k+1}(Ma)^2-\frac{k-1}{k+1}\right]^{\frac{1}{k-1}}\left[\frac{1+\frac{k-1}{2}(Ma)^2}{\frac{k+1}{2}(Ma)^2}\right]^{\frac{k}{k-1}} \tag{2-19}$$

对于燃气舵常规高速风洞试验,空气的比热比一般取 $k=1.4$,这时变为

$$\frac{F_0}{F_{02}}=\left[\frac{7(Ma)^2-1}{6}\right]^{2.5}\left[\frac{(Ma)^2+5}{6(Ma)^2}\right]^{3.5} \tag{2-20}$$

3)喷管出口下游截面静压 F 的计算。根据测得的激波后总压,可计算求得对应的静压为

$$\frac{F}{F_0}=\left[1+\frac{k-1}{2}(Ma)^2\right]^{\frac{-k}{k-1}} \tag{2-21}$$

对于燃气舵常规高速风洞试验,空气的比热比一般取 $k=1.4$,此时式(2-21)可以写为

$$F=F_0[1+0.2(Ma)^2]^{-3.5} \tag{2-22}$$

4)喷管出口下游截面动压 q 的计算。根据求得的静压 F,按下式计算

动压：

$$q=\frac{1}{2}\rho v^2=\frac{1}{2}kF(Ma)^2 \tag{2-23}$$

空气的比热比一般取 $k=1.4$，这时可变为

$$q=0.7F(Ma)^2 \tag{2-24}$$

(2)燃气舵气动力系数计算方法。

气动力数据处理中以喷管出口下游某个截面处喷流平均参数作为试验来流条件，一般取燃气舵最前缘点处的截面。本案例取喷管出口下游 3 mm 处。气动力系数计算公式为

$$C_N=\frac{F_N}{qS_R},C_A=\frac{F_A}{qS_R} \tag{2-25}$$

$$m_x=\frac{M_x}{qS_Rl_R},m_y=\frac{M_y}{qS_Rl_R},m_z=\frac{M_z}{qS_Rl_R} \tag{2-26}$$

当 $\delta=0°$ 时，

$$x_{cp}=m_z\alpha/C_N{}^{\alpha},\ Z_{cp}=m_x^{\alpha}/C_N{}^{\alpha} \tag{2-27}$$

当 $\delta\neq0°$ 时，

$$x_{cp}=m_z/C_N,\ Z_{cp}=m_x/C_N \tag{2-28}$$

式中，S_R 和 l_R 分别为参考面积和参考长度；M_z 即为 M_j。

式(2-28)中的参数建立在天平轴系中，获得弹体系中的参数需要进行坐标转换。空空导弹设计中，一般取弹身的横截面和弹身直径作为参考面积和参考长度。当然在比较舵面气动特性优劣时，亦可将舵面面积和舵面平均气动弦长作为参考面积和参考长度。

(3)试验数据修正。

燃气舵风洞试验数据，主要进行以下修正：

1)考虑到模型的自身质量，在数据处理时进行模型自身质量的影响修正；

2)由于气动载荷作用，天平元件发生弹性变形，考虑弹性角对舵面偏转角的修正；

3)由于喷流和燃气舵的中心面是对称的，故对法向力系数 C_N、轴向力系数 C_{af}、俯仰力矩 M_z（M_j）、滚转力矩系数 M_x 在 $\delta=0°$ 附近进行零点平移修正、$\delta\neq0°$ 时的相应参数以对应的 $\delta=0°$ 时的平移量进行平移修正。

(4)坐标转换。

风洞试验测量的是天平轴系下的气动力数据。根据使用需求，需要进行坐标转换，以提供需求坐标系中的试验数据。一般要提供弹体系中的气动力数据。坐标转换可参看相关技术资料。

2.5.6 案例试验数据分析

本小节中选取图 2-21 中的(a)(b)(c)三种燃气舵外形的案例进行试验数据分析。

燃气舵风洞试验和数据分析，一般要做流场马赫数分布、压比影响、舵面安装位置影响、舵间干扰影响、护板影响、烧蚀影响等方面。

1. 流场马赫数分布

喷流流场参数一般包括马赫数 Ma 、静压 F 、动压 q 、气流相对轴向的偏转角 θ。 马赫数 Ma 是衡量流场相似的模拟参数。案例风洞试验流场测试的 Ma 分布见表 2-3。

表 2-3 案例风洞试验流场测试的 *Ma* 分布

距 离	压 比							
x/mm	0.67		30.0			60.0		
r/mm	0.623	0.997	0.603	1.016	2.267	0.593	1.013	2.175
70							3.548	3.9
50	2.994	2.995	3.314	3.314	3.315	2.994	3.588	3.626
30	3.028	3.026	3.319	3.319	3.321	3.558	3.56	3.558
10	3.142	3.142	3.261	3.265	3.265	3.327	3.28	3.28
−10	3.157	3.159	3.245	3.246	3.248	3.286	3.289	3.29
−30	3.023	3.022	3.312	3.315	3.313	3.55	3.552	3.553
−50	2.995	2.996	3.314	3.314	3.314	2.968	3.586	3.589
−70							3.579	4.131

表 2-3 中，x (mm)为距喷管出口的轴向距离；r (mm)为距喷管轴线的径向距离；压比为喷管出口气流静压与环境压力之比。

表 2-3 进一步表明了以下几个一般性结论：

1)在同一压比下，在对称的径向点，测得的马赫数差别很小。除个别点外，差别在 1%之内。这是衡量所加工的模拟风洞试验喷管径向对称性的标志。

2)在同一轴线上，Ma 随轴线 x 的距离增加而增大，与理论分析结果一致。

3)在 x =30.0 mm 和 x =60.0 mm 截面上，中心处 Ma 小，Ma 沿径向距离向外逐渐增大，这与理论分析结果一致。而在出口截面(x =0.67 mm)上，Ma 沿径向距离向外不增反降(差别较小)，这值得注意。

2. 压比影响

火箭发动机燃烧室总压和喷管几何外形确定后，其喷管出口静压也已确定。

大气压力随高度增加逐渐减小，在高空大气压力减小很大，这样，当导弹在不同高度飞行时，喷管出口压力与大气压力之比会发生变化。随着高度增加，喷管出口压比相应增大，高度差别大时，压比会变化很大。因此，燃气舵风洞试验时，一般都要进行不同压比试验。

喷管出口压比影响着喷流出口流场的边界，它决定着燃气舵工作空间的大小。喷管出口压比越大，喷管出口流场边界越大，燃气舵工作空间越大。燃气舵自身工作空间边界的参数是燃气舵弦长、安装位置、舵面偏转角大小。

根据理论分析，当舵面空间位置限制在喷流流场边界之内时，燃气舵的气动系数受喷管出口压比影响较小。当舵面空间位置超出喷流流场边界时，燃气舵的气动力系数会下降。

图 2-21(a)中的舵面不同压比下的风洞试验数据对比如图 2-24 所示。图中显示，在压比为 0.67 时，舵面偏转角大于 23°后，舵面法向力系数和切向力系数（与大压比相比）开始降低。这表明，当压比为 0.67 时，喷管出口流场边界较小，在大舵面偏转角下，燃气舵部分舵面已超出了喷流流场边界。图 2-21(a)的根弦长与喷管直径的比值为 0.375。相关文献中也论述了在小压比情况下，舵面法向力系数和铰链力矩系数的降低情况，它的结果是舵面偏转角大于 20°后，法向力系数和铰链力矩系数就开始下降，且下降很多，非线性也大。它的出口压比是 0.68，舵面根弦长与喷管直径的比值是 0.64，远大于本案例的比值。由此看到，燃气舵根弦长度的确定，需要考虑喷管出口压比对它的限制影响。

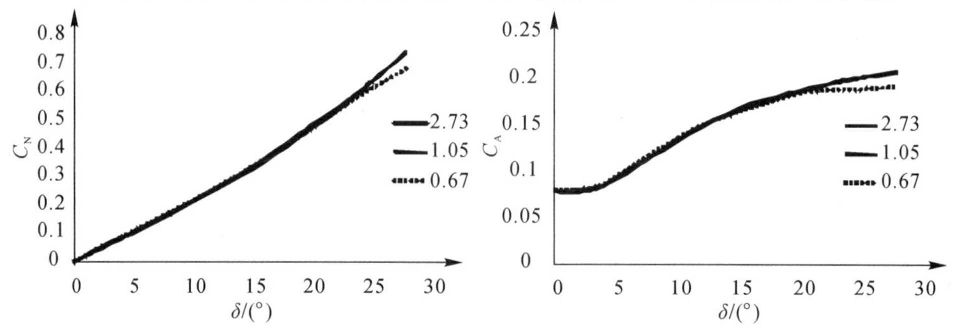

图 2-24 (a)法向力系数 C_N 和切向力系数 C_A 随压比的变化

经验证明，当喷管出口压力与环境压力之比大于 2.5 时，环境压力的变化已不再影响燃气舵的气动特性，因此，风洞试验中压比最大一般取到 2.5 即可。

3. 舵面安装位置影响

喷流流场除了有限性外，流场内的参数也在随位置发生变化，这样，舵面安装位置将对其气动特性产生重要影响，需要进行风洞试验和分析。对燃气舵气动特性影响最大的是动压，而动压沿轴向位置向后下降很快。动压的下降将导致舵面气动力的下降，对于升力梯度要求相对较高的导弹，如空空导弹，舵面安

装位置应尽量靠前。图 2-25 是图 2-21(a)、在压比相同(为 2.73),$x=3$ mm, 11 mm,32 mm 三个轴向位置下舵面法向力系数(以 $x=3$ mm 截面处喷流平均参数做参考量)变化情况。从中看出,随着安装位置向后,法向力系数明显减小。

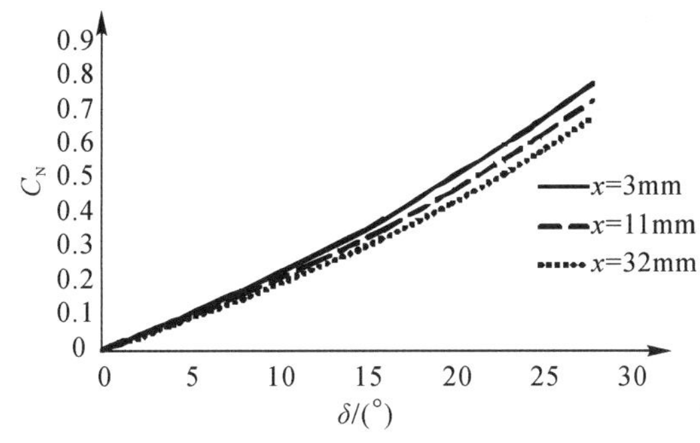

图 2-25　图 2-21(a)法向力系数 C_N 随舵面安装位置的变化

4. 舵间干扰影响

燃气舵的使用状态是四个舵面同时存在,燃气舵的偏转是成对同偏或组合偏转。舵间干扰是指由于其他舵面,特别是相邻舵的存在及偏转对燃气舵所处的流场产生了扰动,使得其气动特性受到影响、发生变化。由于空空导弹发动机喷口直径小,供燃气舵安装的空间非常狭小,特别需要关注舵间干扰情况。然而一般而言,对于处于超声速流场中的燃气舵,由于扰动的影响区域有限,舵间干扰是较为有限的。图 2-21(b)设计的舵间干扰风洞试验项目见表 2-4,图 2-21(b)的根弦长度与喷管直径之比为 0.32,一对舵面(包括舵梢的三角形)的展长与喷管直径之比为 0.958,试验状态下舵面法向力干扰在 5%之内,如图 2-26 所示。

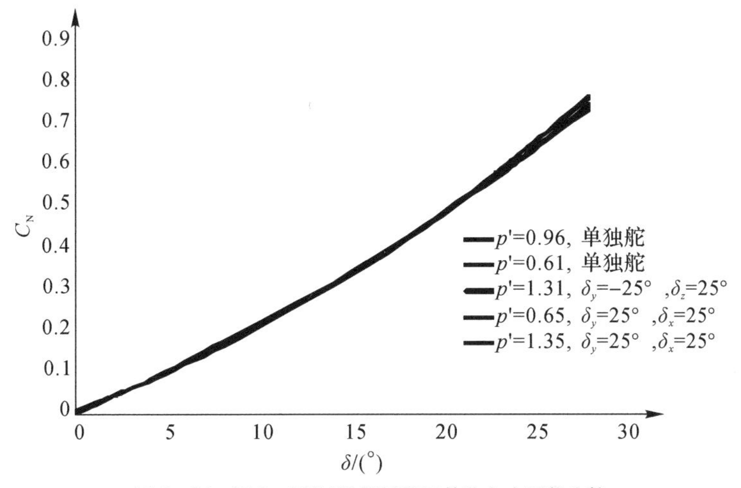

图 2-26　图 2-21(b)舵间干扰下的法向力系数比较

其中，δ_x，δ_y，δ_z 分别为图 2－21(b)的为滚转、偏航、信仰舵偏转角；p' 为喷管出口压比。

表 2－4　案例舵间干扰风洞试验项目($x=3$ mm)

试验项目	模　型	测量舵舵面偏转角	干扰舵舵面偏转角	喷管出口压比
组合舵测力	B 舵面	$-2°\sim28°$	0°，－15°，－25°，15°，25°	0.65，1.0，1.3

但过大的舵面面积，即过大的展长和弦长或过大的舵面偏转角都会导致这一问题的出现，甚至非常严重。汪学江在《燃气舵的舵间气动干扰分析》中论述了很强的舵间干扰例子，指出在 $\delta>16°$ 后法向力系数斜率变小和变号，法向力系数下降的风洞试验结果。该文中燃气舵的面积较大，根弦长度与喷管直径之比到达 0.64，一对舵展长与喷管直径之比为 0.71。

干扰舵的存在会引起舵间干扰效应，这种干扰效应的大小除了与干扰舵面偏转角的大小有关外，还与干扰舵面偏转角的方向有关，这一情况在安排风洞试验状态时应当注意。

我们在工程设计实践中，要求将舵间干扰的影响控制在 5%之内。图 2－21(b)出现的舵间干扰主要是展长过长引起的，当图 2－21(b)一对舵面展长与喷管直径之比降为 0.875 时，舵间干扰消失。另外，值得说明的是，使用矩形加梢部三角形的舵平面形状设计方法，可以增加舵面的展长，而保持小的舵间干扰，从而提高燃气舵的控制效率。图 2－21(b)的一对舵展长与喷管直径之比尽管为 0.958，但若仅计及矩形部分展长的话，一对舵展长与喷管直径之比仅为 0.75。

工程上，燃气舵气动设计的原则是，使存在的舵间干扰较小，即到达可以不予考虑的目的。如果出现不能忽略的舵间干扰，将会使燃气舵气动特性受舵面偏转状态影响而变得复杂，工程上难以准确描述和提供数据。

5. 耳片和护板影响

外置式燃气舵需要有耳片的支承，还需要有防热护板。耳片和护板除了结构上的支承和防热作用外，还会产生相应的气动力。耳片能限制燃气流越过根弦溢出，克服三维效应和防止或降低环境压力变化引起的喷管出口处的激波或膨胀波对舵体的影响，提高燃气舵的升力效益。另外，护板和耳片也会产生燃气流摩擦阻力，增加发动机的推力损失。再者，护板和耳片还会产生侧向力。因此，必须对这两个部件进行风洞试验研究，为气动设计提供数据支承，特别是侧向力，它会引起弹体侧向控制力矩，必须引起足够重视。

案例中护板面积较小，护板与燃气舵面相连，风洞试验中护板与燃气舵一起测力。为了验证耳片侧向力，使用案例外形图 2-21(c)进行了一次单独耳片的测力风洞试验，试验结果证明，耳片侧向力随舵面偏转角增加而增大，如图 2-27 所示。

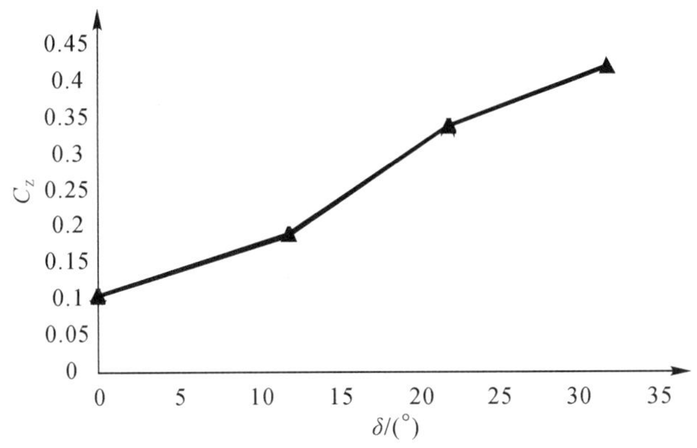

图 2-27　图 2-21(c)舵面下耳片侧向力系数随舵面偏转角的变化

耳片侧向力产生的机理，首先是由于耳片对欠膨胀喷流喷出喷管后产生阻碍作用，从而对耳片产生很大的压力。其次是由于加装的燃气舵及其舵的偏转对喷流产生的强烈扰动，这种扰动将严重影响到燃气流在耳片上的分布，使侧向力随舵面偏转角的变化不断增大。图 2-27 表明，随着舵面偏转角的增加，耳片上的受力也非线性增加，常见虎在其论文《燃气舵气-固两相绕流数值模拟及试验研究》中通过 CFD 数值模拟，也很好证明了耳片上产生的侧向力情况。

由于耳片和燃气舵布局安装的对称性，一般情况下(纯俯仰、纯偏航)，耳片侧向力是相互对等和抵消的。然而，当燃气舵不对应偏转(即俯仰和偏航组合舵面偏转、俯仰和滚转组合、偏航和滚转组合、俯仰-偏航和滚转组合)时，对应耳片上产生的侧向力不能相互抵消，这时就会产生弹体侧向力和偏航力矩。应该指出的是，一个完整的燃气舵气动数学模型，必须具有描述燃气舵附加侧向力的能力。

6. 烧蚀影响

烧蚀破坏了燃气舵的气动外形，必然会对燃气舵气动特性造成一定的影响。烧蚀量越大，对气动力影响也越大。当烧蚀量较大时，应进行烧蚀模型的风洞试验。试验状态的确定，是先做无烧损舵面模型试验，待完成舵面材料烧蚀性能试验之后，再进行烧损模型风洞试验。

外形烧蚀给燃气舵气动数学模型建立和气动力使用带来了困难。空空导弹燃气舵仅在发射之初使用,发动机的工作时间也很短,其燃气舵设计目标是尽量不让舵面烧蚀。随着技术的进步和材料抗烧蚀能力的增强,本案例中燃气舵烧蚀量已控制在5%之内或更小,本案例设计未进行燃气舵烧损模型的风洞试验。

2.6 燃气舵热试验简介

本书辟有专门章节对燃气舵热试试验进行详细论述,本节仅对气动设计直接关心的、与气动测力试验相关的内容做简单介绍。

2.6.1 热试试验方法简介

虽然飞行试验是获得燃气舵气动特性的最直接途径,但飞行试验测试困难,且重复性差。燃气舵工作在发动机热喷流环境中,进行燃气舵地面热试试验是一种直接试验方法。但燃气舵地面热试试验的缺点是难以模拟由压比变化引起的高空特性。目前,对于燃气舵地面热试试验一般有三种方式:一是燃气热环境模拟——热喷流测力试验,加上燃气舵五分量天平测试;二是发动机六分力试车台测试试验;三是发动机点火加上燃气舵五分量天平测试。这三种测试方法各有特点,相互补充。

燃气热环境模拟——热喷流测力试验的原理是燃烧煤油/汽油,通过类喷管来形成高速、高温的燃气流场,然后在喷管出口处安置燃气舵五分量天平测试系统来测量燃气舵的受力情况。与风洞试验相比,超声速热喷流测力试验能够模拟发动机排气的速率和温度条件,而且可以精确控制并重复试验。与固体火箭发动机形成的燃气喷流相比,超声速热喷流测力试验在稳定性和可重复性方面有着显著优势,但它无法模拟火箭发动机排气的气流密度以及固、液两相粒子流。因此,燃气舵的烧蚀情况与真实情况会有所不同。

发动机六分力试车台测试试验的原理是将燃气舵按实际结构安装在发动机上,利用刚体的平衡原理,将发动机固定安装在试验架上,布置特定的方位约束,限制发动机的6个自由度(3个移动自由度和3个转动自由度),使之处于静定平衡状态。每一约束均为带传感器的测力组件,试车测得6个约束上的6个分

力，然后对测试得到的 6 个分力进行空间矢量的合成，即可求得发动机各方向（x,y,z）上的力和力矩数据。带燃气舵与不带燃气舵的两次试验数据相减，再通过数据处理即可得到由全部燃气舵引起的推力损失数据。

发动机点火加燃气舵五分量天平测试试验采用风洞试验测力原理，通过发动机点火试验形成真实流场环境，在喷管出口处安置独立的燃气舵五分量天平测试系统，把燃气舵作为试验模型，来测量其受力情况。该方法与以上两种热试试验方法相比，形成的燃气热环境与实际是相同的，燃气舵受力的测量是直接的，因此测量结果也是最接近燃气舵真实受力状况的。该方法是燃气舵气动设计用得最多的方法，然而火箭发动机流场的一些特殊性（波动性、时间短、环境恶劣），使得测试困难，测试结果具有一定的波动和误差。

2.6.2 热试五分量天平介绍

第 2.6.1 节中的两种热试试验系统（燃气热环境模拟——热喷流测力试验和发动机点火燃气舵五分量天平试验）都要用到燃气舵热试五分量天平测试系统，本节专门对这一系统进行较为详细的介绍。

燃气舵热试五分量天平测试系统是专门用于测量燃气舵在燃气热喷流或在发动机直接喷流中燃气舵受力的测量设备。由于这两种喷流都是开口式的，燃气流直接喷向大气中，因此，天平测试的支承系统就容易用强力支架构建，而对天平的隔热器要进行认真设计。已使用的燃气舵五分量天平热试测试系统图片如图 2-28 所示，构造图如图 2-29 所示。

图 2-28 燃气舵五分量天平测试系统图片

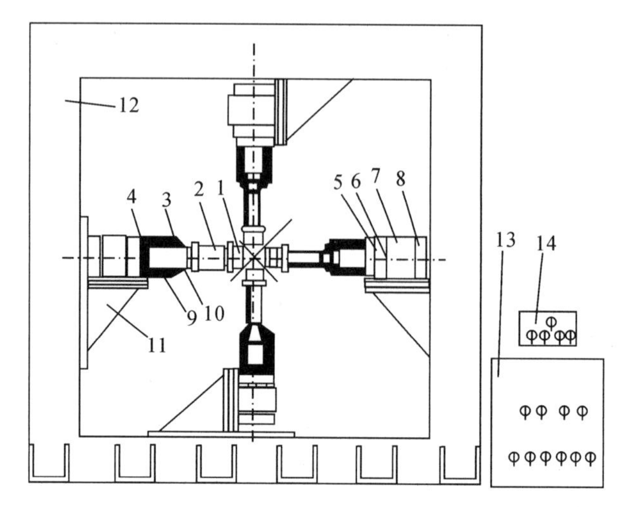

图 2-29　燃气舵五分量天平测试系统构造图

1—燃气舵；2—隔热器；3—天平；4—连接盘；5—轴承及轴承架；6—轴；7—齿轮减速箱；8—轴承及轴承架；9—步进电机；10—数字编码器；11—支架；12—龙门架；13—电源控制箱；14—智能控制器

燃气舵热试五分量天平测试系统主要部件功能简要说明如下：

1)隔热器——隔离从燃气舵上传来的热量，不让热量传向天平测量元件。隔离温度效果监控：舵轴温度不超过要求温度值。

2)天平——用来测量燃气舵上空气动力的传感器。五分量天平，测量燃气舵受到的 2 个分力和 3 个分力矩。

3)轴承及轴承架——用来承受由燃气舵空气动力传来的弯矩，降低减速器承受的负荷。

4)减速器——位于齿轮减速箱内，通过传动比改变传动效率，实现减速目标。

5)步进电机——舵面运动的执行机构，根据不同控制信号，实现舵面的不同运动规律。

6)数字编码器——将电机的步进脉冲信号变换为角位移数值量。

7)智能控制器——实现舵面运动过程的智能控制；智能驱动器——电功率放大单元，将步进脉冲和步进方向等信号转换为电机的三相绕组电压。四台电机各配一套。

该设备采用五分量天平作为测量元件，与燃气舵片直接连接。五分量天平是一个悬臂式应变传感器，有 5 组应变片分别感应燃气舵面的受力情况。本试

验方法的核心内容是,在燃气热喷流点火或固体发动机点火后,通过控制伺服电机带动燃气舵在喷流中按照指定规律偏转,通过与燃气舵直接相连的应变天平和角度传感器,实时测量燃气舵受到的 5 分量力和或力矩,即切向力 F_A 、法向力 F_N 、滚转力矩 M_x 、偏航力矩 M_y 和铰链力矩 M_j,角度传感器测量燃气舵相应的偏转角度,以获得燃气舵的气动特性。

控制燃气舵舵面偏转的输入信号可采用梯形波、正弦波、三角波或其他波形,舵面可以差动。部分输入信号示例如图 2-30 所示。

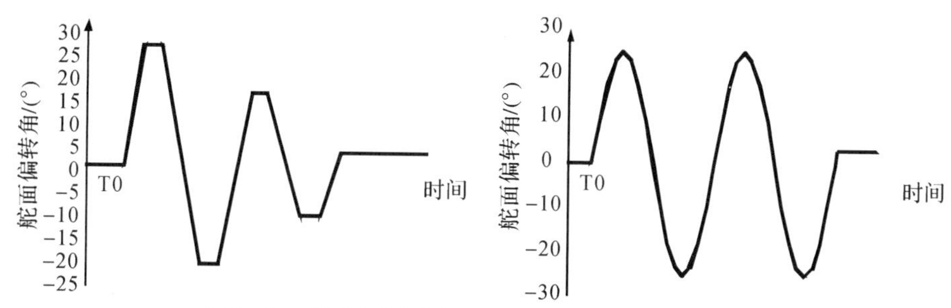

图 2-30 梯形波式偏转规律(左)和正弦波式偏转规律(右)

因为发动机燃气流场的复杂性以及燃气舵的布局特点,舵与舵之间在大舵面偏转角下可能会存在舵间干扰。试验时,4 个天平分别安装 4 个燃气舵,可独立控制每个舵片的偏转,利用四个舵面天平不同的偏转组合,可以高效测量舵间干扰特性。因此,非常适合舵间干扰测试分析试验研究。

2.6.3 热试试验设计

燃气舵热试试验是燃气舵设计试验的重要手段。热试试验是一项复杂的燃气舵气动力测试试验,涉及面广、耗资大、环节多,因此必须对热试试验进行精心设计。

燃气舵热试试验设计主要包括以下内容:

1)试验目的和试验方式。正如第 2.6.1 节介绍的,燃气舵热试试验有多种方式,任何一项热试试验,必须先十分明确该项试验的目的,这是试验设计的基础和依据。根据不同的试验目的,选择不同的试验方式、试验设备、试验项目及数据处理与修正方法。我们为研制燃气舵配置了如下的热试试验方式,试验目的见表 2-5。

表 2-5 燃气舵热试试验方式、试验目的

试验方式	流场参数测试	热喷流测力试验＋五分量天平测试	发动机六分力试车台试验	发动机点火＋五分量天平测试
试验目的	测量燃气流场的压力、温度，及其他试验中试验件的应变等，为燃气流场分析、燃气舵受力、受热分析提供流场参数等基础数据	测量燃气舵在热喷流中的受力。热喷流模拟发动机排气的速率、温度条件，可以精确控制和重现。试验结果对风洞试验设计有指导作用	可测得 6 个分力/力矩，然后进行空间向量合成，即可求得发动机推力、侧向力和各力矩数据。通过有、无燃气舵试验比较、数据处理得到全部燃气舵产生的推力损失	测量燃气舵在发动机直接喷流中的受力情况。它是对燃气舵受力的直接测量和最终试验结果。可以测量燃气舵的铰链力矩值和舵间干扰情况
试验一般要求	燃气舵热试试验每种方式各有优缺点，要相互补充和配合； 根据试验目的和试验阶段的不同，选择合适的试验方式； 热试试验环境恶劣，成本高，次数少，试验前要准备充分； 气动设计人员要参与试验过程，包括试验方案、试验大纲的制定，试验成功的判定等			

2）发动机点火＋五分量天平测力试验要求。各种热试试验方式中，对于发动机点火下的燃气舵五分量天平测力试验，由于发动机点火试验成本高、次数少，所以搭载试验的机会也很少，再加上测试环境最为恶劣，对测试天平要求很高，因此是热试试验中难度最大的，如果试验方案考虑不充分，很难获得满意的测试结果。因此，在考虑该项热试试验方案时应注意以下事项：

a. 点火试验前，与试车台总控室进行联合调试，空载和带载运行五分量天平测力系统，保证测试系统工作正常；

b. 应当尽可能在一次试验中完成多个偏转规律；

c. 设定燃气舵的初始舵面偏转角为 0°，在发动机点火后某个时刻再开始偏转，以避开发动机点火时刻的载荷冲击；

d. 第一个偏转周期的舵面偏转角可定义为燃气舵的最大舵面偏转角，以防止燃气舵飞出或设备故障造成未能采集到所有角度下的燃气舵载荷；

e. 应合理匹配伺服电机及减速机构的转速及转矩，转矩要有足够的设计余量。

3)制定试验任务书、试验方案和试验大纲。试验任务书应由燃气舵气动设计人员编写，还应征求相关专业人士的意见。任务书应包括试验名称、试验目的、试验项目、测试要求、试车台场地条件、发动机及燃气舵的安装尺寸、说明试验使用的模型及状态（状态用图示标明）、燃气舵气动载荷、偏转规律、发动机工作情况和要求试验时间等。试验方案和试验大纲应由热试试验单位编写，征求设计单位意见。试验方案和试验大纲应做到：①满足预定的试验目的和要求；②满足预定的试验数据精确度要求，若不满足应采取哪些技术措施等；③较少的试验次数，良好的试验经济性；④试验中可能发生的技术问题及应采取的防范措

施。试验大纲中应详细列出每一次试验的编号、模型状态、记录的数据、需改变的参数等。

试验任务书、试验方案和试验大纲有一定标准格式可以参考。

4)试验数据预估与分析。对于每次试验,试验人员应在试验前对试验数据做出预估,并查询风洞试验数据参考,做出试验条件数据预估曲线。这些有助于实时分析试验数据和及时处理试验中出现的异常气动力现象。

5)试验成功判据。对试验成功的一般判据如下:

a. 发动机工作正常;

b. 燃气舵工作正常;

c. 统一时标信号正常;

d. 应变天平、角度传感器工作正常;

e. 试验数据量值和规律正常。

6)试验报告。除另有规定外,试验报告宜包括以下内容:

a. 试验名称、试验目的、试验项目;

b. 试验日期、地点、参试单位、试验场所条件;

c. 试验前后,测试仪器的技术参数,设备检查测试记录;

d. 数据结果及数据处理技术说明;

e. 试验数据分析及结论;

f. 应变天平和角度传感器的校准报告。

2.7 试验数据使用方法研究

前文已经论述了燃气舵的试验种类有风洞试验、热试流场参数测量试验、热喷流测力试验+燃气舵五分量天平测试、发动机点火+燃气舵五分量天平测力、发动机六分力试车台测试共五项。其中热试流场参数测量试验的结果是用于对流场的分析和气动力计算,热喷流测力试验+燃气舵五分量天平测试是燃气舵设计试验中的一项过程试验,主要用于分析气体比热比及温度的影响。另外三项试验都是燃气舵气动设计要使用的气动测力试验,在公开发表的关于燃气舵气动设计的一些分析文章中,都谈到这三项试验是可以用于或部分用于燃气舵设计的气动试验,但并没有谈到试验数据的使用问题。一方面,这三种试验数据各有特点,相互补充,但这些数据之间是有差别的;另一方面,作为燃气舵试验结果的最终使用只能是一套数据。因此,必须对各种试验数据进行处理、比较、综合及相互修正使用。本节首先论述这三种试验数据结果的差别,然后论述其相互修正的方法和数据提供方法。然而，由于没有研究资料参考，我们研究的程度又很有限，因此，本节的论述仅是一种探讨和研究。

导弹飞行的气动力数据取决于较多因素，包括马赫数 Ma、滚转角 φ、攻角 α、舵面偏转角 δ。对大攻角飞行的导弹，气动数据中与 4 个舵面偏转角相关，因此，导弹飞行气动力是 7 维自变量的函数。而燃气舵工作在发动机喷流流场中，马赫数不变，燃气舵气动力与滚转角和攻角无关，仅与舵面偏转角有关，这样使得研究内容简单化。

2.7.1 比较用试验数据处理方法

为了对三种试验方式下的试验数据进行比较分析，必须对三种试验数据进行统一化处理，即对它们进行归一化、系数化、坐标同一化的处理。

1. 归一化

在风洞试验中，每一次试验的来流是稳定的，来流参数是确定的、唯一的。而在燃气舵的热试试验方面，对火箭发动机而言，每一台发动机的喷流参数都是有区别的，且一台发动机的喷流参数也是随时间变化的，如发动机燃烧室的压强、发动机推力等，案例发动机典型推力和总压曲线如图 2-31 所示。

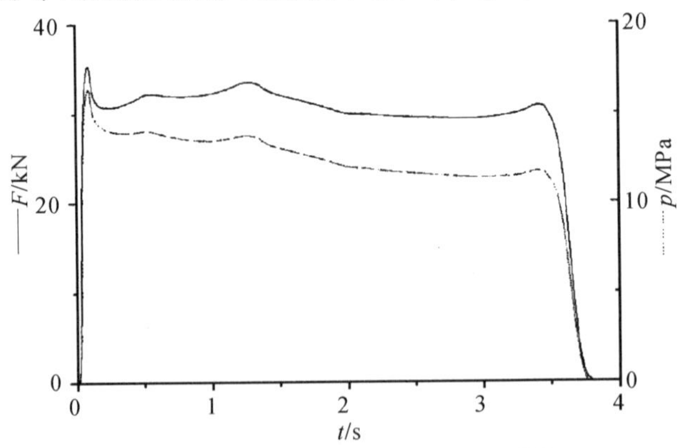

图 2-31 案例发动机典型推力和总压曲线

对此，必须对热试试验数据进行归一化处理。其方法是将试验测量值统一在名义的总压之下，用下式进行计算：

$$F_{x名义}=\frac{p_{0名义}F_{x实测}}{p_{0实际}} \tag{2-29}$$

$$F_{y名义}=\frac{p_{0名义}F_{y实测}}{p_{0实际}} \tag{2-30}$$

$$F_{y名义}=\frac{p_{0名义}F_{y实测}}{p_{0实际}} \tag{2-31}$$

式中，$p_{0名义}$为发动机的总压名义值或理论值；$p_{0实际}$为是每一发测力发动机实际的总压值，它不但与每发发动机有关，还与每发发动机的工作时间历程有关，如图 2-31 所示。$F_{x,y,z\ 实测}$与$p_{0实际}$的实际测量值对应，还与舵面偏转角对应。

2. 系数化

风洞试验方法比较成熟，试验结果都是以系数的形式给出，而热试试验结果常常以带量纲的形式给出，为了比较，应将两种数据转换成同一种形式，而转换成系数形式更具有普遍意义。因此，将热试试验结果换算成系数，换算方法与风洞试验测力换算系数方法相同，即使用式(2-19)、式(2-21)和式(2-23)求出热试试验系数，只是换算时要使用对应的热试试验参数。

3. 坐标同一化

五分量天平测量的(包括风洞和热试试验)数据是按舵面坐标系(天平测量坐标系)给出的，而发动机试车台测量的数据是按弹体坐标系给出的，要统一在相同坐标系下。坐标系定义和力值规定见表 2-6。

表 2-6　坐标系表和力值定义

名　称	燃气舵五分量天平参数定义	发动机六分力试车台参数定义
坐标系定义	坐标原点 O 取在燃气舵对称平面内根弦与舵轴线的交点上，Ox 轴在燃气舵对称平面内，沿根弦指向前方为正，Oz 轴沿燃气舵轴，由舵根弦指向梢弦为正，Oy 轴垂直 xOz 平面，向上为正	坐标原点 O 取在燃气舵对称平面内根弦与舵轴线的交点上，Ox 轴与弹体轴线平行，指向前方为正，Oz 轴沿燃气舵轴，由舵根弦指向梢弦为正，Oy 轴垂直 xOz 平面，向上为正
气动力规定	用天平测量作用在舵面上的 F_N，F_A，M_x，M_y，M_z 五分量。F_N 是舵面法向力，沿 y 轴正向；F_A 为切向力，指向 x 轴的负向；M_x，M_y 分别为绕 x，y 轴的力矩；M_j 为舵面铰链力矩。各力矩的参考点为 O 点	经过转换得的到燃气舵舵面受力； F_x 沿 x 轴指向后方为正，F_y 沿 y 轴指向上方为正，F_z 沿 z 轴正向为正； 由于转换，力臂较大，计算的力矩误差会大些
系数转换	根据出口动压或静压转换成系数 C_A，C_N	根据出口压力转换成系数 f_x，f_y，…
参考量	统一使用出口静压，统一参考面积和参考长度，取舵面面积和舵面根弦长度	

为了更好说明风洞试验数据在燃气舵设计中的可用性，加上热试天平测量的也是舵面坐标系下的量，我们把数据比较确定在舵面坐标系下进行。为此，将发动机六分力试车台在弹体系下的测量数据系数转化成舵面坐标系下的力系数数据。转换公式如下：

$$C_{\mathrm{N}} = f_y\cos\delta + f_x\sin\delta \tag{2-32}$$

$$C_{\mathrm{af}} = f_x\cos\delta - f_y\sin\delta \tag{2-33}$$

4. 风洞试验数据修正

风洞试验模拟了喷管出口和燃气舵尺寸，及喷流马赫数，没有模拟喷流的比热比，将风洞试验数据应用到热喷流条件中，必须进行数据误差分析，并对比热比进行修正。一般而言，风洞空气气流的比热比 $k=1.4$，固体火箭发动机热喷流的 $k\approx1.2$。

2.7.2 案例试验数据比较分析

根据三种试验数据情况，选择图 2-21(c)作为比较研究舵面。试验条件是，4 舵同时存在，干扰舵不偏转，风洞试验压比为 2.31。比较单舵面的气动力系数，法向力系数比较如图 2-32 所示，切向力系数比较如图 2-33 所示。需要说明的是，使用燃气舵五分量天平测试的风洞试验和热试试验结果是舵面加护板的合力，而使用发动机六分力试车台测出的是舵面、护板和耳片一起的合力，案例中与耳片相比，护板的面积是比较小的，护板面积仅占整个耳片（含护板）的 22%。

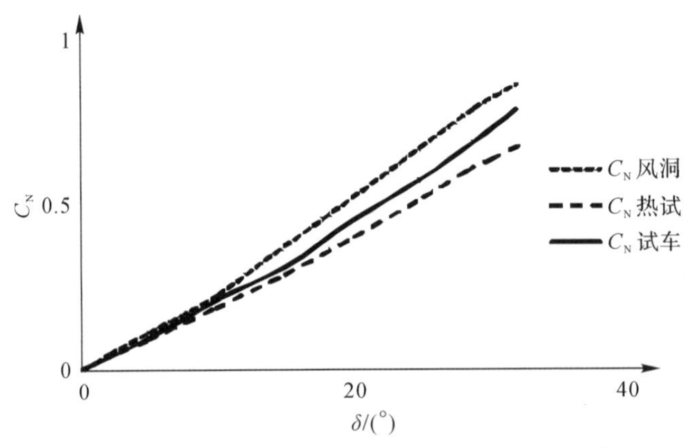

图 2-32　三种试验方式下图 2-21(c)的法向力系数比较

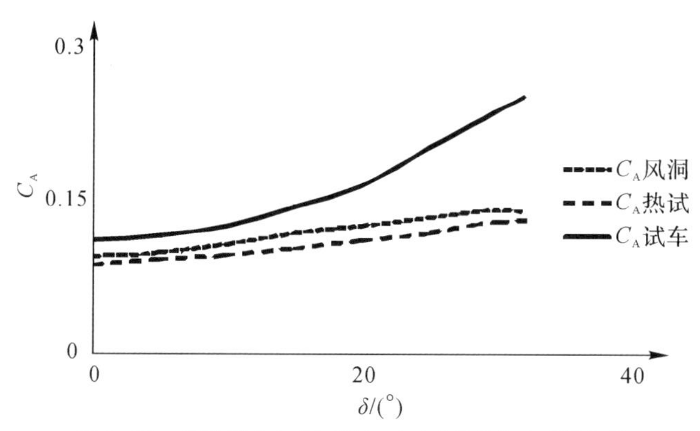

图 2-33 三种试验方式下图 2-21(c)的切向力系数比较

根据试验状态和测试模型构成情况，评价燃气舵自身的测力结果，应是燃气舵五分量天平测试的热试试验结果最为真实，而评价由于燃气舵的存在对导弹产生的整体影响，应是发动机六分力试车台试验结果最为真实。下面以燃气舵五分量天平测试的热试试验结果作为比较基础。

从图 2-32 和图 2-33 中看出，燃气舵五分量天平测试的风洞试验和热试试验的部件是相同的，而风洞试验的 C_A 要比热试试验的大约 10%，风洞试验的 C_N（除 0°偏转角外）要比热试试验的大 25%～30%。这说明，风洞试验气动力系数比热试试验的结果要大，风洞试验结果应该进行修正使用，特别是 k_1 的修正，其修正方法需要进一步深入研究。

从图 2-32 和图 2-33 中还可以看出，发动机六分力试车台测试的试验结果比热试试验燃气舵五分量天平测试的结果要大，其中法向力系数要大一些，而切向力大的很多，特别是随着舵面角的增大，试车台测试的切向阻力增加很快，而燃气舵五分量天平测试的热试试验结果与风洞试验结果趋势一致，基本保持小幅增大。这说明，发动机六分力试车台测试部件比燃气舵五分量天平测试部件多了一个很大的耳片，耳片顺气流会产生很大的阻力系数，耳片厚度构成的上下表面积也会受到气流影响，产生一定的升力增量。

从图中还可以看出，发动机六分力试车台测试结果（法向力系数和切向力系数对舵面偏转角变化）有一定波动，线性度较差，其原因是测量方式是对燃气舵的间接测量，即发动机喷流过程中引起的台架振动带来测量误差，且传感器量程较大。

2.7.3 案例试验数据使用方法研究

由于工作环境的特殊性，为获取燃气舵的气动控制特性，产生了多种试验方

式，主要如风洞试验、发动机燃气舵五分量天平测试、发动机六分力试车台测试。由于这几种试验方式的试验结果存在一定差别，目前没有见报其他两种试验数据的显现使用方法，而使用燃气舵产生的控制结果，应是发动机六分力试车台的自身试验结果最为直接和真实，原因是它的试验环境真实，试验构件（燃气舵、护板、耳片）完全，也是对发动机/弹体的直接控制结果。因此，本书以发动机六分力试车台的试验结果为基础数据进行论述。然而，工程实践中发动机六分力试车台测试结果有一定误差，还有一些参数（如 M_x ）误差更大，还有一些参数（如 M_j ）无法测量。其中的原因一是由于试验环境恶劣，发动机六分力试车台试验得到的单次试验数据点会存在离散性（随舵面偏转角变化的曲线不光滑）；二是由于每一发固体火箭发动机工作时间短，仅能进行一次舵面偏转测试，而发动机的性能相对而言又有一定的离散性，造成了多台发动机重复试验的结果具有一定的波动性，这从风洞试验曲线的光滑连续和可重复性可以证明这一点，因此必须利用其他试验结果来进行补充和修正，对此使用风洞试验结果最为方便和可行。

案例中获得燃气舵完整气动数据的方法如下。

（1）法向力控制。

燃气舵舵面偏转产生的垂直于弹体的法向控制力（燃气舵升力）是推力矢量控制的重要参数，通过发动机六分力试车台试验可以直接获得这一数据。然后对获得的试验数据进行处理和修正，得到典型压强下一片舵面法向控制力的使用数据（或公式）。

（2）推力损失。

燃气舵的存在除了能产生相应的控制力和力矩外，也同时造成了一定的推力损失。导致推力发生变化的因素主要有燃气舵及耳片上作用的阻力、由于推力矢量控制装置存在造成的推力变化。

现有条件下能完全反映这些因素直接测量推力损失的方法是发动机六分力试车台试验，但其存在的主要难题是由于主推力远大于推力损失，其测量结果对发动机状态非常敏感，导致试验结果精度不稳定，离散较大。因此，应对试验结果进行光滑性修正，修正方法参照风洞试验数据。

（3）横滚控制力矩。

案例在发动机六分力试车台试验中安排了几个典型状态的横滚力矩测试项目，但没能覆盖全部舵面偏转角范围。其原因是按现有的 M_x 测试方法，进行大舵面偏转试验存在设备风险，并且试验次数较多。另外，如果已经获得了法向控制力和展向压心，也可以计算得到横滚控制力矩。案例是通过发动机六分力试车台试验获得法向控制力，通过风洞试验得到较为准确的展向压心，然后通过法

向控制力和展向压心计算得到横滚力矩，其结果经发动机燃气舵五分量天平测试试验的部分状态横滚力矩试验数据验证是有效的。

(4)铰链力矩。

通过发动机六分力试车台试验方法无法获得舵面铰链力矩，通过燃气舵五分量天平热试测量舵面铰链力矩，试验数据有很大波动。案例获得舵面铰链力矩的方法与横滚控制力矩一样，通过发动机六分力试车台试验获得法向力，通过风洞试验获得燃气舵弦向压心，然后通过计算得到。燃气舵五分量天平热试试验结果，验证了铰链力矩量值的合理性。

(5)组合差动诱导侧向力。

案例中支承安装燃气舵的耳片面积较大，舵面偏转后耳片受到的侧向力较大。耳片受到的侧向力通过发动机六分力试车台试验容易准确测量。案例中专门安排了发动机六分力试车台试验对耳片受力进行测量。发动机六分力试车台试验测量的耳片受力结果也要经过风洞试验数据的适当修正。

耳片受力的绝对值相对次要，使用中实际关心的是不同舵面偏转时相对放置的两个耳片上的受力之差，也就是组合差动诱导的侧向力。组合差动诱导侧向力的求取方法是，通过试验得到单舵面偏转下的侧向力值，这一舵面偏转作为差动舵面偏转使用，组合差动偏转通过飞行控制中一对舵的舵面偏转差值计算求出。

(6)压比和舵间干扰影响。

案例发动机喷管出口静压较大，不同高度条件下出口最小压比大于2.3，所以外流流场的变化难以影响到燃气舵所处的喷流流场，压比变化对燃气舵气动特性的影响忽略未计。

案例设计中保证了舵间干扰控制在5%之内，数据应用中不考虑舵间干扰的影响。案例数据应用中也未考虑燃气舵烧蚀的影响。

案例中对发动机六分力试车台测试获得数据的修正方法如下：

1) 对火箭发动机而言，发动机的喷流参数是随时间变化的(见图2-31)。根据式(2-29)～式(2-31)对发动机六分力试车台测量结果进行计算，将测量结果的力值统一在名义总压之下，形成仅随舵面偏转δ单一参数变化的数据曲线。

2) 根据风洞试验曲线的连续特性，对发动机六分力试车台测量中单次试验数据的个别大的偏离点，采取人工方法予以剔除或修正。

3) 根据风洞试验曲线的光滑特性，对单次试验数据，采用最小二乘法进行拟合处理，形成合理的数据、规范(舵面偏转角统一布点)的格式。

4) 从形式简单又满足精度要求的角度出发，案例对推力损失和侧向力选择了拟合成二次多项式来描述，而对于法向力控制和横滚控制力矩，考虑到拟合带来的零位问题，选择了修正后的三次拟合多项式来描述，保证曲线通过零点。

5）对多发次发动机六分力试车台重复试验数据，若有差别，可采用算术平均方法进行处理，由此形成最终的试验数据。

2.7.4 案例试验数据提供方法

目前，空空导弹气动力风洞试验数据的提供方法是，根据导弹飞行中影响气动特性的自变量个数，以数据表格的形式提供。提供给大攻角飞行空空导弹气动特性自变量的个数为 7 个，它们是 $\Phi, Ma, \alpha, \delta_1, \delta_2, \delta_3, \delta_4$，而燃气舵气动力仅与舵面偏转角有关。然而，由于火箭发动机的喷流参数是随时间变化的，又使得数据提供形式复杂化。另外，燃气舵气动力与导弹飞行高度无关，而是与喷流压力或总压有关。因此，案例经过研究，提出了直接以数学公式来表示的燃气舵气动数据使用公式，这一数据公式是用最小二乘法，分别对最终试验数据拟合成二阶和三阶多项式得到的结果，表述如下：

$$F_L = (a_1\delta^3 + b_1\delta^2 + c_1\delta)p(t)/p_0 \tag{2-34}$$

$$M_x = (a_2\delta^3 + b_2\delta^2 + c_2\delta)p(t)/p_0 \tag{2-35}$$

$$F_D = (b_3\delta^2 + c_3\delta + d_3)p(t)/p_0 \tag{2-36}$$

$$Z_s = (b_4\Delta\delta^2 + c_4\Delta\delta + d_4)p(t)/p_0 \tag{2-37}$$

式中，F_L 为单个燃气舵产生的升力（控制力）；M_x 为单个燃气舵产生的滚动力矩（绕弹轴）；F_D 为单个燃气舵的阻力（推力损失）；Z_s 为单个燃气舵在护板和耳片上产生的侧向力；$a_1, a_2, b_1, b_2, b_3, b_4, c_1, c_2, c_3, d_3, d_4$ 为常数。

2.8 小　结

本章简要介绍了燃气舵气动设计要求、输入、具体内容和气动特性计算等，同时介绍了燃气舵相关风洞试验和热试验，重点介绍了试验数据的使用方法及其在空空导弹上的应用。

参考文献

[1]刘志珩. 固体火箭燃气舵气动设计研究[J]. 导弹与航天运载技术，1995(4)：9－17.

[2]苗瑞生,居贤铭,吴甲生.导弹空气动力学[M].北京:国防工业出版社,2006.
[3]列别捷夫,契尔诺勃洛夫金.无人驾驶飞行器的飞行动力学[M].张炳暄,译.北京:国防工业出版社,1964.
[4]路史光.飞航导弹总体设计[M].北京:中国宇航出版社,1991.
[5]汪学江.燃气舵的舵间气动干扰分析[J].宇航学报,1994(3):50-55.
[6]常见虎.燃气舵气-固两相绕流数值模拟及试验研究[D].南京:南京理工大学,2008.

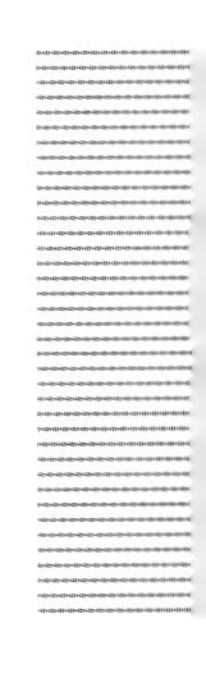

第3章

燃气舵气动特性的数值仿真

空空导弹用燃气舵工作在高温、高压的发动机喷流中，对其开展发动机工作状态下的气动特性试验工作成本高、数据量少、结果离散度较大、周期长，有些试验条件还存在模拟和测试上的困难，而采用风洞试验手段进行研究存在相似性问题，条件模拟受限制、周期长、成本也较高，因此，在燃气舵设计中会采用理论计算、风洞试验和发动机试验结合的方法，发挥各种方法的优势，共同完成设计。其中，理论计算工作有不可替代的作用。理论计算方法之一是工程估算，其成本低、速率快，但应用有一定的局限性。随着计算流体力学技术的不断进展，数值仿真方法成本低、周期较短、精度较高的特点在燃气舵设计工作上显示出很大的优势，特别是在设计前期，可以较为便捷地进行方案设计和相关问题研究。

3.1 数值仿真技术简介

3.1.1 计算流体力学概述

流体力学的研究和分析手段一般可分为理论分析、试验研究和数值计算三种。理论分析和试验研究方法历史悠久，伴随着整个流体力学的发展历程；而数值计算方法（通常称为计算流体力学、数值计算等）则是一个相对年轻的方法，尤其是经过最近 40 多年的发展，目前已经成为一个独立的学科分支，成为当今流体力学中最活跃、最有生命力的领域之一。

所谓计算流体力学（Computational Fluid Dynamics，CFD），就是在计算机上数值求解流体与气体动力学基本方程的学科。它通过数值求解各种简化的或非简化的流体动力学基本方程，获取各种条件下流动的数据和作用在绕流物体上的力、力矩、流动图像和热量等。

CFD 起源于气象领域，时至今日在航空航天领域的应用无论在深度还是广度上都远远超过了在其他领域的应用，可以说航空航天领域是 CFD 的最大推动者，也是最大受益者。在导弹、飞机等飞行器外形设计和发动机设计等方面，CFD 技术发挥了巨大的作用。近 30 年来，CFD 逐渐成为飞行器研制和设计中的一个新的经济、高效而有力的工具，CFD、风洞试验和理论分析已经成为飞行器研制中的三个相辅相成的主要手段，而且随着CFD技术的快速发展，三者之间的比例也在发生变化。风洞试验作为对流场的直接物理模拟，其作用也是其他方法无法取代的，但风洞试验也无法完全模拟真实飞行状态，然而CFD技术却可以突破许多限制条件，为飞行器设计提供了新的手段。正是因此，前述三个手段在气动设计工作量的比例在发生变化，CFD占比越来越高，风洞试验更多地承担了对CFD的验证和确认。

3.1.2 数值仿真软件

CFD软件一般起源于大学或研究机构，发展到一定程度后，由软件公司开发成商用软件，但就通用性及易用性而言，商业软件更有优势。目前，市场上的CFD商业软件有很多种，常见的有Fluent，CFX，Star - CD，Numeca和CFD - FASTRAN等。

Fluent使用非常广泛，是国内相关领域较早使用的CFD软件。作为通用CFD软件包，用来模拟从不可压到可压缩范围内的复杂流动，包含非耦合隐式算法、耦合隐式算法、耦合显式算法等三种算法，可进行定常、非定常流动模拟，并为用户提供二次开发接口（UDF），软件包包含GAMBIT网格生成工具。

Ansys的CFX界面简单友好，程序脚本语言CCL可以使高级用户方便加入自己的子模块。程序支持批处理操作，方便规模计算。由于采用先进的全隐式求解器，收敛速率快，同等条件下比其他软件甚至可以快1～2个数量级。其前处理网格生成部分可以采用Ansys软件包中的ICEM CFD，它是一款优秀的CFD/CAE前处理器，支持目前流行的CAD数据类型，具有强大的网格划分功能，它可以生成的网格类型有表面网格、六面体网格、四面体网格、边界层网格（棱柱网格）、四面体与六面体混合网格等，并且可以对边界层及流场变化剧烈区域等局部进行加密。

除了这些综合性的CFD商业软件之外，还有一些专门进行CFD前处理、后处理等方面的软件，CFD前处理网格生成部分有代表性的软件有Gridgen与Pointwise，专门进行后处理的商业软件有TECPLOT，FieldView等。

具体使用什么软件可以根据仿真对象的特点、软件自身的优势及使用者的习惯来选择。

3.1.3 数值仿真典型流程

CFD仿真一般情况下按以下三个步骤进行：

1)前处理。建立所要研究物体的几何模型，设定研究对象的流动区域，即计算域，然后对计算域进行网格划分，并给出边界条件和初始条件等。

2)流场计算。在离散的网格上，构造逼近流动控制方程的离散方程，其中使用最为广泛的是有限体积法，应用计算机和CFD计算软件求解这些离散方程，得到各网格点上的物理量近似解，如压力、密度、速率等。

3)后处理。对这些物理量近似解进行处理，得到所需要的计算结果，画出流动图像、通过积分得出气动力、力矩等气动参数。

图3-1给出了数值仿真工作的一般流程。

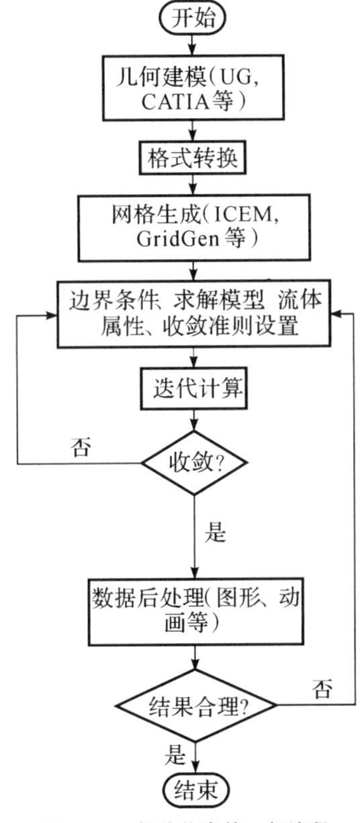

图3-1 数值仿真的一般流程

3.2 燃气舵气动特性数值仿真

3.2.1 概述

本章将介绍工作在空空导弹固体火箭发动机喷流中的燃气舵气动特性数值仿真从建模到后处理的主要过程和内容，意在使读者大致了解整个步骤，并参考应用到实际工程应用中，相关软件的具体使用细节可以参考相关书籍。

燃气舵的工作介质是发动机的尾喷流，与空气舵所处的流场相比，发动机喷流流场是非均匀流场，流场各点马赫数、动压、气流偏转角都不一样，沿喷流轴线方向下游一定区域内，马赫数不断增加，动压迅速下降，燃气舵舵面偏转时，舵面各点经历流场中不同参数。此外，气体成分也不同，因此其仿真有特殊之处。国内在燃气舵流场数值仿真方面，南京理工大学的李军有较多经验和著述。

需要特别说明的是，随着固体推进剂的不断发展，有些推进剂中添加了一些燃烧热值较高的金属粉，如 Al，Li，Be，B 等，以提高燃烧温度和比冲。固体火箭发动机实际喷流一般为两相流，固相的存在影响气相的流动性，同时固相本身也在燃气舵上施加一定的作用力。多相流的数值仿真较为复杂，影响计算精度的因素也较多。将发动机喷流视为多相流还是单相流，需要视发动机装药的组分和喷流成分来决定。对于粒子含量较低的发动机喷流，经数值仿真结果与发动机试验结果的对比分析，除阻力外其他力的仿真按单相流进行可以满足工程应用的精度要求，而阻力可以用发动机试验获得。因此，本章没有涉及多相流仿真。

此外，在流场中的任何一点处，如果流体微团的流动参数——速率、压力、温度、密度等随时间变化，这种流动就称为非定常流动。燃气舵连续偏转情况下的喷流流动是非定常流动，非定常情况下的气动特性与定常情况是有一定差异的。但是，在进行工程设计时，定常仿真已经可以基本满足设计要求，当然，流场的动态效果对于认识流场和舵面附近区域流动的特性有帮助，在揭示一些具体问题的机理时更直观，比如在考虑部件间的干扰时。因此，在设计初期，特别是没有参考的全新设计时，非定常仿真的结果对设计有一定帮助。但是，非定常计算非常耗费机时，通常计算的时间步长较大和网格精度较差，也不需大规模开展，所以本章不展开叙述。

3.2.2 流动控制方程

本书选择三维黏性 Navier - Stokes 方程组描述燃气舵周围的流动，守恒方程为

$$\frac{\partial \rho\varphi}{\partial t}+\frac{\partial}{\partial x_k}\left(\rho U\varphi-\Gamma_{\varphi}\frac{\partial \varphi}{\partial x_{\mathrm{k}}}\right)=S_{\varphi} \tag{3-1}$$

式中，变量 ρ 为密度；U 为速率矢量的大小；Γ_{φ} 为关于 φ 的交换系数；x 空间坐标 x_k 中 $k=i,j,k$ 分别表示空间的三个方向；S_{φ} 为源项。

动量方程：

$$\left.\begin{aligned}\varphi&=uvw\\ \Gamma_{\varphi}&=\rho(v_{\mathrm{t}}+v_{\mathrm{l}})\\ S_{\varphi}&=-\frac{\partial p}{\partial x_k}+\text{gravity}+\text{friction}+\dots\end{aligned}\right\} \tag{3-2}$$

焓方程：

$$\left.\begin{aligned}\varphi&=h\\ \Gamma_{\varphi}&=\rho\left(\frac{v_{\mathrm{t}}}{Pr_{\mathrm{t}}}+\frac{v_1}{Pr_1}\right)\\ S_{\varphi}&=-\frac{D_{\mathrm{p}}}{D_{\mathrm{t}}}+\text{heat sources}+\dots\end{aligned}\right\} \tag{3-3}$$

连续方程：

$$\left.\begin{aligned}\varphi&=1\\ \Gamma_{\varphi}&=0\\ S_{\varphi}&=0+\text{boundary sources}\end{aligned}\right\} \tag{3-4}$$

式中，v_{t}，v_{l} 分别为湍流和层流黏度系数；Pr_{t}，Pr_{l} 分别是湍流和层流普朗特数。

湍流模型采用标准的 $k-\varepsilon$ 湍流模型，湍流动能 k 方程和扩散 ε 方程分别为

$$\frac{\partial}{\partial t}(\rho k)+\frac{\partial}{\partial x_i}(\rho k U_i)=\frac{\partial}{\partial x_j}\left[\left(\mu+\frac{\mu_t}{\sigma_k}\right)\frac{\partial k}{\partial x_j}\right]+G_k+G_b-\rho\varepsilon-Y_M+S_k \tag{3-5}$$

$$\frac{\partial}{\partial t}(\rho\varepsilon)+\frac{\partial}{\partial x_i}(\rho\varepsilon U_i)=\frac{\partial}{\partial x_j}\left[\left(\mu+\frac{\mu_t}{\sigma_{\varepsilon}}\right)\frac{\partial \varepsilon}{\partial x_j}\right]+ C_{1\varepsilon}\frac{\varepsilon}{k}(G_k+C_{3\varepsilon}G_b)-C_{2\varepsilon}\rho\frac{\varepsilon^2}{k}+S_{\varepsilon} \tag{3-6}$$

式中，G_k 表示由层流速率梯度而产生的湍流动能；G_{b} 是由浮力产生的湍流动

能；Y_M 是在可压缩湍流中过渡的扩散产生的波动；$C_{1\varepsilon}$，$C_{2\varepsilon}$，$C_{3\varepsilon}$ 是常量；σ_k 和 σ_ε 是 k 方程和 ε 方程的湍流普朗特数；S_k 和 S_ε 是用户定义的。$\mu_t=\rho C_\mu \frac{k^2}{\varepsilon}$，$C_\mu=0.09$，$C_{1\varepsilon}=1.44$，$C_{2\varepsilon}=1.92$，$\sigma_k=1.0$，$\sigma_\varepsilon=1.3$。

3.2.3 几何建模与计算域选取

几何建模是网格生成的准备工作，可由很多软件完成，比如 UG，CATIA 和 ProE 等，根据要仿真对象的结构设计情况完成几何建模，最后以 *. stp 和 *. igs 等合适的格式输出。一般网格生成软件都有一定数目的几何接口：对于 ICEM 来说，可以读入 UG，CATIA 等软件保存的几何模型文件；对于 Gridgen 来说，一般利用 *. igs 格式的文件。其中，ICEM 的几何修补功能相当强大，相对于建模软件来说，在 ICEM 中对几何模型进行光滑、合并小面、去除螺钉孔等细节处理相当简单；Gridgen 在处理几何模型处理方面也有一些独到之处，可以直接用结构设计建立的模型，但对于复杂外形往往需要做一定修改，比如小的凸起物可能就不必模拟，这样可以缩减网格单元数量，减少网格可能存在严重扭曲的区域。另外，结构设计的几何模型中可能存在螺钉孔、缝隙、小的倒圆等，需要做一定的处理。有些细节在建模软件中可能不方便处理，可以留着在网格划分软件中进行处理。当然，如果研究的问题针对的正是某些特殊部位的气动特性，就需要对其保留，然后在网格划分时花费更多时间去完成。

装有燃气舵组件的发动机后段简化后模型如图 3－2 所示。

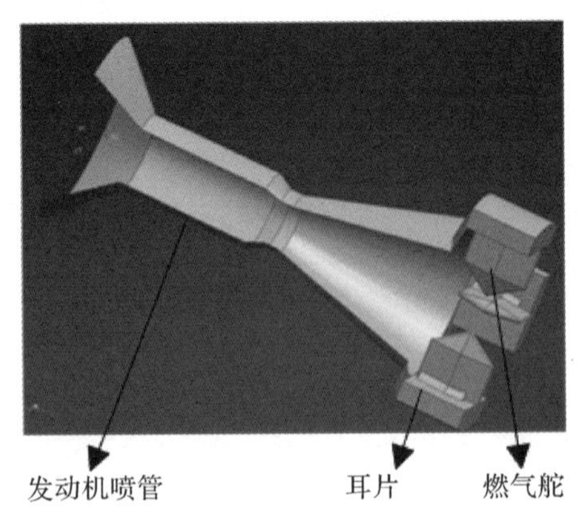

图 3－2 装有燃气舵组件的发动机后段模型

对于计算流体而言，计算模型包括计算区域和求解控制方程的时间/空间格

式。固体火箭推进剂在燃烧室内部经点火燃烧、流动，在喷管出口截面产生超声速和高温、高压欠膨胀射流，并且对燃气舵产生冲击效应，同时燃气射流出喷口后进一步向外部环境膨胀。因此，计算区域应为燃气流动经过的区域，发动机壁面和燃气舵面、耳片护板则作为求解的边界条件。

计算域的选取对于仿真结果有很大影响，合理的计算域可以在精度与效率方面获得良好的平衡，反之，要么精度差甚至计算不收敛，要么耗费大量时间。

由于可提供的相对可靠的原始参数为燃烧室内燃气各参数，本书计算的物理区域包括燃烧室、长尾喷管、耳片、燃气舵以及部分外流动区域。转换为计算区域后，燃烧室简化为一个具有质量入流条件的圆截面；发动机壁面认为是绝热壁面；外区域尺寸的选定主要考虑分析的对象是燃气舵及其附近的流动区域，因此轴向尺寸选定为一倍喷口直径左右，径向半径为两倍的喷口直径，这一区域的选择需通过试算来确定，主要考虑区域对计算结果的影响。在这样设定的计算区域的外流动区域边界上基本为燃气流出，确定为 Fluent 的压力出流条件。计算区域和边界条件如图 3-3 所示。

燃气舵设计时会研究喷流流场的特性，因此也会对喷流流场进行研究，此时计算域会取得较大。

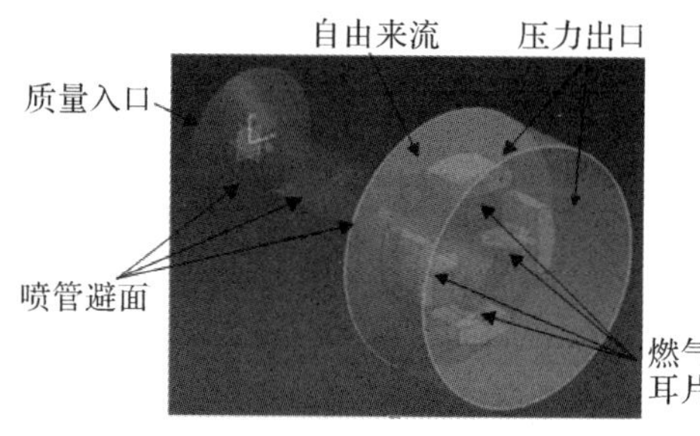

图 3-3 计算区域及边界条件

3.2.4 网格生成

网格生成占据了 CFD 工作量的很大一部分，大致占整个 CFD 仿真任务人工时间的 70%～80%；而网格质量的优劣对仿真结果有很大影响，特别是复杂外形的网格生成，这种影响在许多情况下是决定性的。

计算网格按网格点之间的邻接关系可分为结构网格、非结构网格和混合网格三类。结构网格的单元是二维的四边形和三维的六面体；非结构网格的单元是一个相对独立的个体，有二维的三角形、四边形，三维的四面体、六面体、三棱

柱和金字塔等形状。混合网格是两者的混合。

结构网格具有贴体性，流场的计算精度可以大大提高，并且可以方便地索引，因此可以减少对存储的需求。但随着问题的复杂化，生成结构网格越来越困难，有时甚至不能做到，需要采用分区、重叠网格等技术解决。非结构网格对空间网格的要求要宽松，适于网格自动化生成，能够非常方便的生成复杂外形的网格，缺点是会带来精度的损失，而且采用非结构网格对计算能力提出了更高要求，好在随着计算机技术的迅速发展，这一问题并不严重。此外，还可以采用结合了非结构网格和结构网格优点的混合网格。

网格生成工具很多，如 Gridgen，Gambit 等，它们生成的网格数据可以被大多数的 CFD 软件所使用。

网格划分需要一定的经验和技巧，有许多书籍、文章对此有介绍，读者可以通过学习和实践不断提高水平。

本书采用 Gambit 作为网格生成工具，针对发动机喷流流场仿真和燃气舵扰流流场仿真进行了网格划分。

(1)喷流仿真网格。

为了获得不同下喷管出口截面流动参数，利用轴对称模型对喷管、喷流流场进行了网格划分，如图 3－4 所示。

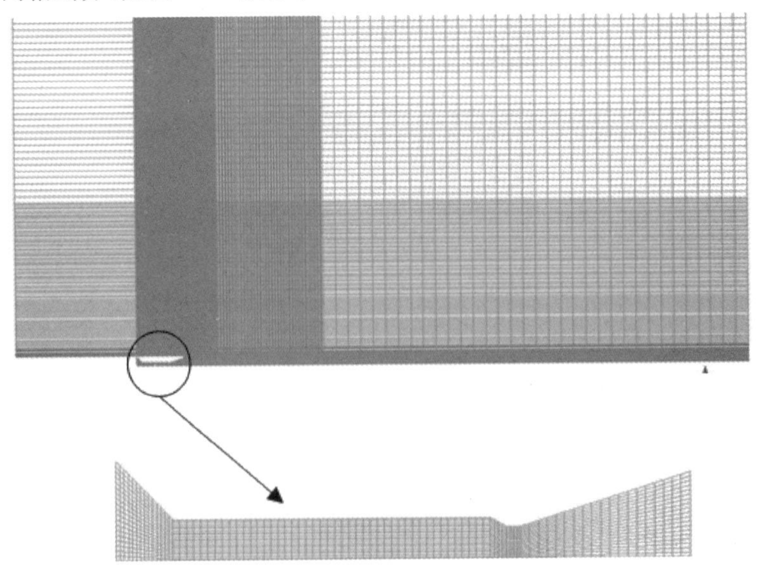

图 3－4　喷流流场仿真的网格

(2)燃气舵绕流网格。

燃气舵绕流仿真采用了四面体网格,如图 3-5 所示。

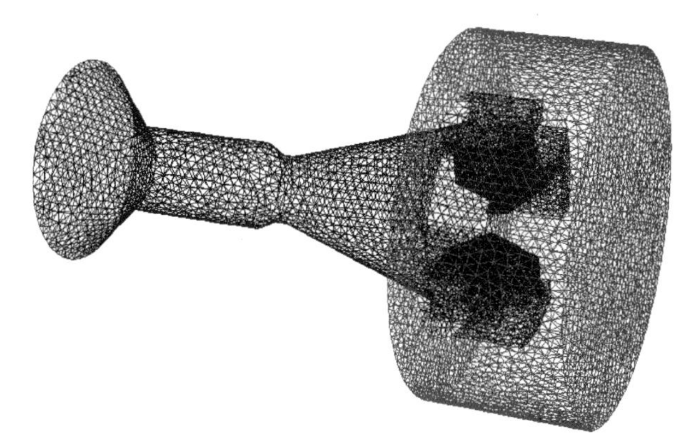

图 3-5 燃气舵绕流仿真的网格

3.2.5 参数设定及求解

本书的仿真采用的求解器是 Fluent。在计算时,需要设定的参数为燃气介质基本参数和流动求解器的参数设置。

计算需要使用的发动机主要参数见表 3-1。

表 3-1 发动机主要参数

名 称	符 号	单 位	备 注
流量	$\dot{m}$	$kg \cdot s^{-1}$	
总压	p	atm	1 atm=101 325 Pa
总温	T	K	
燃气常数	R	$J \cdot kg^{-1} \cdot K^{-1}$	
比热比	k	1	
相对分子质量	W	$g \cdot mol^{-1}$	$W = \frac{R_u}{R}$
定压比热	C_p	$J \cdot kg \cdot K^{-1}$	$C_p = \frac{k}{k-1}\frac{R_u}{W}$

此外,还要对求解器中的 Material、黏性、收敛准则等进行设置,如图 3-6～图 3-8 所示。

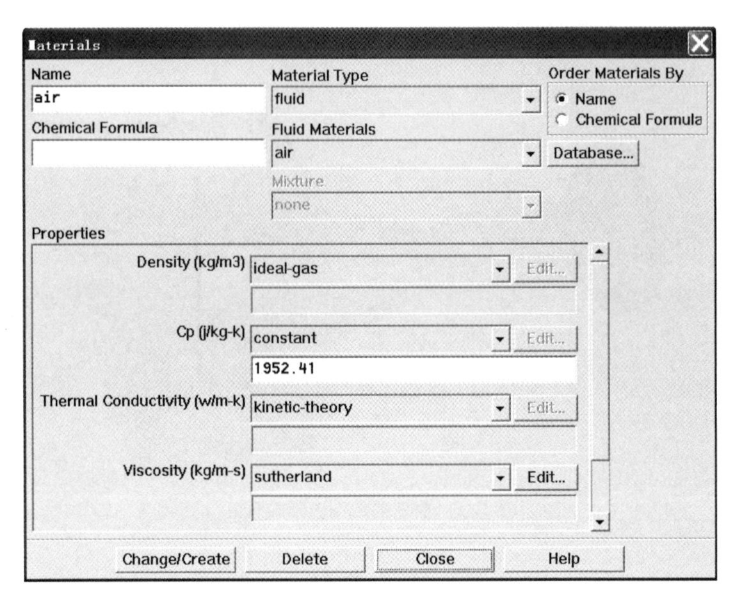

图 3-6　燃气介质属性设定

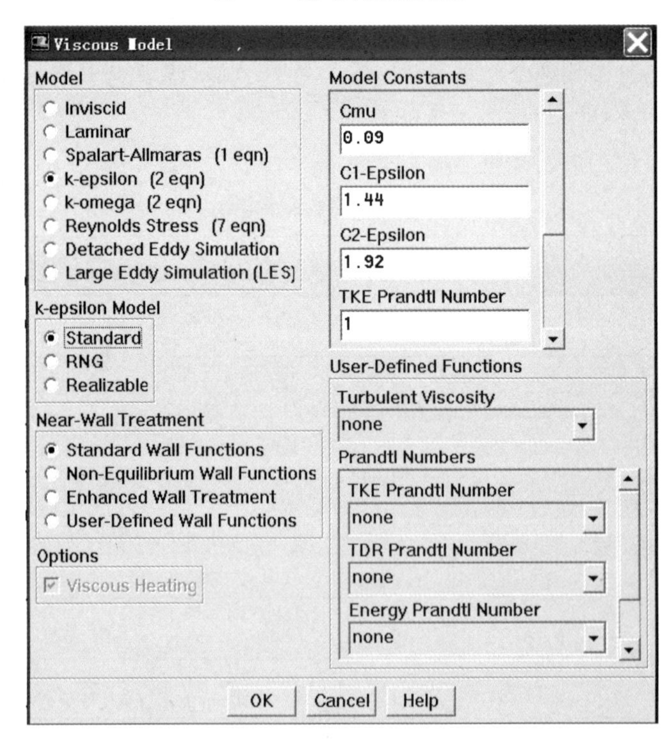

图 3-7　黏性模型属性设定

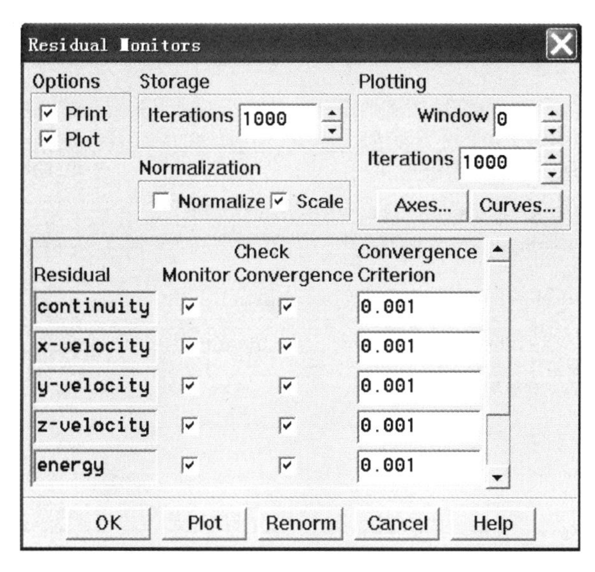

图 3－8　收敛判断参数设定

边界条件主要有质量流量入流条件和外部的出流条件设定如图 3－9 和图 3－10 所示。

Mass-Flow Inlet

Zone Name: inlet

Mass Flow Specification Method: Mass Flow Rate

Mass Flow-Rate (kg/s): 10.6

Total Temperature (k): 3175 constant

Supersonic/Initial Gauge Pressure (atm): 108 constant

Direction Specification Method: Direction Vector

Reference Frame: Absolute

Coordinate System: Cartesian (X, Y, Z)

X-Component of Flow Direction: 1 constant

Y-Component of Flow Direction: 0 constant

Z-Component of Flow Direction: 0 constant

Turbulence Specification Method: Intensity and Viscosity Ratio

Turbulence Intensity (%): 5

Turbulent Viscosity Ratio: 3

OK　Cancel　Help

图 3－9　入流条件设定

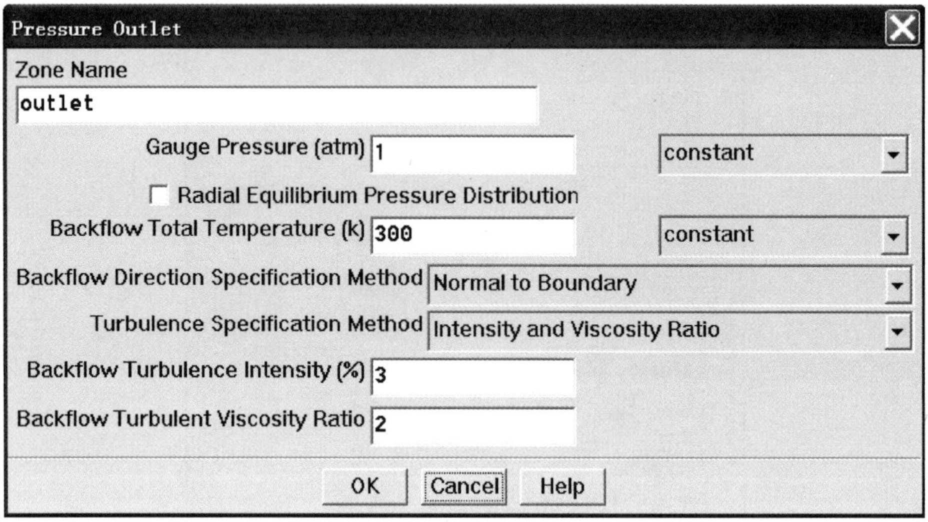

Pressure Outlet
Zone Name
outlet
Gauge Pressure (atm) 1 constant
Radial Equilibrium Pressure Distribution
Backflow Total Temperature (k) 300 constant
Backflow Direction Specification Method Normal to Boundary
Turbulence Specification Method Intensity and Viscosity Ratio
Backflow Turbulence Intensity (%) 3
Backflow Turbulent Viscosity Ratio 2
OK Cancel Help

图 3－10 出流条件设定

这些工作做完后，就可以开始求解了。

3.2.6 后处理

仿真完成后的主要工作是后处理，后处理主要是将仿真结果处理成便于使用的格式，并进行温度场、速率场、压力场及其他参数的可视化及动画处理。下面给出燃气舵仿真时常见的后处理结果。

这一工作在设计阶段可以得到供设计流程上其他环节使用的气动数据。此外，可视化的图形便于对流动机理的分析，用以分析解决某些具体的问题。比如，在舵面设计中，为了强度等方面的原因需要在根部设计倒圆，平滑过渡到耳片。倒圆的大小除了考虑结构、强度外，还要考虑对燃气舵气动特性的影响，可以通过分析不同倒圆下燃气舵的受力值和根部流场来进行确认和优化。

以下给出燃气舵仿真中常见的后处理工作，这些对于解决工程设计遇到的问题。

(1)力和力矩的处理。

对于 Fluent，仿真后可以输出任意对象在仿真前设定的坐标系内的力和力矩值。设置输出界面如图 3－11 所示，输出结果如图 3－12 所示。

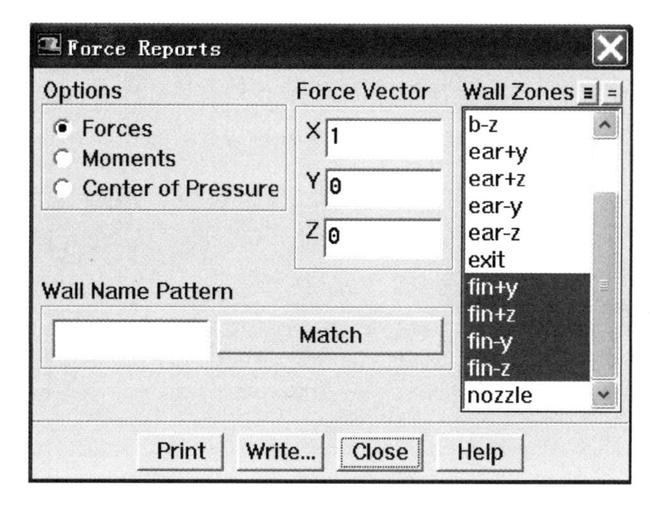

图 3-11　输出界面设置

Force vector: (1 0 0)

zone name	pressure force n	viscous force n	total force n	pressure coefficient	viscous coefficient	total coefficient
fin+y	774.83051	9.208436	784.03894	1265.0294	15.034181	1280.0636
fin+z	348.29401	9.703598	357.9976	568.64328	15.842609	584.48588
fin-y	651.59155	9.3115616	660.90311	1063.8229	15.20255	1079.0255
fin-z	1177.251	6.5353746	1183.7864	1922.0424	10.669999	1932.7124
net	2951.967	34.75897	2986.726	4819.538	56.749339	4876.2874

图 3-12　力(力矩)输出形式

(2)物面上的物理参数分布图。

根据仿真结果可以处理绘制物面上的各种物理量的云图。图 3-13 是燃气舵及耳片表面的马赫数云图。

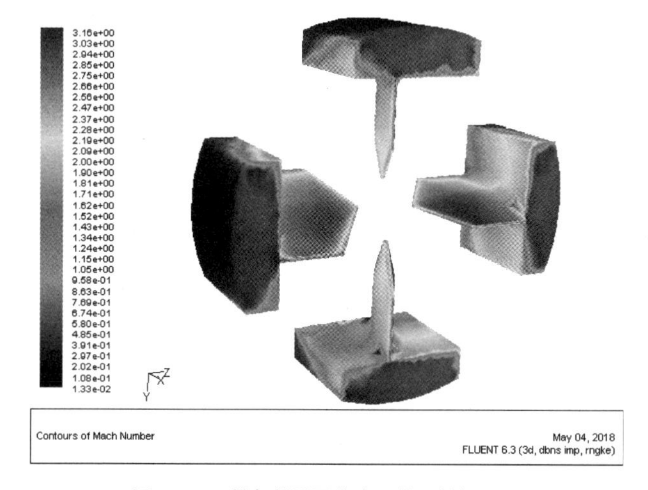

图 3-13　燃气舵及耳片表面的马赫数云图

(3)流场剖面图。

可以根据需要绘制任意剖面上流场内部各种参数。图 3－14 是沿舵面展向剖切(由舵梢到舵根)后得到的舵面附近流场的马赫数云图。

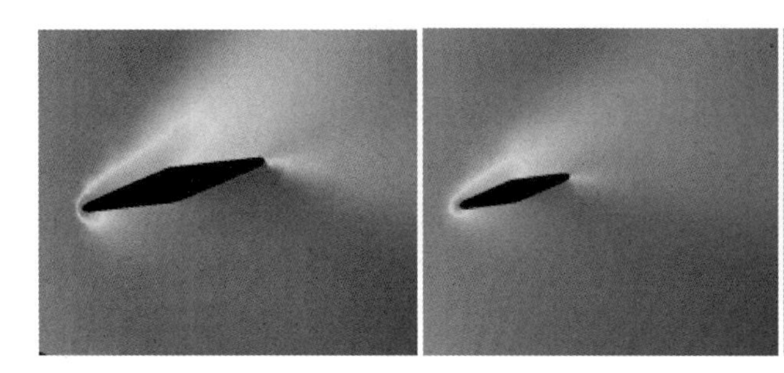
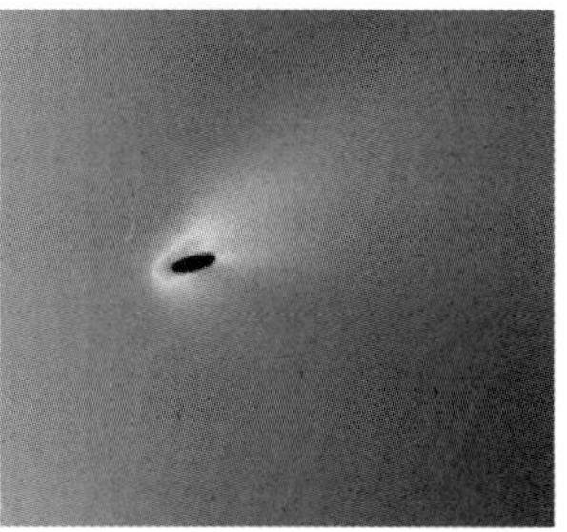

图 3－14　不同舵展位置剖面流场的马赫数云图

(4)流场速率矢量图。

可以如图 3－15 所示输出燃气舵扰流流场的速率矢量图。

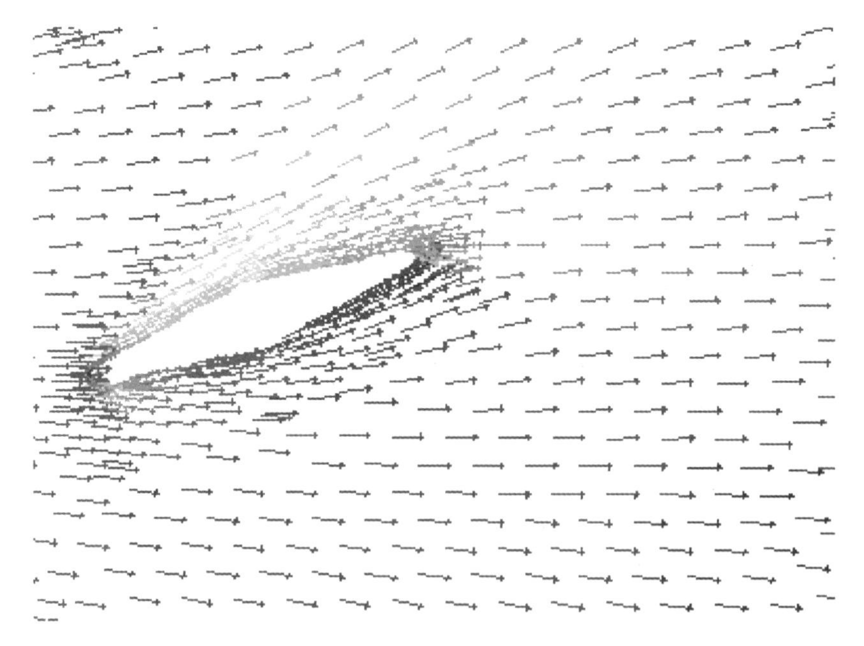

图 3－15　输出燃气舵舵面扰流流场速率矢量图

3.3 数值仿真结果及分析

3.3.1 概述

第 3.2 节主要介绍了燃气舵数值仿真工作的大致步骤，本节将对仿真结果进行分析，以使读者对燃气舵在发动机喷流流场中的特性有所了解，并对数值仿真与发动机试验结果进行了对比，展示数值仿真在燃气舵设计过程中的能力和作用。

3.3.2 发动机喷流流场仿真结果及分析

发动机喷流是燃气舵的工作介质，其流场参数对燃气舵特性有很大影响，在很大程度上制约了燃气舵设计，因此对于发动机喷流流场的研究和分析也比较重要。

发动机喷管的工作状态取决于周围介质的压强 p_a 与喷管出口截面处气流强度 p_e 之比（$\frac{p_a}{p_e}=n$）。当 $p_e=p_a$ 时，喷管处于完全膨胀状态；当 $p_e>p_a$ 时称为欠膨胀状态；当 $p_e<p_a$ 时称为过膨胀状态。

当 $p_e>p_a$ 时，喷管处于欠膨胀状态，如图 3-16(a)所示，在喷管出口截面的后面就会发生射流的补充膨胀，形成锥形的膨胀波区。在 AD 段，射流由于膨胀其边界流线偏离轴线，而在锥形膨胀波区中心的射流核心区内，由于过度地膨胀而使此处的压强低于环境压强，因此在 DC 段射流截面上产生指向轴线的压强梯度，使 DC 段边界流线在这一压强梯度的作用下向轴线方向变形，使射流收缩。从收缩边界反射出来的弱压缩波与边界（流线）之间具有同一角度（因为边界上各点的压强、速率和温度都相同）。边界是弯曲收缩的，因此各点反射的弱压缩波在轴线附近重叠和集中，形成曲线形的激波面 AB 和 A_1B_1。当欠膨胀程度不大（即压差 p_e-p_a 较小）、甚至在完全膨胀状态下（$p_e=p_a$）时，曲线形的激波面 AB 和 A_1B_1 相交于 B 点。在 B 点之后，因为激波相交之后仍为激波，可认为激波 CBC_1 是激波 ABA_1 的延续。激波 CBC_1 与射流边界相交以后，在 C 和 C_1 点处有反射未膨胀波，与喷口边缘 AA_1 处发出的膨胀波相似，于是又开始了一个新的波节，如此继续下去，直到衰减消失为止。应当注意的是，随着欠膨胀的程度增加，在射流轴线上曲线激波 AB 和 A_1B_1 转化成垂直于轴线的正激波 BB_1，并呈盘状，成为马赫盘。

当 $p_e < p_a$ 时，喷管处于过膨胀状态，如图 3-16(c)所示，这时喷管喷出的射流立即受到环境大气的压缩而出现交叉的曲线激波系 ABA_1。当过膨胀程度不大时，只产生斜激波；而当过膨胀程度增大时，在气流中心出现正激波，这是两道斜激波在中心区增强的结果，且随着过膨胀程度的增加，中心区的正激波将向喷口移动。而过膨胀状态下由于喷管出口射流仍为超声速的，因此喷管后面的射流中的扰动不可能沿着流动向上游传播。但是，由于与喷管壁面贴近的附面层中的流动是亚声速的，就存在着喷管内部流动受外界扰动影响的可能性。当然，这种可能性只有在足够的压差（$p_a - p_e$）下、附面层在外部压强作用下与喷管壁面分离、激波进入喷管内部而发生。喷管内部出现激波和流动分离的过膨胀状态不仅引起喷管外部气流流谱的变化，而且会引起喷管扩张段内部流动分离后的流谱变化。

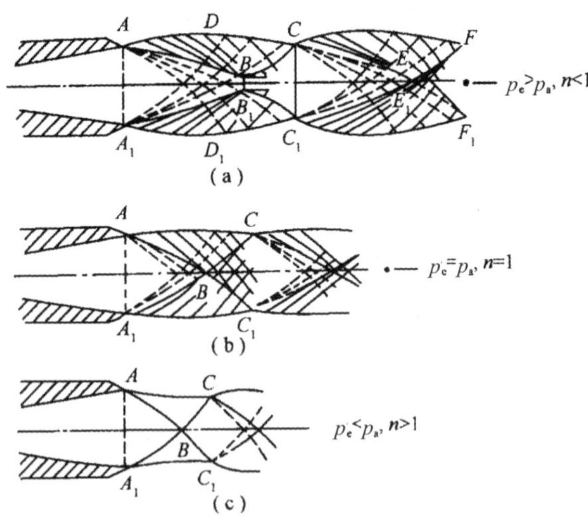

图 3-16 不同膨胀条件下喷气流谱

燃气舵受力与发动机喷流参数之间的关系如下：

$$F = Cqs \tag{3-6}$$

$$q = \frac{1}{2}\rho v^2 = \frac{1}{2}kp(Ma)^2 \tag{3-7}$$

对于火箭发动机而言，发动机喷口截面马赫数、气流偏转角由喷管几何尺寸决定，压强取决于发动机内压，见下式：

$$\frac{p_0}{p} = \left[1 + \frac{k-1}{2}(Ma)^2\right]^{\frac{k}{k-1}} \tag{3-8}$$

式中，C 为无量纲的升力或阻力系统；p 为喷流动压；p_0 为喷流总压；s 为燃气舵参考面积；v 为喷流速率；ρ 为喷流密度；k 为比热比；q 为动压压头。

喷流流场的特性与出口截面压强和环境压强之比有很大关系。结构设计一定的情况下，发动机压强变化（多级推力）以及导弹飞行高度变化都会使压比发生变化，进而有可能使发动机喷流流场呈现出不同的形态，如果在燃气舵所处的区域出现流场参数变化明显，则会影响到燃气舵的气动特性。这在两方面会对设计工作产生影响：一方面，若是采用二级推力，需注意不同推力下燃气舵的力系数是否有变化；另一方面，需注意不同飞行高度下燃气舵的力系数是否有变化。如果出现这些问题，要么需调整发动机参数，要么在燃气舵控制数学模型中充分考虑这些因素。

对于这一问题的研究，数值计算有独特的优势，发动机不能随意改变工况，高空试验设备复杂、成本高；风洞试验实现难度不大，但费用相对仍比较高，周期也较长；而数值模拟可以比较随意的改变计算条件，成本低、时间短。

图 3－17～图 3－20 给出了低空和高空时喷流流场动压和马赫数的分布情况。对比高、低空状态，在高空时环境压力和密度等量值较小，而低空时较大，造成了喷流流场的结构有一定差异，燃气舵处于发动机喷管出口处的流场中，此处的流场结构如果在高低空条件下有明显变化，将使得燃气舵的特性发生明显变化，这会增加控制的复杂程度，在设计之初需要考虑。

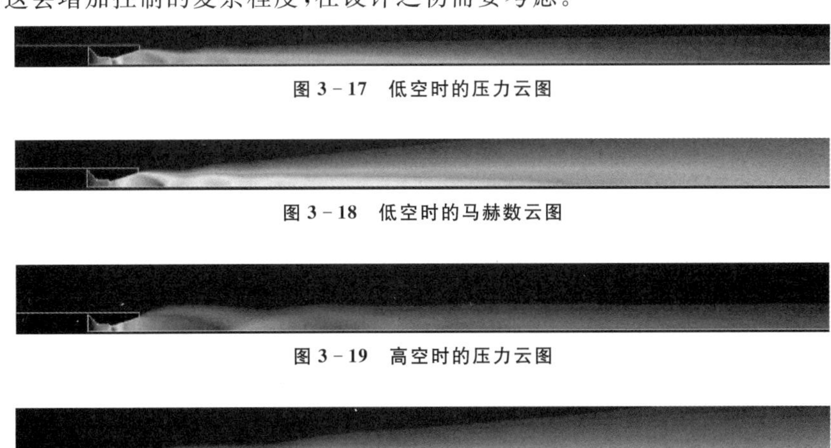

图 3－17　低空时的压力云图

图 3－18　低空时的马赫数云图

图 3－19　高空时的压力云图

图 3－20　高空时的马赫数云图

图 3－21 给出的是沿射流轴线流动参数的分布曲线。可见流动参数沿轴线剧烈变化，为了获得较好的气动特性，在燃气舵安放位置和展向尺寸方面需做考虑。

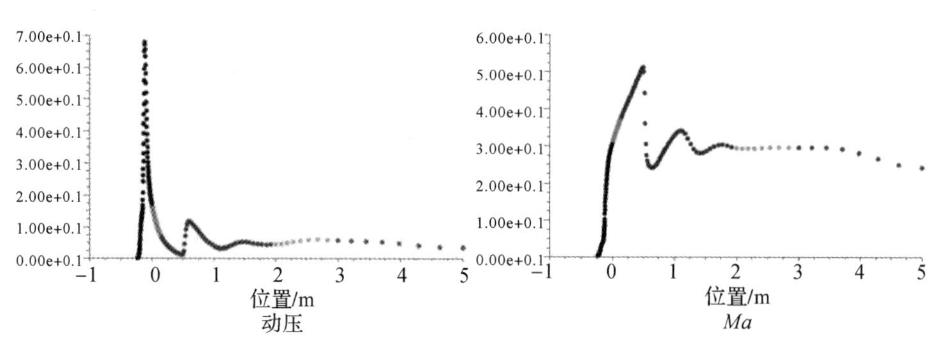

图 3-21　沿射流轴线流动参数分布曲线

图 3-22 和图 3-23 给出的是不同质量流率下出口截面流动参数的分布曲线。首先,可见流动参数沿径向分布还是较为均匀的,只是在靠近壁面的地方有所变化;其次,不同质量流率下出口压强有明显差异,但在马赫数分布方面基本一样,反映出质量流率对出口动压会有较大影响。另外,出口马赫数与质量流率关系不大,主要取决于喷管设计尺寸。

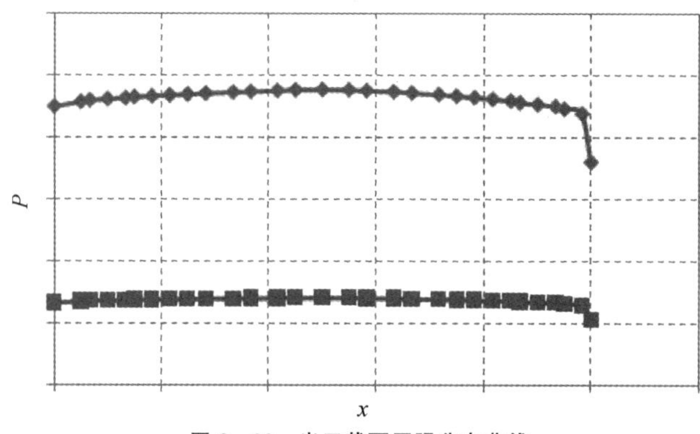

图 3-22　出口截面压强分布曲线

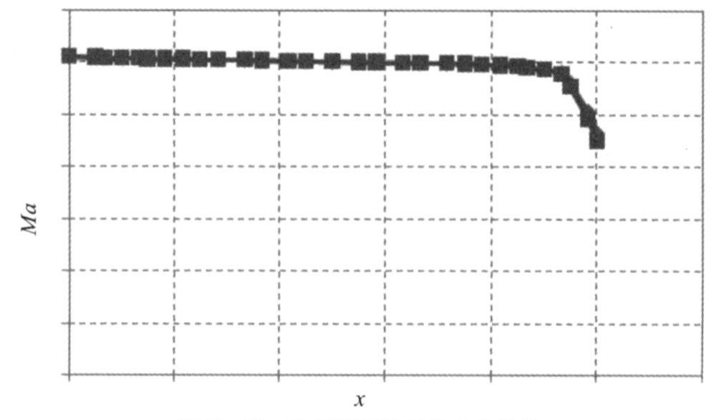

图 3-23　出口截面马赫数分布曲线

3.3.3 燃气舵气动特性仿真结果及分析

1. 燃气舵绕流流场

对于菱形剖面燃气舵，以 δ 为舵面偏转角，θ 为翼型半顶角。

当舵面偏转角 $\delta < \theta$ 时，舵面前缘上下表面产生斜激波，气流经过斜激波以后发生突然转折，并沿舵表面流动，在舵表面最大厚度点产生膨胀波，形成绕外凸角的流动，绕过外凸角后气流膨胀加速，一直到后缘处，上、下表面气流汇合，由于上、下两股气流在后缘汇合前压强不同、方向不一致，所以在后远处上下表面各形成一道斜激波，经过斜激波的两股气流各自折转一定角度，形成压强相等、方向一致的气流。

当舵面偏转角 $\delta > \theta$ 时，在舵面上表面前缘出产生膨胀波，之后气流继续膨胀，直到后缘；在下表面，还是在前缘产生斜激波，在最大厚度处逐渐膨胀，直到后缘。在后缘处上表面产生一道斜激波，下表面产生一组膨胀波，以使通过后缘波系后在后缘汇合的上、下表面两股气流方向一致、压强相等。

图 3－24 和图 3－25 给出了模型在不同流量时的流场压强、马赫数等值线云图。可见，数值仿真能够比较精细地描述燃气舵绕流流场的情况，至于仿真结果量值的准确程度，在后面的叙述中会逐项提到。

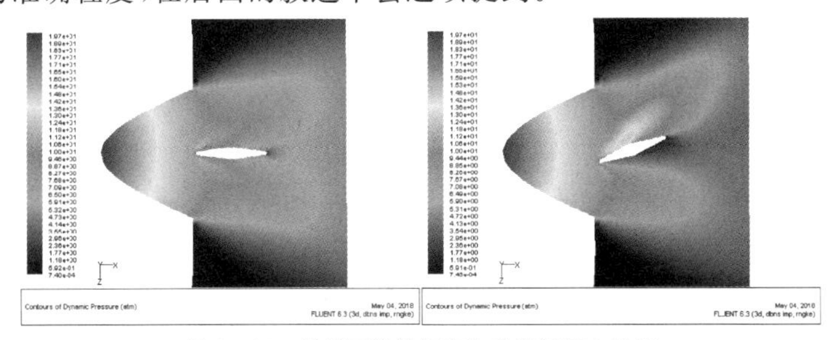

图 3－24 当舵面偏转角变化时流场压力云图

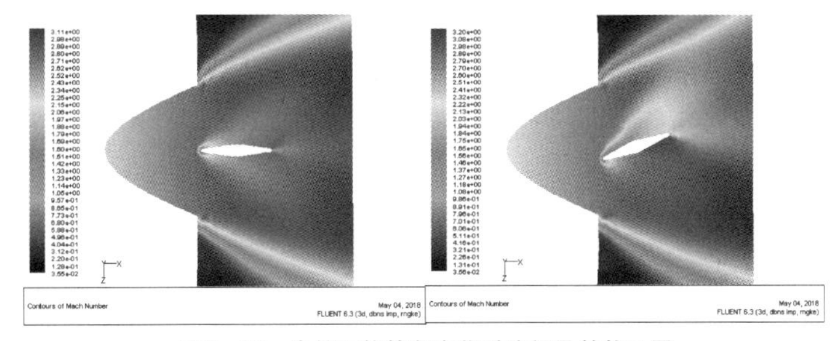

图 3－25 当舵面偏转角变化时流场马赫数云图

2. 舵面受力特性

发动机喷流作用在燃气舵面上产生空气动力，其大小和方向与舵面偏转角相关，该力相对于导弹质心产生的控制力矩，与空气舵所产生的控制力矩一起对导弹姿态进行控制。作用在燃气舵上的升力决定了俯仰和横滚控制能力的大小，而作用在燃气舵上的阻力决定了推力损失的程度（暂不考虑燃气舵装置存在对发动机推力的影响），具体如图 3－26～图 3－29 所示。升力和阻力还可以在舵面坐标系下用法向力和切向力来表示。对于本章基于单项流假设的仿真，其切向力的构成不包含喷流粒子产生影响的那一部分。

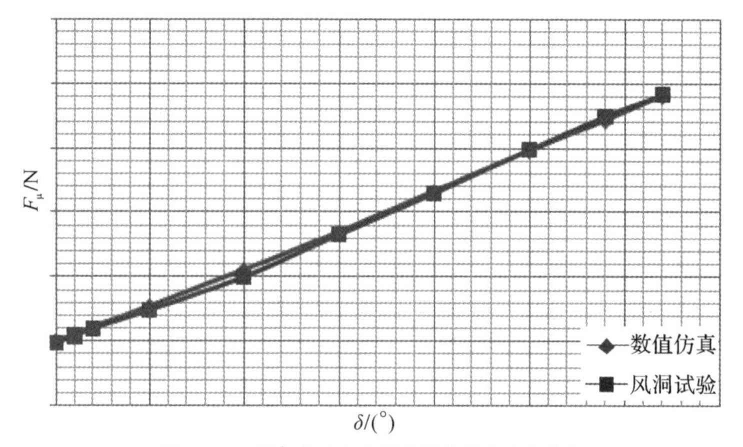

图 3－26　燃气舵法向力随舵面偏转角变化曲线

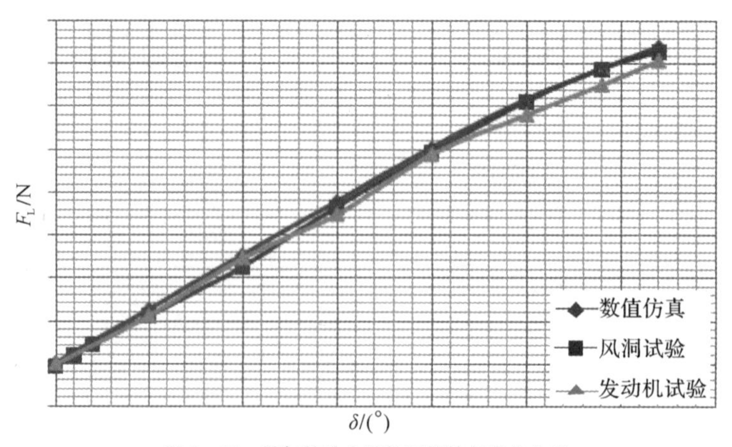

图 3－27　燃气舵升力随舵面偏转角变化曲线

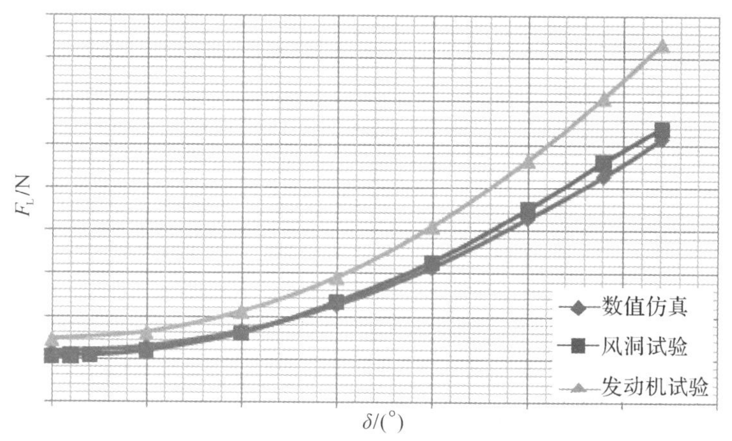

图 3-28 燃气舵阻力随舵面偏转角变化曲线

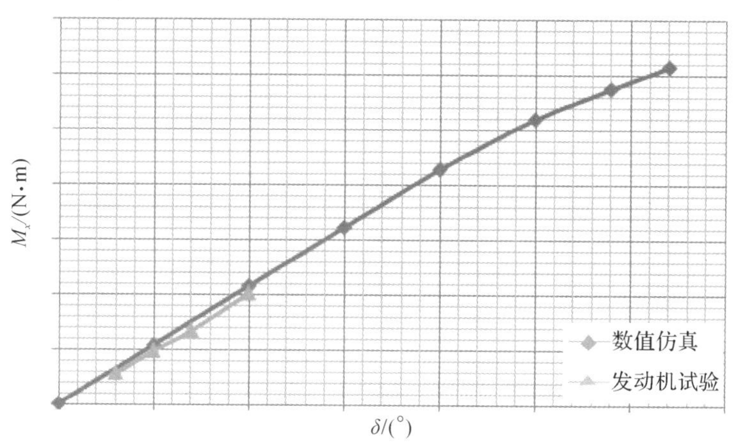

图 3-29 燃气舵横滚控制力矩随舵面偏转角变化曲线

3. 铰链力矩

和空气舵设计一样,铰链力矩是燃气舵设计的关注点之一。气动铰链力矩是舵机设计的主要依据,从系统设计的角度出发,总希望舵机力矩越小越好。对于采用空气舵与燃气舵联动的设计思路而言,总的气动铰链力矩是二者之和,而空气舵面积大、流动参数范围宽,因此给其分配的铰链力矩资源占比较高;而对于燃气舵,一方面分配的资源较少,另一方面由于发动机喷出物在耳片上沉积导致了摩擦负载力矩的产生,因此分给燃气舵的气动铰链力矩就更小了。好在由于喷管形状确定后,出口处的马赫数分布就确定了,燃气舵工作区域的马赫数只在较小的范围内波动,因此可以针对马赫数理论值进行设计。对于位置反馈电机，舵面设计要考虑将转轴放在各种条件下（马赫数、角度等）的弦向压心分布范围中的一个合适位置上，使得在铰链力矩的绝对值控制到最小。对于燃气舵，还要考虑到烧蚀对压心的影响而将舵轴位置略微后移。

舵轴位置初步设计是建立在理论分析和计算的基础上，之后通过风洞试验、发动机点火试验测试，然后优化。数值仿真是理论计算的主要工具。

图 3-30 是数值计算、风洞试验、发动机点火试验测得的弦向压心对比曲线。

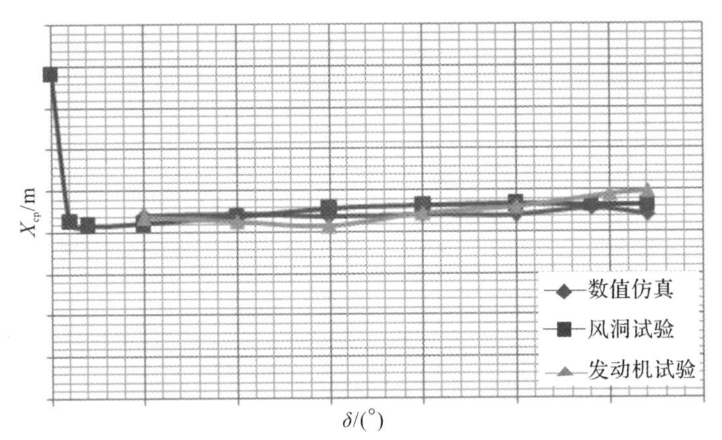

图 3-30　数值仿真显示的弦向压心对比曲线

4. 舵间干扰分析

燃气舵处于导弹发动机喷流流场中，对喷流形成扰动，产生激波、膨胀波，在舵面偏转时，这些波系也发生变化，对舵面附近一定区域内的流动参数形成扰动。燃气舵推力矢量控制装置一般采用 4 片正交分布的舵面布局形式，且空间紧凑，虽然喷流马赫数较高（$Ma \approx 3$），影响区域有限，但是在各种舵面偏转角组合之下，也有可能出现某个燃气舵被其他燃气舵（主要是相邻舵）偏转后干扰，导致该舵在同一舵面偏转角下会有不同的气动特性，也就是所谓的的舵间干扰现象，如图 3-31 所示，图示为相邻舵有、无偏转角时对向舵的气动特性对比。

可见相邻舵置于某偏转角后对向舵的气动特性发生了较大的变化，显示出明显的非线性特性。这会对控制系统设计带来麻烦，要么描述燃气舵特性的数学模型复杂，要么某些情况下控制能力不足。因此，在设计中要把舵间干扰控制在一定范围内。理论分析很难准确预测各种舵面偏转下的干扰情况，风洞试验，特别是发动机点火试验成本高、次数少、周期长，发动机试验相比更不利这时就体现出数值仿真的价值了。数值仿真可以在一定误差范围内模拟一定量的舵面

偏转角组合下的干扰情况，如果发现干扰不能接受，可以马上反馈改进舵面设计、舵面偏转角设计等。

图 3 - 32～图 3 - 34 是同一个燃气舵装置对应数值仿真、风洞实验和地面点火试验的舵间干扰结果(发动机试验曲线只有一个舵面偏转角)。三种方法反映的燃气舵的舵间干扰结果比较一致，一方面说明用数值仿真研究舵间干扰是可以满足工程设计需要的；另一方面，经过以数值仿真为基础的设计和优化，舵间干扰可以控制在可接受范围内。

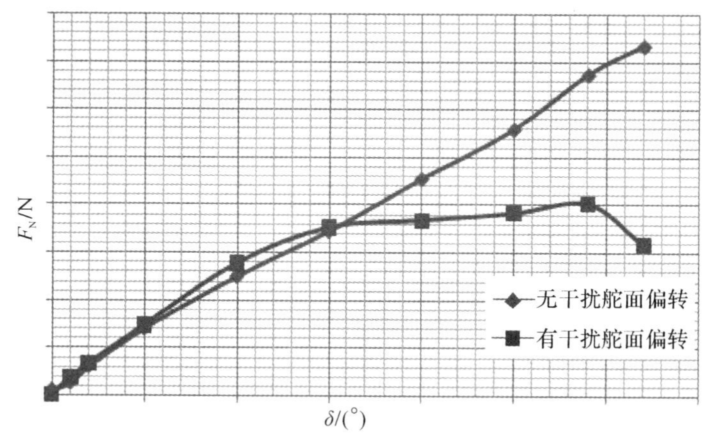

图 3 - 31　数值仿真显示的舵间干扰情况

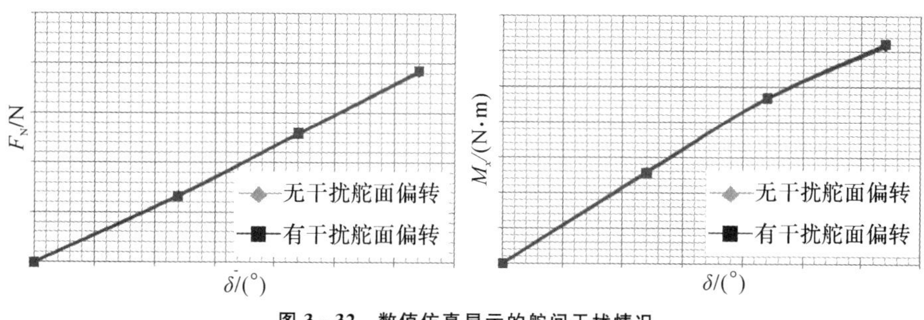

图 3 - 32　数值仿真显示的舵间干扰情况

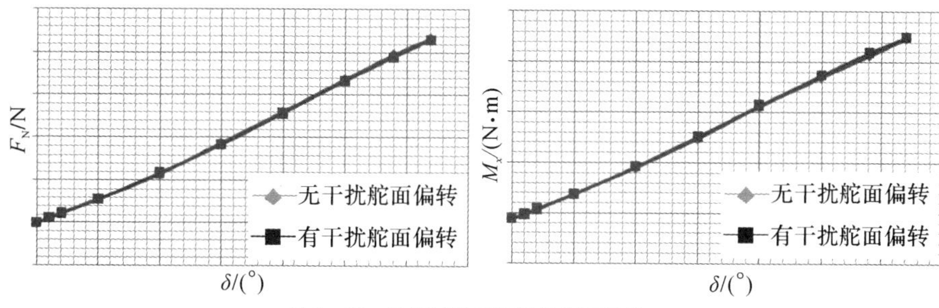

图 3 - 33　风洞试验显示的舵间干扰情况

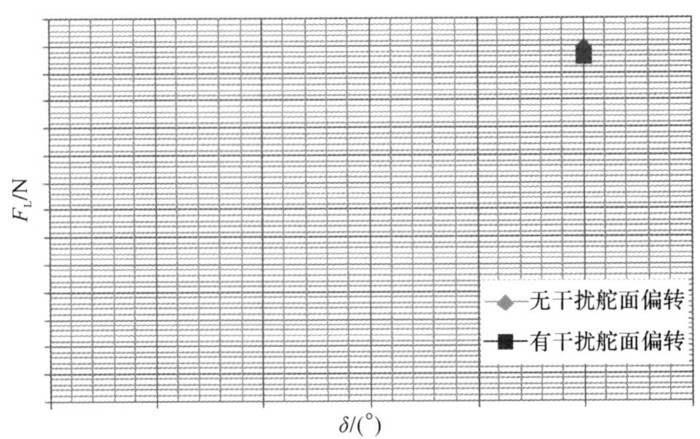

图 3-34　地面点火试验显示的舵间干扰情况

（图示为一个舵面偏转角状态）

总体上讲，相对于单舵情况，加装其他舵面或者复杂舵偏转角组合时，舵间干扰的现象确实存在。但因为在外形设计中基于干扰仿真进行过验证，从本节分析数据和图形来看，其量值完全可以满足工程设计需要，保证了控制特性的线性。

5. 绕根弦的弯矩

燃气舵工作环境恶劣，在偏转过程中舵面热强度受到严酷考验，有可能导致变形或断裂。在设计初期，通过数值仿真给出弯矩的估值，可以作为结构设计的初始依据，是低成本而又有效的一种手段。此外，在设计中除了在材料和结构设计甚至发动机参数调整方面做工作以外，也会通过仿真优化外形减小绕舵面根弦的弯矩。

图 3-35 是燃气舵上绕根弦的弯矩的数值仿真、风洞试验和发动机试验对比曲线。

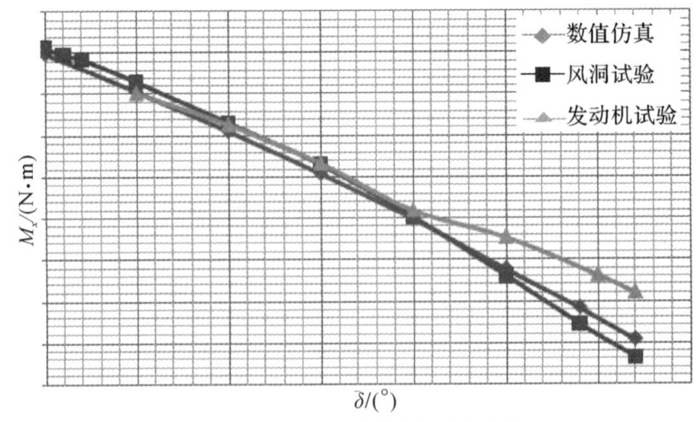

图 3-35　相对根弦的弯矩对比曲线

数值仿真结果与试验结果符合也比较好。

6. 总压比与力值比

发动机燃烧室压强 p_c 可视为总压，它与喷管出口压强 p 满足以下总压与静压之间的关系：

$$\frac{p_c}{p}=\left[1+\frac{k-1}{2}(Ma)^2\right]^{\frac{k}{k-1}} \tag{3-9}$$

在等熵管流中，喷管任一截面马赫数只和该截面面积和临界截面面积之比有关，并满足下式：

$$\frac{S_t}{S_e}=\left(\frac{k+1}{2}\right)^{\frac{k+1}{2(k-1)}}(Ma)\left[1+\frac{k-1}{2}(Ma)^2\right]^{\frac{k+1}{2(k-1)}} \tag{3-10}$$

发动机喷管流动可以视为等熵过程，临界面积即喷喉面积。对于一个结构确定的发动机，根据式(3-10)，作为最重要的相似参数，其喷口截面流动的马赫数就确定了。对于某一形状、位置确定的舵面，其法向力系数 C_N 就是确定的。

$$F_N=C_Nqs=C_N\frac{1}{2}kP(Ma)^2s \tag{3-11}$$

发动机燃气的比热比 k 主要与装药有关，有式(3-11)可知，p_c 与 p 之间存在确定的关系，也就与 F_N 之间存在确定的关系。在发动机总压变化时，不难理解：

$$\frac{F_1}{F_2}\propto\frac{p_{c1}}{p_{c2}} \tag{3-12}$$

即燃气舵受力变化与发动机内压变化成比例。

假设

$$\frac{F_1}{F_2}=a\frac{p_{c1}}{p_{c2}} \tag{3-13}$$

则图 3-36 是 a 随舵面偏转角变化的数值仿真和发动机试验结果。

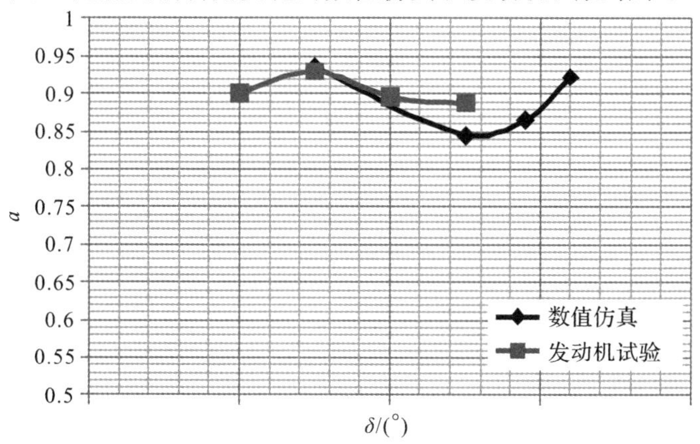

图 3-36　a 随舵面偏转角变化曲线

图 3-36 说明了舵面受力变化与发动机总压变化之间基本呈线性关系，这对于简化控制设计有很大的意义。

3.4 小　结

CFD 技术在燃气舵设计上的应用显示了它的强大能力，本章介绍的内容经过了实际工程应用的验证。在燃气舵设计中，数值仿真结果与发动机点火条件下测力试验和风洞试验的结果除阻力(或切向力)外在量值和规律上符合得较好，具有相当的参考价值，是对后两者的有力补充，较好地回避了高费用、测试结果离散性大和条件模拟问题，在方案设计阶段和问题研究过程中发挥了重要作用。

从具体的工程实践中，实际流动被简化成单相流并被证明可以满足某些具体工程问题的研究，但多相流的研究依然很有必要，在某些具体问题的研究中可能无法回避。

参考文献

[1]阎超. 计算流体力学方法及应用 [M]. 北京：北京航空航天大学出版社，2006.

[2]唐金兰，刘佩进. 固体火箭发动机原理[M]. 北京：国防工业出版社，2013.

[3]李军. 非定常燃气舵绕流场的数值分析[J]. 南京航空航天大学学报，2005，37(4)：471-474.

[4]韩占忠，王敬. FLUENT 流体工程仿真计算实例与应用[M]. 北京：北京理工大学出版社，2004.

第4章 推力矢量控制装置的结构特性设计和试验

随着火箭技术的发展，推力矢量控制技术有了很大的突破。在战略导弹和空间运载火箭固体发动机中，已成功地采用了多种推力矢量控制技术，如摆动喷管、流体二次喷射、柔性喷管、燃气舵、扰流板等。而对空空导弹来说，这些技术从原理上都是可行的。但相对其他类型的导弹，空空导弹弹径尺寸较小，结构空间非常狭小，并且对质量的要求非常严格，伺服机构输出功率有限，限制了大部分推力矢量控制装置在空空导弹上的应用。对于空空导弹的推力矢量控制装置，关键在于在满足导弹总体致偏能力的基础上，实现结构小型化和轻型化。目前，国际上采用推力矢量控制技术的空空导弹有苏联的R-73、美国的AIM-9X、法国的“麦卡”和德国的IRIS-T。

当前，推力矢量控制技术主要用于近距格斗型空空导弹，且都以固体火箭发动机为动力装置。从现有技术及其应用情况综合来看，已应用于空空导弹的推力矢量控制装置都是固定喷管的阻流致偏式机械装置，这类装置尽管推力损失大，但是系统设计简单、实现方便、要求伺服机构功率较小，安装空间要求较小，比较适合空空导弹。

苏联的R-73导弹是世界上第一种装备推力矢量控制装置的空空导弹，弹体气动布局采用带有反安定面的鸭式布局，控制方式采用气动力和推力矢量控制装置融合的复合控制方式。R-73导弹采用扰流板式推力矢量控制装置，在发动机喷口设置两对可以偏转的扰流板，控制信号通过伺服机构推动扰流板偏转，发动机喷口被部分阻挡，从而改变发动机燃气流的方向，产生矢量推力。R-73导弹是鸭式布局空空导弹，其推力矢量装置(R-73导弹用的不是燃气舵)不具备横滚控制能力，在导弹翼面的后端专门设置了副翼用于横滚控制。因在前端，所以导弹后端需要设置专门的伺服机构用以驱动推力矢量控制装置，因此质量较大。

除R-73导弹外，目前其余采用推力矢量控制的空空导弹均采用燃气舵。燃气舵工作在发动机的喷管后，利用舵面在发动机燃气流中的偏转来产生控制力，与其他推力矢量控制装置相比，燃气舵设计简单、成本低、用后可抛弃、易与气动控制机构相结合等特点，在战术导弹得到了较多的应用，成为空空导弹推力矢量控制装置的首选方案。燃气舵在空空导弹上应用于正常式布局导弹，伺服机构与气动面伺服机构共用，具有质量轻、体积小的特点。一般呈“×”形布局，与气动舵面联动，具备横滚控制能力。燃气舵始终处于燃气流中，因此轴向推力损失较大，即使舵面处于零位角，轴向推力仍有3%～5%的损失。

4.1 燃气舵的结构设计和试验

4.1.1 燃气舵的分类

燃气舵是空空导弹推力矢量控制装置的主要形式之一，燃气舵直接工作在导弹发动机的燃气流中，受高温、高速、高压燃气流的直接作用，而且发动机燃气流中的固体粒子会对燃气舵产生强烈的冲刷侵蚀，燃气舵所处的工作环境十分恶劣。燃气舵的设计在推力矢量控制装置结构设计中占重要地位。

燃气舵工作在发动机含大量固体粒子的高温燃气流中，受到强烈的冲刷侵蚀，舵表面积不断缩小。根据对燃气舵烧蚀率要求的不同，燃气舵分为以下几种：

1）非烧蚀型：该型燃气舵在发动机整个工作期间，要求舵面具有较小的面积烧蚀率，一般小于 5%。非烧蚀型燃气舵的舵面形状稳定，燃气舵气动特性在工作期间变化不大，方便控制系统设计，但该类型燃气舵对材料的抗烧蚀和侵蚀能力的要求非常高。

2）烧蚀型：该型燃气舵在工作期间舵面面积基本呈线性变小，在工作结束后仍保持一定的舵面面积。烧蚀型燃气舵降低了对烧蚀率的要求，能够降低燃气舵材料的选择难度，但不断的烧蚀会影响燃气舵的气动特性，因此在气动设计时应考虑燃气舵工作期间面积持续减小的影响。

3）梯度烧蚀型：该类型燃气舵一般要求在发动机工作前期一段时间内不允许烧蚀（烧蚀率很小），发动机工作后期能够迅速完全烧蚀。燃气舵一般用于导弹飞行前期空气舵效率较低时，但损失了部分推力和增加了结构质量。该类型燃气舵是近些年出现的新型燃气舵，能够在导弹飞行前期提供较大的机动能力，在导弹完成机动后，迅速烧蚀燃气舵体抛掉导弹无效质量。

燃气舵的工作环境十分恶劣，能够满足要求的材料十分有限，按采用的材料和结构设计分类，可分为以下几种：

1）高密度难熔金属材料燃气舵。难熔金属是指熔点在 2 000℃以上的金属，它们包括钨、钼、钽、铌、铼和钒 6 种。难熔金属及其合金的共同特点是熔点高，高温强度高，抗液态金属腐蚀性能好，绝大部分可以塑性加工，其使用温度范围为 1 100～3 320℃，远高于高温合金，是重要的航天用高温结构材料。目前，在推力矢量控制装置上应用最多的难熔金属主要是钨和钼。为改善难熔金属材料的高温工作能力，通常在难熔金属材料基体内加入一定比例的铜、银等发汗金属材料。这类燃气舵材料密度较大，一般超过 10 g/cm^3。

钨渗铜材料是应用最广泛的燃气舵材料，也用于推力矢量控制装置耳片护板和高温紧固件等部位，GJB 6488—2008《燃气舵装置用钨渗铜制品规范》规定了燃气舵用钨渗铜制品的 4 种牌号：W-5Cu，W-7Cu 和 W-9Cu，W-11Cu，其材料性能见表 4-1 和表 4-2。其中 W-5Cu，W-7Cu 牌号材料的高温强度较高、抗烧蚀性能较好，W-9Cu，W-11Cu 牌号材料的断裂韧性和抗热震性能较好。

表 4-1　牌号、化学成分及密度

牌　号	含铜量百分数 α /(%)	钨骨架相对密度[a] r /(%)	材料密度 ρ /(g·cm^{-3})	材料相对密度[a] R /(%)
W-5Cu	5.1～8.1	84.0～87.0	17.4～18.0	≥97.0
W-7Cu	5.7～8.7	83.0～86.0	17.3～17.9	≥97.5
W-9Cu	7.7～10.4	80.0～83.0	17.1～17.5	≥98.0
W-11Cu	9.5～12.2	77.0～80.0	16.7～17.2	≥98.0

注：[a]供方提供实测数据，不作复验项目。

表 4-2　力学性能

牌　号	抗拉强度 R_m/(N·mm^{-2})				弹性模量 E (10^3 N·mm^{-2})	切变模量 G (10^3 N·mm^{-2})	断裂韧度 K_{IC} (MPa·m$^{1/2}$)
	室温	800 ℃	1 000 ℃	1 600 ℃			
	不小于						
W-5Cu	350	240	220	80	330	130	13
W-7Cu	350	220	200	70	320	125	14
W-9Cu	350	200	180	60	305	120	15
W-11Cu	350	180	160	50	295	115	16

2）非金属材料燃气舵：以碳/碳复合材料或高温陶瓷材料为基体的轻质材料，具有耐高温、高比强、抗烧蚀、低密度等特点。

碳/碳复合材料具有其密度低（1.8 g/mm^3 左右）、高温强度高、热膨胀系数低、耐烧蚀性好、耐含固体微粒燃气的冲刷、耐热冲击性能好等一系列优异性能。其强度在 2 200℃左右出现峰值，即使在 2 800℃条件下仍能保持较高的拉伸强度，这是其他结构材料所不能达到的。

陶瓷是无机非金属材料，具有密度低、耐高温、耐磨损、抗压强度高、抗氧化和耐腐蚀等优点，在工业中得到广泛的应用。在固体火箭发动机推进技术中，能在 3 000 ℃以上超高温环境下短时间工作的材料，只有陶瓷和难熔金属。目前，国外改性用超高温陶瓷，主要是难熔金属（Zr，Hf 和 Ta）的碳化物及硼化物，研究和应用较多的是 ZrB_2，ZrB_2-SiC，HfB_2-SiC，$ZrB_2-ZrC-SiC$ 陶瓷体系。

3）复合结构燃气舵：舵面结构采用复合设计，舵面外侧采用抗烧蚀材料或涂层以抵御燃气流的冲刷烧蚀，内部采用高温强度高的材料承受载荷。复合结构燃气舵综合利用不同材料在抗烧蚀、绝热和高温强度等方面的性能，实现单一材料燃气舵无法实现的性能。

4.1.2 燃气舵的结构

燃气舵工作在含固体粒子的高温、高速燃气流中，其表面驻点温度可达 3 000 K 以上，工作环境非常恶劣，因此燃气舵应满足以下要求：

1)质量轻，因空空导弹对质量的要求比较严苛，在满足要求的前提下应尽量采用密度小的材料；

2)材料应具有良好的抗烧蚀和抗粒子侵蚀能力，面积烧蚀率满足总体要求；

3)推力损失或阻力小；

4)工作过程中要有足够的负载能力；

5)要有足够的高温强度，满足导弹工作过程中最大输出力的要求；

6)应具有良好的抗热震性能，以避免剧烈的温度变化使结构产生破坏；

7)材料应具有良好的环境适应性，应满足空空导弹的环境使用要求；

8)工艺性和经济性较好。

当导弹发射时，在发动机点火后，燃烧室内的高温、高速、高压燃气流迅速冲过燃气舵片，对燃气舵片形成冲击作用，但此时燃气舵片尚未起控，其弦向和发动机射流方向一致，这种状态的燃气舵片对于发动机射流的冲击作用和压力作用并不敏感。导弹离开发射架后，和载机之间也已经处于安全距离，导弹起控，燃气舵片随气动舵面联动，燃气舵片的偏转将对发动机射流形成阻滞作用，高

温、高速、高压的发动机射流就构成燃气舵片的工作环境。

燃气的压力作用对应燃气舵片的强度指标。按照下式可以得到发动机喷管出口处的燃气压力：

$$\frac{S}{S_t}=\frac{1}{Ma}\left\{\frac{2\left[1+\frac{k-1}{2}(Ma)^2\right]}{k+1}\right\}^{\frac{k+1}{2(k-1)}} \tag{4-1}$$

$$\frac{p_c}{p}=\left[1+\frac{k-1}{2}(Ma)^2\right]^{\frac{k}{k-1}} \tag{4-2}$$

式中，p_c 为发动机燃烧室燃气总压，MPa；S_t 为喷管喉部面积，m^2；p 为求解截面处的燃气压强，MPa；S 为求解截面处面积，m^2；Ma 为求解截面处的气流马赫数；k 为气体比热比，通常取为 1.2～1.25。

发动机尾流的燃气温度为 3 500 K 左右，随着其在拉瓦尔喷管中的增速降温流动，在发动机喷管出口处的温度会有所下降，可以通过工程计算得到燃气在出口处的温度 T_c：

$$\frac{T_c}{T}=1+\frac{k-1}{2}(Ma)^2 \tag{4-3}$$

取燃气的比热比 $k=1.25$，喷管出口马赫数为 $Ma=3$，则可以得到 $T_c=1\ 650$ K。

当燃气舵片存在时，燃气在舵片处会受到阻滞，速率降低，但燃气温度会升高。

燃气的速率作用对应燃气舵片具有冲刷效应。通过下式和流场仿真可以知道，燃气在发动机喷管出口处的流速达到 $3Ma$（约 2 500 m/s）：

$$\frac{S}{S_t}=\frac{1}{Ma}\left\{\frac{2\left[1+\frac{k-1}{2}(Ma)^2\right]}{k+1}\right\}^{\frac{k+1}{2(k-1)}} \tag{4-4}$$

$$u_e=\sqrt{\frac{2k}{k-1}RT_c\left[1-\left(\frac{p_e}{p_c}\right)^{\frac{k-1}{k}}\right]} \tag{4-5}$$

式中，p_e 为喷管出口截面处气流强度。

1. 燃气舵的破坏形式

燃气舵的破坏形式主要有以下几种：

1)抗热震性能不足引起的破坏。抗热震性能指材料承受温度骤变而不被破坏的能力。由于燃气流的温度和速率极高以及载有大量固体微粒，这种剧烈加热使燃气舵的表面温度在零点几秒内从环境温度升到接近于滞止温度。因此燃

气舵工作时承受剧烈的热冲击，材料内部出现大的温差会引起热基波，由热膨胀所引起的材应力可使燃气舵片开裂损坏，如图 4-1 所示，抗热震性能不足引起的破坏会在发动机工作的极短时间内发生。

图 4-1 燃气舵热震破坏

2)高温强度不足引起的破坏。常温强度是了解和控制燃气舵的重要参数，而高温强度是其在几千摄氏度高温燃气环境中正常工作的必要条件。燃气舵工作在高温、高速发动机流场中，燃气流温度近 2 000℃，推力矢量控制装置滞止温度达到 3 000℃左右。如果燃气舵材料的强度性能无法承受发动机工作环境，会造成燃气舵在高温工作时断裂，如图 4-2 所示。

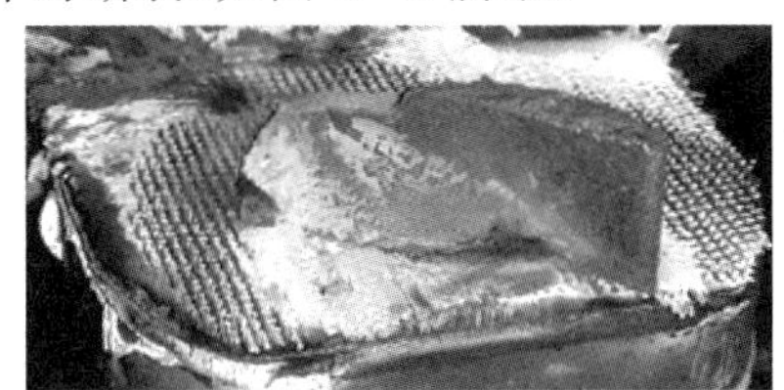

图 4-2 燃气舵高温强度不足断裂

3)抗侵蚀能力不足引起的破坏。固体火箭发动机为提高装药能量，一般添加一定比例的铝粉，在燃烧时产生 Al_2O_3 颗粒高速冲击在燃气舵上，产生强烈的冲刷侵蚀作用。燃气舵抗侵蚀能力不足，引起的燃气舵失效形式有两种：一种是燃气舵抗侵蚀能力严重不足导致直接被侵蚀损毁，另一种是燃气舵舵面烧蚀率过大导致其无法提供满足要求的法向力矩，如图 4-3 所示。

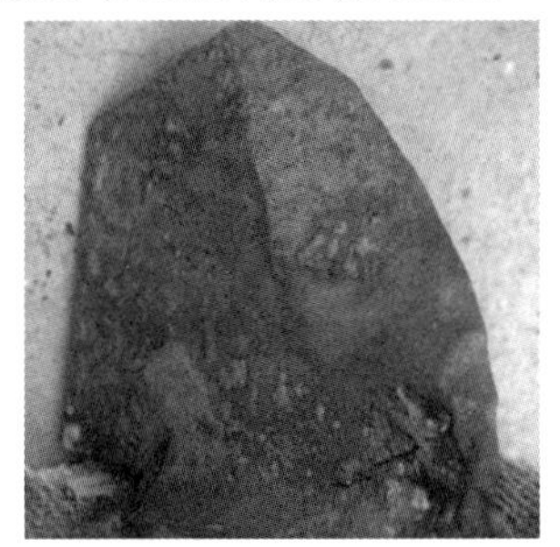

图 4-3 燃气舵烧蚀破坏

2. 燃气舵结构

空空导弹弹径空间一般比较小，在 GJB/Z 15《空空导弹弹径系列》中给出了 φ90mm，φ127mm，φ160mm 和 φ203mm 四种弹径系列。目前，推力矢量控制还仅用于近距格斗型空空导弹，弹径在 φ127～170mm 之间，弹径相对较小，弹径决定了空空导弹的燃气舵尺寸不可能很大。

空空导弹燃气舵常用的结构形式如图 4-4 所示，主要由燃气舵面、护板和舵轴组成。

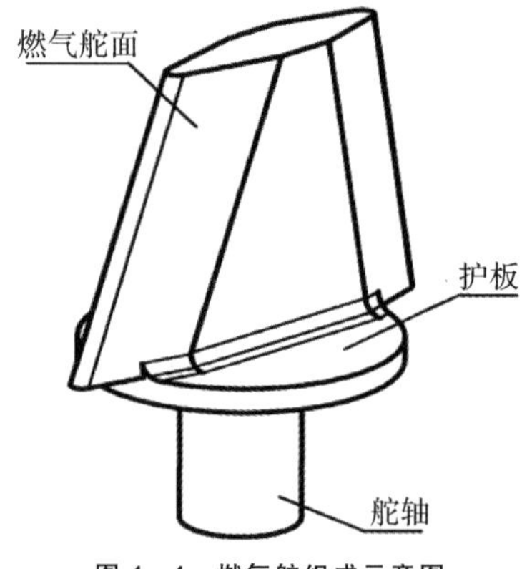

图 4-4　燃气舵组成示意图

燃气舵面是燃气舵工作在燃气流中的部分，根据总体对燃气舵升力的要求，确定燃气舵的气动外形，同时应考虑舵体烧蚀对燃气舵升力的影响。空空导弹燃气舵舵体的气动外形主要有梯形、双梯形和矩形等。

燃气舵的舵面设计主要包括剖面形状的选择、舵面面积计算和平面形状设计三部分。

燃气舵面根弦处设计有护板，护板可以保护舵轴等部位不被烧毁，同时限制燃气流越过根弦溢出，克服三维效应和防止或降低环境压力变化引起的喷管出口激波或膨胀波对舵体的影响，提高升力效应。护板一般有圆形护板和矩形护板等，空空导弹燃气舵因体积较小，一般采用圆形护板，舵面、护板和舵轴都采用一体化结构，提高了零件强度，简化了设计。为减少舵面根弦应力集中和便于加工，舵面与护板连接处倒圆。

燃气舵舵轴位置与燃气舵的气动外形设计和伺服机构的输出能力相关，一般舵轴位置选在燃气舵铰链力矩较小的位置。舵轴根部安装用于驱动燃气舵转动的转臂，推动燃气舵按规律偏转。

燃气舵结构设计的主要参数有舵面气动外形、舵面厚度、舵面与护板倒圆半

径、护板直径和厚度、舵轴直径等。燃气舵主要设计参数如图 4-5 所示。

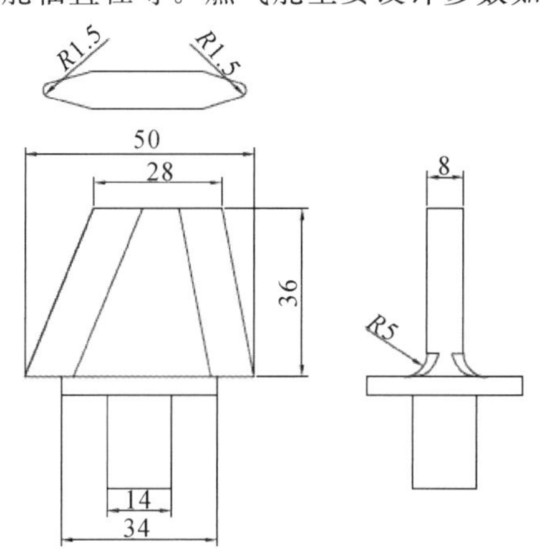

图 4-5 燃气舵主要设计参数

燃气舵结构设计应保证燃气舵的最大应力低于燃气舵材料的高温强度，不同材料在高温下的性质不同。对于含有铜、银等发汗金属的难熔金属复合材料，利用发汗金属在高温工作过程中的熔化和挥发，吸收大量的热量，使燃气舵材料基体温度维持在远低于环境温度，利用材料在相对较低温度下有较高强度的特性，满足燃气舵的高温强度使用要求。

因此，在燃气舵强度设计时，可选择在发汗金属熔点附近的强度指标作为强度设计依据。该类燃气舵在工作的过程中，发汗金属不断熔解、挥发，被燃气流带走，因此在工作过程中发汗金属不断地从材料表面损失。当基体中的发汗金属不足时，材料基体温度迅速上升，会导致燃气舵的断裂失效。表 4-3 给出了某型含 7% 铜元素的钨渗铜燃气舵点火试验后截取燃气舵剖面的各部位铜含量的测试数据，燃气舵剖面各测试点取点部位如图 4-6 所示，其中样本 1 在试验过程中燃气舵断裂，样本 2 在试验过程中完好。从表 4-3 中可以看到，样本 1 材料表面多处材料铜含量已经降为 0，所含铜元素在工作过程中全部流失，而样本 2 中剖面各点处材料均保持一定比例的铜含量。图 4-7 是钨渗铜燃气舵点火试验后的剖面电子显微照片，从照片中可以看到大量的孔洞，是局部铜流失后所形成的。

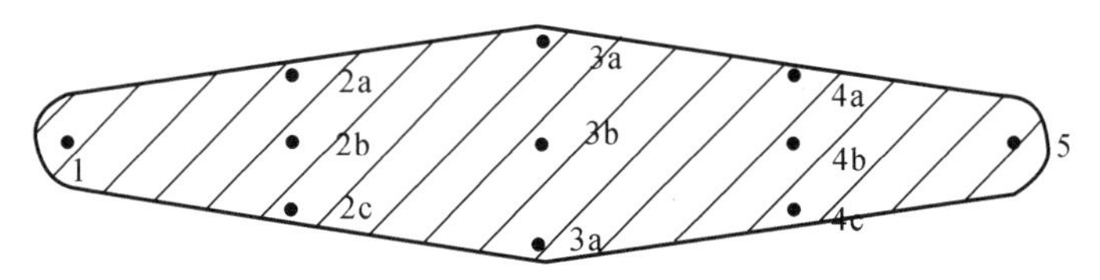

图 4-6 钨渗铜燃气舵铜含量测试部位

表 4-3　钨渗铜燃气舵铜元素测试数据

部　位		1	2a	2b	2c	3a	3b	3c	4a	4b	4c	5
样本 1	铜含量/(%)	0	0	1.28	0	1.43	4.78	2.06	0	3.06	1.25	0
样本 2	铜含量/(%)	3.56	3.97	4.79	4.52	3.01	5.51	3.83	3.06	2.82	2.63	4.83

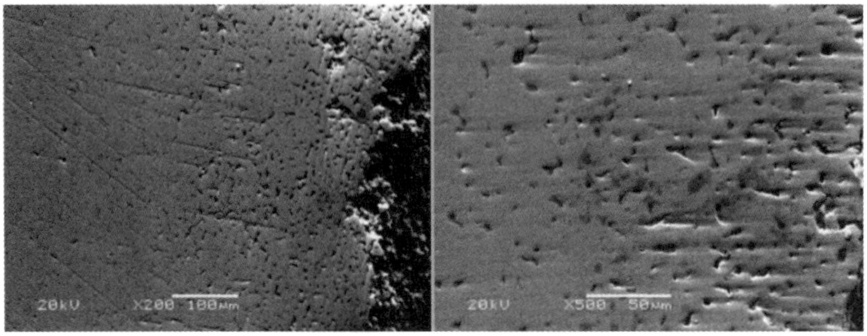

图 4-7　钨渗铜燃气舵点火试验后电子显微照片

对于不含发汗金属的材料，其高温强度取决于材料的高温工作能力，设计时应考虑燃气舵实际的工作应力低于材料的高温强度。因此在进行燃气舵材料选择时，应选择高温强度高的材料，当燃气舵的基体材料的高温强度低于环境工作温度时，应考虑在燃气舵表面采取隔热措施，降低舵基体的工作温度。

3. 燃气舵结构参数的影响

燃气舵工作过程中的最大应力与最大载荷和燃气舵的结构参数相关，在燃气舵气动外形和发动机参数确定的条件下，通过设计合理地燃气舵结构参数，可以有效降低燃气舵的最大应力；选择合理的燃气舵厚度，降低燃气舵阻力，提高可靠性。图 4-8 给出了某型燃气舵最大应力和舵面厚度、舵面与护板倒圆半径、护板直径和舵轴直径的关系，从图中可以看到，增加舵面厚度、舵面与护板倒圆半径和舵轴直径可以降低燃气舵的最大应力。通过对结构参数进行优化设计，可以设计出在满足使用要求前提下最合理的结构。

根据燃气舵的受力特性，燃气舵的最大应力部位在燃气舵根部，为充分减轻结构质量，充分利用材料性能，降低推力损失，可将燃气舵设计为变厚度形式，燃气舵面上部应力稍小，可稍薄一些，燃气舵的下部应力较大部位设计厚度较大些。

燃气舵面的烧蚀一般发生在舵面的前缘，其余部位烧蚀量较小。燃气舵的舵体材料要求高温强度高，高温难熔合金材料是制作燃气舵的主要材料，但存在材料密度大的缺点。为降低燃气舵质量，充分利用各种材料性能，出现了复合结构燃气舵。复合结构燃气舵外层采用耐高温烧蚀和粒子侵蚀的材料，并且在前

缘烧蚀严重区域根据材料烧蚀情况进行加厚设计，内层一般采用耐高温合金，用于承受燃气舵的高温载荷，复合结构燃气舵舵面剖面结构如图 4－9 所示。

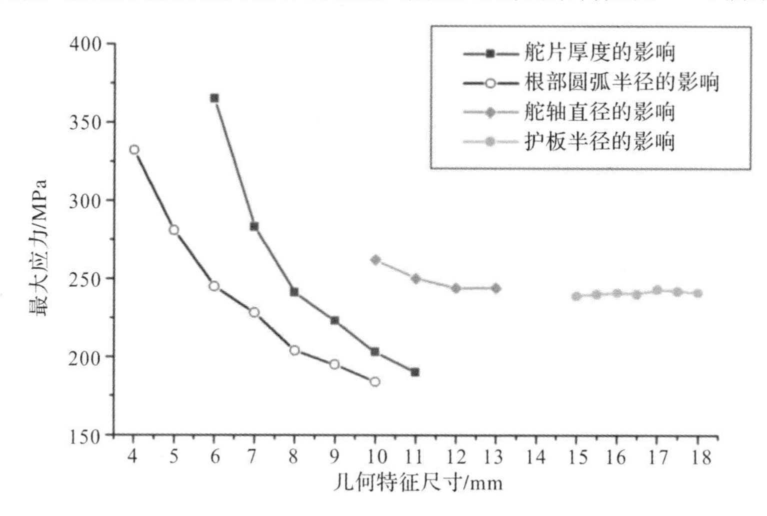

图 4－8 燃气舵最大应力和某些参数几何特征尺寸的关系

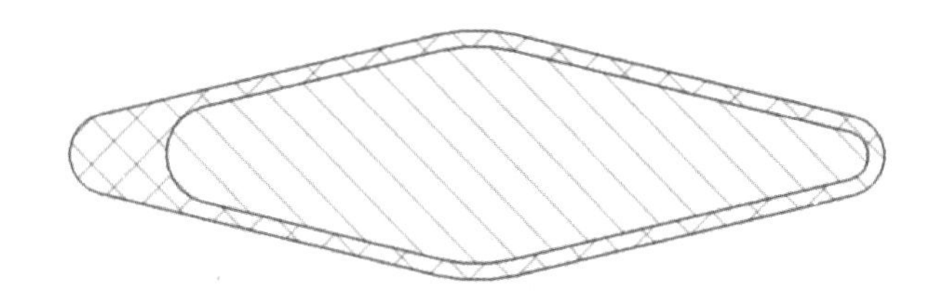

图 4－9 复合结构燃气舵剖面结构示意图

国内已开展了碳/碳复合材料和高温合金复合结构燃气舵、碳酚醛和高温合金复合的复合结构燃气舵等复合结构燃气舵的研究，通过表层的碳/碳复合材料或碳酚醛材料来承受高温和粒子侵蚀，并延缓热量的传递，通过高温合金基体承载载荷，表层材料通过模压或粘接的方法和基体材料连接固定。

国内还开展过以高温合金表面涂覆高温高效绝热梯度功能材料的方法制备燃气舵的研究，燃气舵表面涂覆热障涂层进行隔热，以使燃气舵基体材料在发动机工作时间内的温升小于其结构破坏的温度。绝热梯度功能材料一般由黏结层、过渡层和陶瓷隔热层组成，通过气相沉积等方法制备在高温合金表面。目前，国内进行了将碳纤维用于增强陶瓷涂层的研究，制备出来热障烧蚀复合厚涂层。碳纤维的加入增加了陶瓷涂层的强度，厚度的增加增强了涂层的隔热能力和抗烧蚀能力，该技术有可能在燃气舵上实现应用。

4.1.2 工作环境对燃气舵的影响及设计

1. 燃气舵面积烧蚀率的影响因素

燃气舵不同于空气舵面，燃气流的高温和粒子使燃气舵在工作过程中会出现烧蚀现象，舵面面积不断减小。燃气舵的烧蚀会影响输出控制力、压心、铰链力矩等气动性能，因此在燃气舵的设计过程中控制烧蚀率是重要的考虑因素。燃气舵面积烧蚀率会影响燃气舵的控制力输出，因此在舵形设计时应考虑烧蚀率的影响，留出余量。

影响舵面烧蚀的主要因素是发动机参数、材料的性能，此外还与舵面的几何尺寸、形状有关。试验发现，舵面烧蚀部位集中在前缘部分，这说明前缘参数对舵面烧蚀率起到重要作用。前缘参数有前缘后掠角和前缘半径(即前缘厚度)。

固体火箭发动机推进剂除应具有所要求的燃烧特性、能量特性、良好的力学性能、良好的热稳定性和储存稳定性等要求外，还应考虑对燃气舵的影响尽量的小。目前常用的推进剂有丁羟(HTPB)推进剂、叠氮(GAP)推进剂、硝酸酯增塑聚醚(NEPE)推进剂、端羟基聚醚(HTPE)推进剂和双基推进剂等。综合考虑安全性、稳定性、能量、密度、燃速、力学性能、工艺性能和成本等，目前大部分发动机选择了技术成熟的丁羟推进剂。

固体火箭发动机一般添加一定比例的铝粉，用来提高推进剂能量，铝粉燃烧时能提高推进剂燃烧温度，从而提高推进剂的比冲。添加铝粉还可以使推进剂密度提高。另外，铝粉还起抑制燃烧不稳定性的作用。发动机装药中的铝粉对燃气舵的影响：一方面提高的燃气温度，使舵面的温度载荷更加严酷；另一方面铝粉燃烧时的生成物 Al_2O_3 颗粒，对燃气舵产生强烈的冲刷侵蚀作用，使燃气舵的烧蚀率增加。因此采用推力矢量控制的空空导弹发动机需要控制发动机推进剂中的铝粉含量，一般要求其含量不大于 5%。

燃气舵烧蚀率还和燃气流与燃气舵面接触面的夹角有关。在燃气舵的前端沿气流方向，燃气流的方向与烧蚀面相切，根据流体的边界层理论和传热学可知，气流方向与材料的烧蚀面相切时，材料表面受到的气流冲刷力比材料前端沿气流方向受到的冲刷力要小，同时向材料内部传递的热量也小于前端沿气流方向传递的热量，导致燃气舵在不同的方向上的烧蚀率存在较大的差异。燃气舵的烧蚀主要发生在舵面前缘部位，其余部位的烧蚀率相对较低。

驻点温度是影响烧蚀的主要原因，从气动力学中我们知道前缘驻点温度可以用下式计算：

$$T_1 = T_0\left\{1 + r\frac{k-1}{2}\left[(Ma)_0\cos\chi\right]^2\right\} \tag{4-6}$$

式中，T_1 为燃气流驻点温度；T_0 为燃气流静温；r 为温度恢复系数；k 为比热比；$(Ma)_0$ 为燃气流马赫数；χ 为舵面前缘后掠角。

式(4-6)表明，前缘后掠角越大，驻点温度越低，舵面的烧蚀率就小；反之，前缘后掠角越小，驻点温度越高，烧蚀率就大。一般舵面前缘后掠角不宜选的过大，过大的后掠角虽然有利于烧蚀率，但会使舵面效率显著降低。

燃气舵前缘半径的减小会增加前缘的对流放热，并且由于热传导减小，在边缘产生了较高的舵面温度，从而使前缘的烧蚀量增加。因此在选择前缘半径时，既要考虑烧蚀率又要考虑舵的质量、阻力和推力损失。前缘半径过大会使推力损失增加，因为不管舵面是否偏转，它一直处于燃气流中，始终存在一个阻力。

舵面前缘半径对舵面的烧蚀率、升力特性和舵的质量均有一定的影响，烧蚀率随前缘半径的减小而增大，升力特性随前缘半径的增大而降低，舵的质量则随前缘半径的减小而减轻。因此在满足升力特性的前提下，希望采用前缘半径小，质量轻的舵。

试验表明，舵面的烧蚀部位集中在前缘部位，且形成一个两头大、中间小的形状。为此，舵面的烧蚀率随半展长的减小而减小，但半展长的减小会使舵面性能恶化。

燃气舵材料对燃气舵的烧蚀率有十分重要的影响，不同材料、不同工艺制成的材料，在抵抗高温燃气流烧蚀和粒子侵蚀的能力方面的差距非常大。相对而言，钨基难熔金属材料在抗烧蚀性能上有较明显的优势。引起前缘烧蚀的原因有：①前缘出现很高的燃气驻点温度；②固体粒子流的冲刷。当驻点温度低于材料熔点时，烧蚀量取决于该材料在高温下的硬度。若材料此时具有足够的硬度，舵面抗粒子流的冲刷性能就强，烧蚀量就小。

2. 燃气舵强度的影响因素

燃气舵工作发动机在瞬时高温、高速流场中，燃气流温度近 2 000℃，燃气舵滞止温度在 3 000℃左右。如果燃气舵材料的高温性能使其无法承受发动机工作环境，会造成燃气舵在高温工作时因强度不足或抗热震能力不足而断裂。

燃气舵材料强度和抗热震性能是影响燃气舵高温工作能力的主要因素，燃气舵材料本身的高温强度越高，其承受发动机高温工作环境的能力就越强。抗热震性能是燃气舵十分关键的一项使用性能，抗热震性不足，会导致燃气舵在热应力作用下瞬间断裂。为评价材料的抗热震性能，人们提出了很多指标，如热应力因子、抗热震因子等。但由于影响材料的抗热震性能因素很多，对具体材料的热震性判断，至今仍难以给出定量判据。

燃气舵气动设计参数主要包括舵面面积、舵展、弦长、最大舵面偏转角、舵面前缘后略角、舵面相对厚度和前缘半径等内容。燃气舵的气动参数主要影响作用在燃气舵上的载荷，合理选择燃气舵气动参数，可以减小作用在燃气舵上的载荷，减小燃气舵工作时的内部应力。同时燃气舵的厚度与发动机的推力损失有关，为减少发动机损失，需要尽量减小燃气舵的厚度尺寸，但燃气舵厚度减小会使燃气舵的强度降低，因此确定上述参数应充分考虑各方面因素。

发动机对燃气舵强度的影响主要是发动机的燃气流场参数，包括发动机内压、喷管尺寸、燃气舵在发动机流场的安装位置等，这些参数影响燃气舵的工作温度和作用在燃气舵上的载荷。同时，研究表明，燃气流颗粒相的存在会增大燃气舵的升力和阻力，使燃气舵所受载荷增大。

3. 燃气舵设计方法

综上所述，燃气舵的影响因素很多，燃气舵的结构设计需要综合考虑各方面的因素，从导弹的整体性能出发，进行各设计参数的迭代，最终实现各参数的优选平衡。

燃气舵结构设计的主要输入有以下参数：

1）几何参数，包括舵的平面理论外形、有效面积、舵形剖面、半展长、根弦长、平均气动弦长、前缘半径及舵面前缘后略角等。

2）气动特性，包括升力梯度、阻力随舵面偏转角的变化、铰链力矩梯度、法向力梯度及切向力等。

3）发动机喷管出口处燃气流参数，包括马赫数、比热比、静压、静温、燃气流速率及黏度系数等。

由于处于发动机喷流流场内，所以决定燃气舵特性的除了它本身的外形之外，最主要的就是发动机的特性。发动机装药和喷管结构决定了喷流流场的特性参数，包括比热比、出口静压、马赫数、喷流扩张角等，而这些特性参数直接影响燃气舵的特性参数。因此，发动机的设计不再是独立进行的，而是应充分考虑到对燃气舵的影响。同时，应在发动机能量和燃气舵强度和烧蚀率之间进行权衡，尽量采用无铝或铝含量少的发动机装药，降低燃气舵的设计难度。在论证和方案阶段可以采用 CFD 仿真方法，建立发动机和燃气舵一体化模型，对燃气舵的温度场和压力场进行仿真计算，根据计算结果进行材料筛选，强度分析和结构设计。

燃气舵的最严酷受力一般发生在舵面偏转角 δ 最大的情况，舵的受力分析如图 4-10 所示。

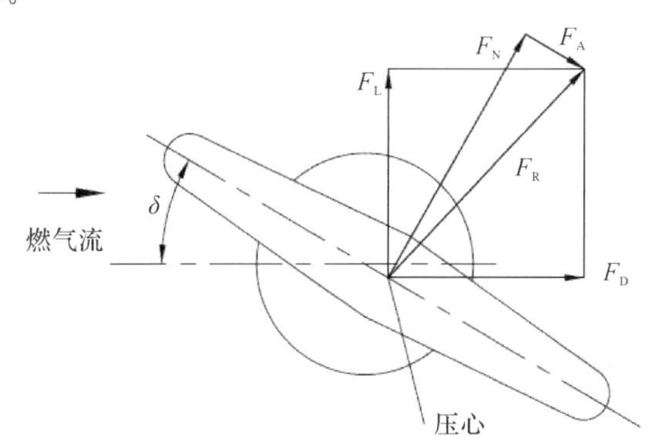

图 4-10　舵受力分析受力图

图 4-10 中的 F_L 为升力；F_D 为阻力；F_R 为升力与阻力的合力；F_N 为法向力；F_A 为切向力；δ 为舵面偏转角。

切向力：

$$F_A = F_D\cos\delta - F_L\cos\delta \tag{4-7}$$

法向力：

$$F_N = F_D\sin\delta - F_L\cos\delta \tag{4-8}$$

将初步设计的燃气舵进行地面强度试验和性能试验，试验通过地面发动机点火试验进行。验证燃气舵的高温强度、烧蚀率及控制力是否满足总体指标要求，根据试验结果对燃气舵结构和材料进行进一步的设计调整，进行下一轮的试验验证，最终使燃气舵满足设计指标要求。

燃气舵的舵面积是通过对导弹弹道的分析得到最大控制力指标要求确定的，确定燃气舵的舵面积还应考虑燃气舵烧蚀的影响，根据总体和控制系统要求选取合适的烧蚀类型。燃气舵各种材料在抗烧蚀和抗侵蚀的性能方面差异很大，烧蚀类型将直接影响燃气舵材料的选取和结构方案，一般非烧蚀型燃气舵需要采用钨渗铜难熔合金材料，烧蚀型燃气舵可采用钨渗铜、钨钼渗铜、碳/碳复合材料或高温陶瓷基复合材料等材料，梯度烧蚀燃气舵一般通过复合结构设计来实现。

燃气舵在进行气动外形设计时，应充分考虑燃气舵的结构的制约因素，结构因素对燃气舵气动外形设计的影响如下：

1)发动机喷口直径限制了燃气舵展长，舵展的设计要考虑到避免燃气舵之间发生机械干涉。同时，展长过大，相同法向力条件下势必增加弯矩，增加燃气舵上的载荷，对燃气舵强度有不利影响。

2)燃气舵弦长的选择应避免出现最大舵面偏转角下燃气舵之间的机械干涉。

3)燃气舵舵面前缘后掠角的存在有利于减小阻力及舵面烧蚀，但是，舵面前缘后掠角的设置还要考虑不能使过多的有效面积处于低动压区，以及要尽量获得超声速前缘，以增大升力梯度，因此需综合考虑。

4)为减小气动阻力，减小发动机推力损失，燃气舵舵面相对厚度应尽可能减小，但燃气舵厚度又受燃气舵的高温强度和烧蚀率的制约。

5)从减小阻力角度考虑，燃气舵前缘钝度应该尽量小，但燃气舵的较小的前缘半径可以增加在前缘处的对流传热，此外还能降低舵前缘处的热传导，这样就产生了较高的表面温度，由此增加了燃气舵的机械侵蚀，因此前缘半径受燃气舵烧蚀率指标限制。

影响燃气舵设计的因素比较多，许多因素的影响是彼此制约、相互矛盾的，因此需要从系统的角度出发，相互协调，权衡利弊，找出系统最优的设计方案。

燃气舵初步设计根据导弹总体对控制力的需求，总体气动外形参数和发动机参数进行仿真计算，确定燃气舵的工作环境。根据温度载荷、气动载荷、烧蚀率指标等指标进行燃气舵的材料选取和结构设计，然后进行发动机地面点火试验考核燃气舵的强度和烧蚀率性能，根据试验结果进行迭代设计，使燃气舵的设计满足指标的要求。通过地面试验考核后，进行燃气舵的装机试验，包括环境试验、可靠性试验、导弹地面和空中的发射试验考核等试验项目。

4.1.3 燃气舵试验

虽然现代仿真技术发展很快，但因发动机在工作时和高温燃气流作用在燃气舵上发生复杂的化学、物理反应，很多材料的烧蚀破坏机理还没有被完全研究清楚，燃气舵的设计还必须依托大量的试验来进行验证。

1. 燃气舵选材试验

燃气舵材料是实现燃气舵性能的核心，材料的性能对燃气舵实现高温工作具有决定性影响，因此燃气舵设计核心问题是材料的选取。因空空导弹燃气舵工作在固体火箭发动机燃气流中，燃气舵的考核应在对应的固体火箭发动机工作环境中。但固体火箭发动机地面点火试验成本高昂，单纯依靠发动机地面点火试验来完成燃气舵用材料的筛选，不仅耗资巨大，而且工期较长，试验烦琐。在燃气舵选材初期，采用其他试验方法来对材料性能进行评价，有利于快速优选材料，加快研制进度，降低试验成本。针对影响燃气舵的关键指标，试验项目主

要有力学性能、耐烧蚀和抗侵蚀能力、抗热震性能。

1)力学性能是表征材料具备高温工作基本能力的基本指标,材料应具备发动机工作环境温度下较高的强度指标。力学性能主要是材料高温强度的测量,高温强度一般采用带加热炉的力学试验机进行测量。

2)固体火箭发动机在工作时,夹带固相或液相粒子的高速燃气流剧烈冲刷燃气舵材料表面,使得材料不断烧蚀,影响气动外形完整和燃气舵的工作可靠性。因此,抗烧蚀性能也是考察防热材料性能的重要指标。烧蚀性能最真实的检测方法是进行发动机试车,但是费用昂贵,因此人们往往采用地面模拟烧蚀试验,主要试验方法有等离子烧蚀试验方法、氧-乙炔烧蚀试验方法、电弧加热烧蚀试验方法和小型发动机试验方法等。

等离子烧蚀试验方法的基本原理:以相对稳定的等离子射流为热源(等离子射流的温度高达 5 000℃以上),将该射流以 90°角冲烧到圆形试样表面上,对材料进行烧蚀,同时测量试样背面温升及烧蚀时间,测量烧蚀后试样的厚度和质量的变化,计算出试样的线烧蚀率、质量烧蚀率和绝热指数。

氧-乙炔烧蚀试验原理:以稳定的氧-乙炔为稳定热源,将 3 000℃的焰流以 90°角冲烧的圆形试样上,对试样进行烧蚀,同时测量试样背面温度变化和烧蚀时间,测量烧蚀后试样的厚度和质量变化,计算出试样的线烧蚀率、质量烧蚀率和绝热指数。

这些烧蚀试验方法都是不同程度地模拟航天器再入和火箭发动机工作时,其材料承受迅速热变化环境,如材料承受由室温跃升达数千摄氏度的温度环境及高温高速气流冲刷的条件,对材料进行烧蚀试验,以评定材料的烧蚀和绝热性能。但烧蚀过程是气动环境与材料的热化学和热力学的复杂作用的过程,没有任何一种方法能够对所有耐烧蚀材料和环境都使用。

GJB 323A—1996《烧蚀材料烧蚀试验方法》中规定了氧-乙炔烧蚀试验和等离子烧蚀试验的试验方法,可用于碳/碳复合材料、难熔金属和高温陶瓷材料的烧蚀性能测定,主要是通过氧-乙炔焰流或等离子射流垂直冲冲烧到材料表面进行烧蚀。之后,以试样被烧蚀深度除以烧蚀时间来确定线烧蚀率;以烧蚀前后质量损失除以时间来确定质量烧蚀率。电弧驻点烧蚀测量法具有可以模拟材料工作时真实烧蚀环境,根据需要添加各种冲刷粒子,系统可靠,可重复性好等优点,是国内外普遍采用的烧蚀方法。

线烧蚀率和质量烧蚀率按以下公式计算:

$$R_{\mathrm{l}} = \frac{l_1 - l_2}{T} \tag{4-9}$$

$$R_{\mathrm{m}} = \frac{m_1 - m_2}{M} \tag{4-10}$$

式中，R_1 为线烧蚀率，mm/s；R_m 为质量烧蚀率，g/s；l_1 为试样原始厚度，mm；l_2 为烧蚀后试样剩余厚度，mm；m_1 为试样原始质量，g；m_2 为烧蚀后试样剩余质量，g。

氧-乙炔烧蚀试验方法不适用于那些在氧-乙炔焰流中燃烧的材料，如碳素材料。等离子烧蚀试验方法适用于那些不能使用氧乙炔烧蚀试验方法进行试验的材料，如碳素材料、石墨碳/碳复合材等碳基烧蚀材料、陶瓷材料。氧乙炔烧蚀试验方法相对操作较简单、迅速、试验费用低廉，适用于硅基烧蚀防热材料及其他绝热材料、烧蚀材料等的烧蚀筛选。小型发动机试验更接近发动机的真实工作条件，但费用高昂、试验周期长。

3)抗热震性能是燃气舵十分关键的一项使用性能，针对不同材料的抗热震性能，人们提出了各种抗热震的基本理论，但由于影响材料的抗热震性能因素很多，对应某一具体材料是否能经受热震，仍不能给出确切的判据。中国研究者多采用 N_2 等离子火焰加热至 3 200℃，快速淬水冷却和发动机点火试验两种方法，其中火焰烧蚀淬水冷却的方法具有实行简单的优点，可以快速评价出材料抗热震性的优劣。

2. 燃气舵强度试验

燃气舵强度是否满足发动机的工作要求，应通过发动机地面点火试验进行考核验证。因固体火箭发动机装药存在个体离散型以及发动机性能随温度变化存在较大的差异，所以燃气舵强度试验条件不应在单一的条件下进行考核，而应该考虑发动机的不同状态的影响。从图 4 - 11 中可以看出，由于空空导弹的工作温度范围很宽，高、低温下发动机的燃速相差很大，发动机的推力差别明显。在高温环境下，发动机工作室压力较大，作用在燃气舵上的气动和热载荷较大，但发动机工作时间相对较短，时间累积效果小；在低温环境下，燃气舵上的气动载荷相对较小，但发动机工作时间较长，时间累积效果大，故对燃气舵载荷大小和燃气流中的工作时间都有不可替代的影响，因此对燃气舵强度考核，两种环境无法相对替代，燃气舵的强度考核需要进行发动机高温和低温两种工作环境的考核。

燃气舵在进行强度试验时按正式产品状态装配在发动机尾部，随发动机一同进行高、低温保温后，在点火试验台上进行点火试验考核。试验过程中燃气舵可以采取固定角度和按规律偏转两种控制方式。当采取固定角度时，燃气舵应在考核时始终处于工作状态的最大舵面偏转角，这种方式相对燃气舵实际工作条件比较严苛；按规律偏转条件应先根据导弹的弹道分析，确定能够覆盖燃气舵最严酷工作状态的控制规律，在点火试验考核时按指定的规律控制燃气舵的偏

转。按规律偏转更能够反映燃气舵的实际工作状态。

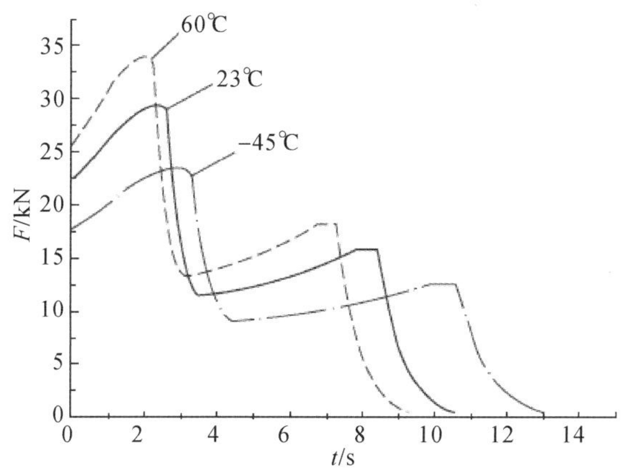

图 4－11　发动机高温、常温和低温的推力时间曲线

3. 烧蚀率试验

燃气舵在工作过程中发生热化学烧蚀和机械侵蚀作用，使燃气舵的舵面积在工作过程中持续减小，舵面的升力、阻力、链力矩等参数随之变化，影响导弹的控制精度。燃气舵舵面烧蚀率是控制系统重要的技术指标之一，为满足导弹工作过程中对测量力的需求，必须控制燃气舵舵面烧蚀率。燃气舵的烧蚀率试验是为考核燃气舵舵面烧蚀率能够满足技术指标的要求，因其他试验方法均无法模拟发动机的实际环境，燃气舵舵烧蚀率测试只能通过发动机试验进行，可以结合燃气舵的强度考核试验等其他试验进行。

燃气舵舵面烧蚀率的定义如下：

$$\rho=\frac{S-S_1}{S}\times 100\%$$

式中，ρ 为燃气舵面积烧蚀率；S 为烧蚀试验前燃气舵面积；S_1 为烧蚀试验后燃气舵面积。

烧蚀率试验需要在试验前测量燃气舵的实际面积，发动机试验后，测试燃气舵的剩余面积，求得燃气舵面的烧蚀率。面积的测量可以采用拓描的方法，将燃气舵轮廓拓描在坐标纸上，计算坐标纸格数，从而得到烧蚀后面积。因该方法受人为因素的影响较大，测量精度较低。利用光线技术和数字图像处理技术，采用数码相机成像和计算机进行图像分析处理，可以较精确地测定燃气舵的投影面积，消除人为因素对测量结果的影响。

对于梯度烧蚀型燃气舵，因在不同时间点上对燃气舵的烧蚀率要求不同，所以不能通过测试最终燃气舵的烧蚀面积来判断燃气舵烧蚀率是否满足要求。对

于该类型的燃气舵烧蚀率试验，一种试验方法是试验中增加燃气舵的撤收装置，在要求的时间点将燃气舵从发动机尾焰中撤出，分别测量不同时刻的燃气舵烧蚀面积，确定燃气舵的烧蚀是否满足要求。撤收装置接到控制信号控制燃气舵撤出燃气流的时间应尽可能短，一般小于 0.1 s。该测量方法需要专用的燃气舵撤收装置，试验系统复杂，试验数量较多，但可以得到准确的燃气舵随时间的烧蚀率的变化。另一种试验方法是通过点火试验中测量燃气舵的力的输出是否满足要求，来间接判断舵面烧蚀力是否满足指标要求。间接测量方法试验设备相对简单，试验数量少，相对试验成本较低，但无法准确得知燃气舵的烧蚀率变化情况。

4.1.4 燃气舵质量保证

燃气舵作为导弹的关键零部件，其失效将引起导弹失控，因此对燃气舵产品质量的要求非常高。燃气舵在制造过程中可能会产生各种缺陷，以钨渗铜燃气舵为例，可能出现的缺陷有裂纹、孔洞、渗铜不均和贫铜斑点等。另外，由于粉末冶金材料性能的离散性较大，可能出现强度不合格、成分和密度不达标等质量问题。因此对于燃气舵产品，必须制定严格的质量标准，制造过程中应严格按相关工艺和规范生产和验收，以保证产品质量的一致性。

对于燃气舵材料典型的指标包括常温强度、高温强度（通常要求 800～1 200℃）、断裂韧度、密度和化学成分等。上述指标的检查应严格按照国家的相关标准进行。

燃气舵产品的内部缺陷，采用无损检测的方法进行检查，使用超声波和射线探伤（X 射线或 γ 射线）相结合，一般能满足燃气舵的检测要求。

超声波探伤的基本原理是利用超声波在介质中传播时，产生反射、折射现象，经过反射、折射的超声波，其能量或波形均将发生变化，利用这一性能进行探伤。超声检测的应用比较广泛，利用超声波可检测复合材料及其制品的内部孔隙、脱黏、分层、疏松等缺陷，可检测钨渗铜等材料的裂纹、孔洞、渗铜不均等缺陷。

射线检测的基本原理是利用 X 射线或 γ 射线穿过试件，在感光乳胶上感光，在底片上形成缺陷投影。X 射线或 γ 射线检测在航空航天材料和部件的无损检测中应用广泛。射线探伤可检测材料和制品中的孔隙、密集气孔、脱黏、杂质及平行于射线的裂缝等缺陷，可检测钨渗铜等材料的裂纹、孔洞、渗铜不均等缺陷。

燃气舵制造过程中探伤需要进行两次，在完成材料毛坯制造阶段要进行一

次检测，以剔除原材料的不合格品，在燃气舵完成成品加工后，进行最终的探伤检查。产品的无损检测验收标准应根据产品的具体使用要求，结合相关的国家标准制定。

对于舵面面积较大的燃气舵产品，可在燃气舵上区分不同的区域，在不同的区域采用不同的质量控制标准，这有利于合理利用材料，降低材料的废品率，从而降低成本。分区可按如下部位进行：燃气舵受力最大的连接部位、气流烧蚀最严重的前缘、非重要工作区域。燃气舵受力最大的连接部位应采用最严格的质量控制标准，气流烧蚀最严重的前缘区域标准可适当降低，非重要工作区域的标准可采用相对较宽的标准。GJB 6488—2008《燃气舵装置用钨渗铜制品规范》中推荐的探伤分区如图 4-12 所示，其中 A 区是燃气舵受力最大的连接部位和气流烧蚀最严重的前缘，由虚线构成的 B 区是非重要工作区域，两区域规定的允许面积有差异，A 区规定不大于本区域的 10%，B 区规定不大于本区域的 20%。

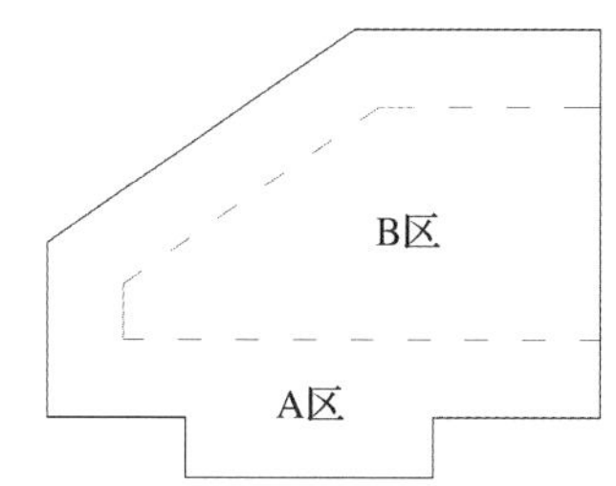

图 4-12　燃气舵无损探伤分区示意图

空空导弹不同于受到发射箱等严密保护的地面发射导弹，空空导弹一般没有发射箱(筒)，整弹直接挂载在飞机上，燃气舵直接裸露在发动机尾部，在导弹搬运、运输、挂载的情况下，存在被意外撞击的可能性，并且钨渗铜等燃气舵材料是脆性材料，在受到冲击等外力作用时易产生损坏或微观裂纹，非金属燃气舵材料易受到表面损伤，在工作时可能造成燃气舵的断裂。因此需要对燃气舵进行保护，一般可通过在导弹尾部加装保护罩的方式，在地面搬运、运输和地面挂机状态下对燃气舵进行保护，防止燃气舵的意外损伤。

4.2　燃气舵结构

空空导弹燃气舵安装在固体火箭发动机的尾部，其中燃气舵及燃气舵的支承耳片与发动机燃气流接触，工作环境非常恶劣，燃气舵结构的主要设计要求如下：

1)满足导弹总体对法向控制力的要求；

2)结构设计应能够使燃气舵满足导弹发动机燃气流恶劣的工作环境中和在导弹飞行任务期间能正常工作的要求；

3)燃气舵产生的推力损失小；

4)燃气舵产生的摩擦力矩小,满足伺服机构分配的输出力矩要求；

5)燃气舵传动间隙小；

6)燃气舵结构简单,尺寸小,满足导弹总体尺寸分配要求；

7)质量轻,满足导弹总体对质量指标的要求；

8)环境适应性满足导弹总体的环境适应性要求；

9)可靠性满足导弹总体的可靠性指标。

4.2.1 燃气舵结构组成

采用燃气舵装置的空空导弹一般都采用正常式气动布局,气动舵面及驱动伺服机构位于发动机的喷管部位,燃气舵安装在固体火箭发动机后端,发动机尾喷口部位,和气动舵面配置一致。为减小结构空间,降低设计难度,空空导弹燃气舵都采用和气动舵刚性联动的模式,传动机构连接气动舵舵轴和燃气舵的舵轴,使气动舵和燃气舵按一定的传动比进行联动,一般采用1∶1的传动比。燃气舵组成一般由燃气舵、连接壳体、固定耳片、传动机构、气动舵面和整流罩等部件组成,如图4-13所示。

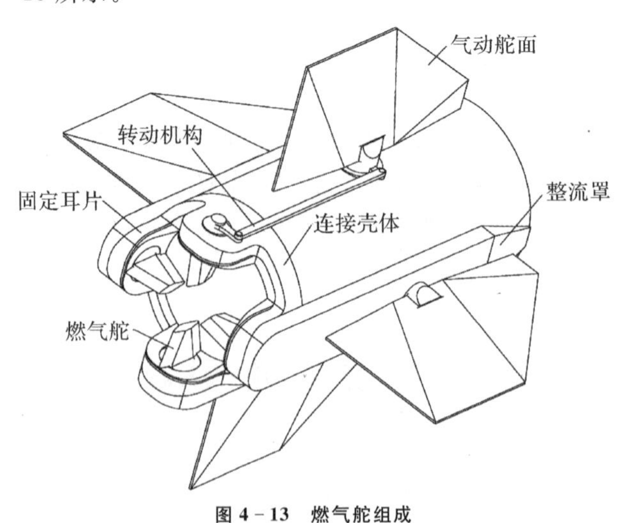

图4-13 燃气舵组成

燃气舵是气动控制元件,在发动机燃气流中通过偏转一定角度产生矢量推

力。连接壳体是连接导弹和固定耳片的转接壳体,根据设计需要,连接壳体可以和伺服机构舱壳体或固定耳片一体设计。固定耳片是安装燃气舵,为燃气舵提供支承的部件,燃气舵产生的法向力通过固定耳片传递到弹体。为减小燃气舵工作时的摩擦力矩,固定耳片内部和燃气舵轴间通常安装有轴承装置。因固定耳片和燃气流接触,需要采取防护措施避免燃气流高温和粒子侵蚀的损害。传动机构是传递伺服机构扭矩到燃气舵面,驱动燃气舵面运动的机构,一般采用四连杆机构,和气动舵轴刚性联动。目前燃气舵在空空导弹上均应用于近距格斗空空导弹,弹内空间狭小,传动机构无法整合入弹体,传动机构连杆一般都设计在弹体表面,因此外面需要添加整流罩进行保护和气动整流。

推力矢量控制装置安装在发动机喷管部位,燃气舵工作在发动机喷管的后端,喷管扩张段的内径限制了燃气舵的设计空间,决定了耳片的厚度尺寸。燃气舵应保证在此空间限制条件下在任意偏转角度不出现机械干涉,不出现燃气流严重阻塞。喷管内径过大,会导致耳片厚度设计空间不足,因此在进行发动机喷管设计时,不仅要考虑发动机性能因素,还应考虑对推力矢量控制装置结构空间的影响。

4.2.2 燃气舵布局与安装位置

燃气舵在喷口处的安装布局一般有“+”形布局和“×”形布局,这两种布局有各自的特点:“+”形布局的优点是提供法向力时只需要一对舵面偏转,舵面产生的阻力小,由于此时其余的舵面不用偏转,对喷管的流场扰动小 ,造成的推力损失也小;“×”型布局的优点是四片舵同时偏转,相同舵面偏转角产生的法向力较“+”形布局产生的法向力大,当控制力需求一定时,能够减小舵面的面积。对于空空导弹,因避让发射装置的需要空气舵均采用“×”形布局,考虑和空气舵的联动性,燃气舵通常也采用“×”形布局。

燃气舵在发动机喷口处的安装有内置式、半内置式和外置式三种形式。内置式的燃气舵的舵面全部位于喷管内部,如图 4-14(a)所示,它的优点是喷管内部动压大,燃气舵效率高,并且安装燃气舵后不会增加导弹长度。其缺点是对喷管的堵塞比较严重,会造成较大的推力损失。此外,燃气舵的尺寸会受到喷管尺寸的严格制约,能够提供的法向操纵力有限。半内置式如图 4-14(b)所示。外置式如图 4-14(c)所示,优点是推力损失小,安装方便;缺点是燃气舵的效率低,导致弹体长度增加。这三种安装方式对燃气舵效率和弹长的影响程度不同,在具体选择时需要综合考虑弹体长度限制、控制力需求以及最大推力损失等因素的影响。空空导弹因受弹径空间和喷管尺寸的限制,一般采用外置式安装方式。

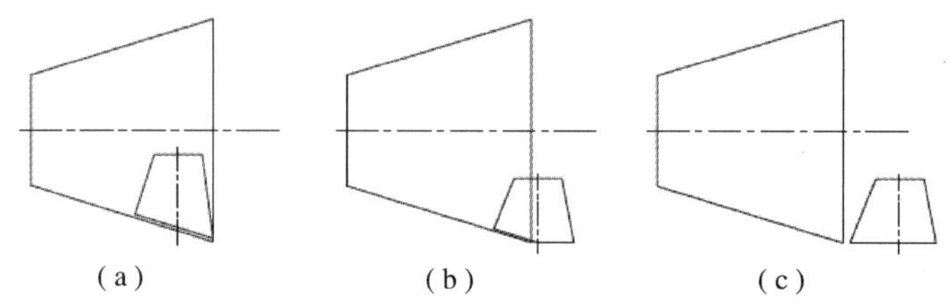

图 4-14　燃气舵的安装位置

4.2.3　与气动面的结构相容性

空空导弹对体积和质量有严格的要求，燃气舵为减少结构体积，简化设计，一般采用气动舵面和燃气舵面共用伺服机构的设计，气动舵面和燃气舵面联动。气动舵轴和燃气舵轴的位置一般有一定的距离，因导弹舵面的快速性要求，需要采用刚性联动的方式，最常用的方式是采用平行四杆机构。四杆机构的驱动杆与气动舵轴固连，气动舵轴在控制指令的作用下，带动与燃气舵轴固连的从动杆往复偏转，实现气动舵和燃气舵的共同偏转。平行四杆机构具有结构简单可靠、传动关系简单、长度可调的优点。

采用共伺服机构设计，伺服机构必须具备同时驱动气动舵和推力矢量控制装置的能力，推力矢量控制装置的负载力矩是由燃气舵的铰链力矩和传动系统的摩擦力矩组成的。伺服机构输出能力一定的情况下，应协调优化气动舵面、燃气舵面和传动机构的设计，使伺服机构总的负载力矩最小。空空导弹常用的伺服机构是电动舵机、气动舵机和液压舵机。在推力矢量控制装置中，液压舵机、燃气舵机和电动舵机都有应用。

液压舵机具有力矩惯量大、加速性能好、控制精度高、响应速率快、体积小、质量小的特点。但液压舵机也存在结构复杂、制造成本高、可靠性较低和可维护性较差的缺点。燃气舵机一般利用低温缓燃推进剂产生的燃气作为控制工质，其功率质量比高、耐高温性能较好、力矩惯量比介于液压舵机和电动舵机之间、使用维护性较好，但它的动态响应速率、控制精度和效率均不如液压舵机，可靠性较差。电动舵机与燃气舵机和液压舵机最大的区别在于传递的介质是由电机将电能转化成机械能来驱动负载的，具有可靠性高、储存性能好、抗污染能力强，不存在漏气和漏油问题，可检测性和可维修性好，成本低的优点。但它的力矩惯性小、功率质量比低，控制精度和动态响应也不如液压舵机，适用于小功率和小负载的场合。近年来，由于小体积、大输出功率稀土电机的发展，空空导弹更多采用的是电动舵机。

气动舵面和燃气舵通过连杆机构联动，气动舵面的最大舵面偏转能力决定

了燃气舵的最大舵面偏转角。在常用的 1:1传动比情况下，气动舵和燃气舵具有相同的最大舵面偏转角。推力矢量控制装置的结构设计应保证在最大舵面时燃气舵之间、燃气舵与发动机等其他结构之间不出现机械干涉。

推力矢量控制装置和气动伺服机构联动，推力矢量控制装置会对伺服机构扭转产生阻尼，导致伺服机构的扭转刚度变化，推力矢量传动机构的间隙也会增加伺服机构的非线性。同时，因传动机构的影响，气动舵面的相对于无燃气舵的气动舵面舵轴加长，从而导致舵面弯曲刚度的改变。带有燃气舵的导弹存在气动舵面和燃气舵刚度的耦合，改变了伺服机构的刚度。在传统的导弹气动弹性分析中，只考虑了空气舵的颤振特性，而没有考虑空气舵和燃气舵刚度耦合的影响。带有燃气舵的导弹，存在空气舵和燃气舵刚度的耦合，使空气舵的颤振特性发生改变，甚至会降低导弹的颤振速率。因此在进行导弹颤振分析和试验时，不应忽略推力矢量控制装置的影响。对于燃气舵对空气舵颤振特性的影响是不可忽视的，应引起足够的重视。

燃气舵和气动舵的联动设计应保证燃气舵和气动舵之间严格的运动位置关系，燃气舵的初始零位应与气动舵保持一致，否则会导致非预期的控制结果。但因燃气舵轴和气动舵轴相距较远，装配环节较多，单靠控制零件加工尺寸往往难以保证舵面之间的零位关系，需要在传动系统中增加调整环节，采用装配调整的方式保证舵面之间的零位。如图 4－15 所示，在四杆机构连杆环节增加长度调节装置，通过调整螺帽两端的左旋和右旋螺纹和两端连杆的螺纹段配合，通过旋转调整螺帽可以调整连杆长度，保证两个舵面之间的零位关系。

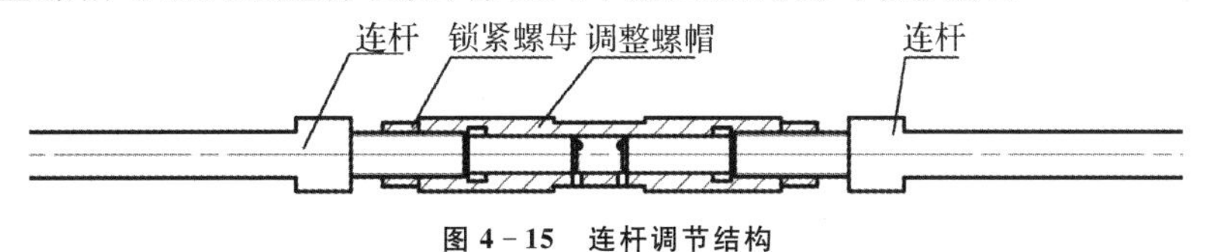

图 4－15　连杆调节结构

因气动舵轴与燃气舵轴刚性联动，在导弹发射后，舵机除克服气动舵面的铰链力矩外，还需要克服燃气舵面的气动铰链力矩和传动机构的摩擦力矩。燃气舵轴出现卡死或负载力矩过大，将直接导致气动舵无法有效动作。推力矢量控制装置应保证在导弹整个工作周期内工作正常，不出现卡死或负载力矩超标的故障，而不是仅在发动机工作时间内。因此在进行传动机构设计时，应充分考虑温度等因素的影响，采取必要的防护和隔热措施，必要时对温差较大的舵轴和轴承等部位进行间隙补偿。

推力矢量控制装置传动系统连杆的负载力矩主要由以下因素引起：

1)气动载荷。气动载荷对负载力矩的影响有两方面：一是燃气舵面产生的升力和阻力作用于推力矢量控制装置的支承产生支反力，当燃气舵运动时产生

摩擦力;二是气动压心和舵轴不重合造成气动铰链力矩,该力矩会增大负载力矩。

2)轴承副之间的摩擦力矩。轴承副是燃气舵的支承零件,在工作中传递舵面上所受到的各种力的作用。在力的作用下,轴承副之间产生摩擦力矩。

3)热膨胀所引起的负载力矩增加。燃气舵暴露在高温燃气流中,舵面温度迅速传递到内部的舵轴,舵轴受热膨胀,导致轴承预留间隙减小,甚至间隙不足以补偿热胀影响,导致负载力矩增大。

4)燃气中杂质进入间隙影响负载力矩。固体火箭发动机燃气流中的杂质较多,杂质通过间隙进入燃气舵内部接触界面和转动环节后,会造成界面粗糙,间隙堵塞,造成负载力矩的增大。

5)连杆两端销轴处引起的摩擦力矩。连杆上的作用力作用在两端连接销轴处,引起的摩擦力矩。如尺寸空间允许,连接销轴处可以采用轴承来降低摩擦力矩。

受空空导弹弹径和发动机喷口尺寸限制,推力矢量控制装置的轴承部位与发动机燃气流的距离很近,轴承等部位的受热非常严重。在有限的空间下,结构设计要保证热防护的要求、承载的要求和传动机构的设计要求,用于改善摩擦状态的尺寸空间十分不足。在推力矢量控制装置负载力矩影响因素里面,有些因素的影响要大一些,有些影响因素的作用要小一些,只有分清主要因素和次要因素,将主要因素挑选出来,才能更有效地改善连杆的负载力矩。

4.2.4 热防护设计

推力矢量控制装置主要部件工作在高温、高压燃气流中,其主要的失效模式是燃气舵及装置在高温气流中被烧蚀损毁。为避免燃气流的温度和机械负载对推力矢量控制装置零件的损害,需要对推力矢量控制装置进行热防护,主要涉及推力矢量控制装置耳片部位、连接壳体和整流罩部位的防护。

防热材料性能对推力矢量控制装置的设计至关重要,由于每一种导弹发动机设计均不同,每种导弹推力矢量控制装置都有自身独特的热环境,所以推力矢量控制装置上使用的防热材料要针对某一个型号专门进行研制和试验,推力矢量控制装置防热问题往往成为关键问题之一。

弹体结构的防热材料种类很多,按防热的机理可分为烧蚀防热、辐射防热、发汗冷却、热沉式和隔热式等多种方式;按材料的性质形态可分为树脂基增强材料、防热涂层、陶瓷基防热材料、升华型碳基材料、非金属隔热材料、柔性防热材料和防热腻子等。

耳片和发动机燃气流直接接触，必须能承受高温和抗粒子冲刷侵蚀，耳片起支承燃气舵的作用，必须能够承受燃气舵上的载荷，将燃气舵产生的气动力传递给弹体，因此在选择材料时基体材料一般选择钢材、高温合金或钛合金等材料，其工作温度都远低于燃气流温度。耳片内部安装轴承等零件，为保证这些零件的正常工作，也需要对耳片进行隔热保护。为保护耳片基体材料的工作环境，保证结构的完整性，一般要进行防护隔热措施。耳片的热防护结构如图 4-16 所示。

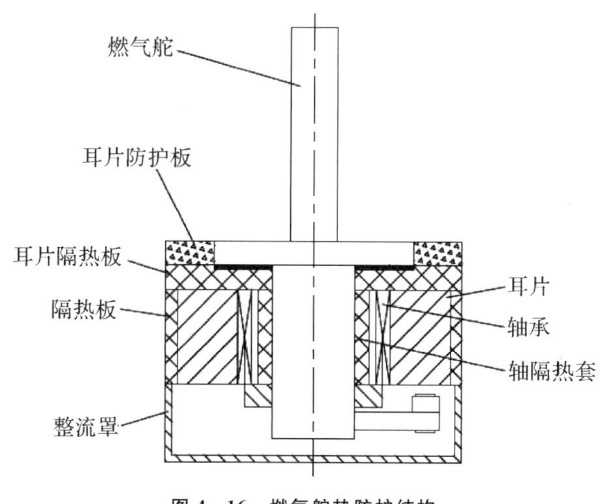

图 4-16 燃气舵热防护结构

耳片热防护结构的工作环境与固体火箭发动机喷管的工作环境类似，部分固体火箭发动机喷管的热防护材料可以用于耳片热防护结构，如碳/碳复合材料、高硅氧/酚醛复合材料和碳纤维/酚醛复合材料等。

为防止耳片烧蚀和内部工作温度过高，需要在耳片表面进行防护。表面防护结构应起到防止表面被燃气流冲刷侵蚀和高温烧蚀破坏，因此防护板应具有防护和绝热的作用，通常采用复合结构实现，燃气舵热防护结构如图 4-16 所示。耳片防护板与发动机燃气流接触，一般要采用高温抗侵蚀材料防护，如高温难熔金属、碳/碳复合材料、陶瓷基复合材料等。耳片隔热板用于阻止热量通过防护层进一步向耳片基体传递，保护内部零件的工作环境。隔热板材料的要求是能够满足高温工作要求和隔热效率高，材料密度小，具备一定的强度，通常采用高硅氧/酚醛复合材料等耐高温的隔热材料。

确定绝热、烧蚀层厚度的时候，一定要考虑安全裕度 f，其定义为

$$f=(h_d-h_a)/h_a \tag{4-11}$$

式中，h_d 为设计厚度；h_a 为烧蚀和碳化厚度。

发动机喉衬扩张段裕度 f 取 0.2～0.5。

钨渗铜等难熔金属材料用作护板防护层材料，具有良好的抗烧蚀和抗侵蚀能力和良好的机械加工性能。但难熔金属材料密度较大，并且在发动机中工作时，容易在表面容易出现沉积物，影响燃气舵的运动。耳片上的沉积物如图 4－17 所示。耳片上的沉积物是发动机燃烧时产生的 Al_2O_3 和其他杂质，为提高发动机的能量，发动机装药里含有一定比例的铝粉。燃烧后被气流带出，撞击并黏附在耳片上。Al_2O_3 熔点为 2 323 K，在发动机燃烧室内是熔融状态。发动机燃气流在经过尾喷管后，速率变为超声速，温度降低，在受到耳片的遮挡后，Al_2O_3 在耳片上沉积固化，形成一层沉积层。在设计耳片防护板时，应考虑沉积物影响，避免沉积物影响燃气舵的运动。

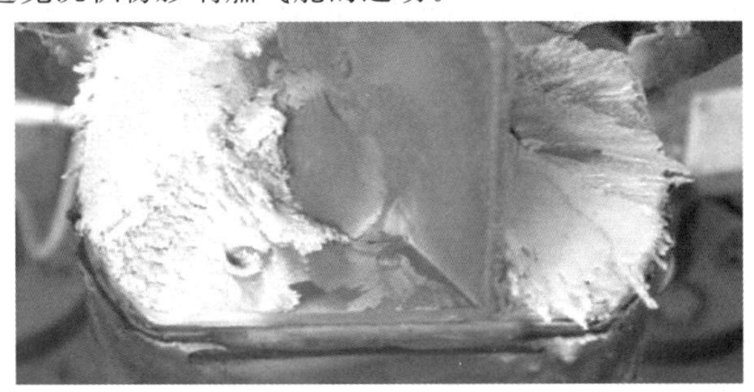

图 4－17　耳片上的沉积物

虽然钨渗铜等难熔金属材料护板具有优异的高温性能，但其密度较大，考虑到导弹减重的需求，需要采用轻质的耐高温和抗烧蚀材料。碳/碳复合材料以其密度低（1.8 g/mm^3 左右）、高温强度高、热膨胀系数低、耐烧蚀性好、耐热冲击性能好等一系列优异性能，能够满足护板的工作环境。碳/碳复合材料的烧蚀由两部分组成：一部分由燃气中含有的 CO_2 和 H_2O 氧化组分，在高温下与碳发生化学反应，消耗表面的碳造成碳表面质量损耗，称为热化学烧蚀；另一部分有燃气中的 Al_2O_3 颗粒在运动中对护板材料壁面撞击引起表面质量损耗，称为机械侵蚀。机械加工成形的碳/碳护板表面光滑平整，但经过点火后的护板表面粗糙、高低不平。

为进一步提高碳/碳复合材料的抗烧蚀性能，人们采用了陶瓷掺杂改性和渗铜等方法。碳/碳渗铜材料对即通过向多孔的碳/碳复合材料预制体中渗入低熔点的金属铜，在高温下铜气化蒸发带走基体热量以达到材料降温的目的。相关研究也证明，碳/碳渗铜复合材料具有较好的力学性能和优于碳/碳复合材料的抗烧蚀性能。

陶瓷掺杂改性在保持碳/碳渗铜复合材料原有的优异室温及高温力学性能和尺寸稳定性等突出优点的前提下，显著提高了碳/碳复合材料抗氧化烧蚀性能、降低了烧蚀率，并具有可设计性和抗热震性优势，可通过调整掺杂改性陶瓷

的种类和含量，适合于不同高温抗氧化环境，具有潜在的应用前景。

碳/酚醛复合材料是碳纤维和酚醛树脂复合而成的，与高硅氧/酚醛复合材料相比，由于碳纤维在高温下不熔化，所以在气动热的作用下可以到更高的温度，并形成更坚厚的碳层。热量除被酚醛树脂分解吸收外，还由于表面温度很高，碳层具有石墨化倾向，大量的热以辐射形式放出，同时发生部分碳分子的升华吸热，可兼备防热和结构的双重作用，可以较好地解决高焓、高热流下的热防护问题。碳/酚醛复合材料的抗烧蚀性能要高于高硅氧/酚醛复合材料。

高硅氧/酚醛复合材料一般作为推力矢量控制装置的绝热材料，是一种玻璃类增强塑料，其优点是工艺简单，加工周期短，成本低，并且具有良好的绝热性能和一定的烧蚀性能。高硅氧/酚醛复合材料是由 SiO_2 含量高的高硅氧纤维和酚醛树脂复合而成的，在高温下酚醛树脂分解，SiO_2 熔融。酚醛树脂 300℃开始热解，在 800℃以上，酚醛树脂热解完成。SiO_2 约在 1 600 K 开始逐渐软化熔融，在加热条件下熔融液体蒸发吸热。因此高硅氧/酚醛复合材料在受到燃气加热后，其热防护能力主要靠以下几种吸热机理：SiO_2 的熔化吸热，SiO_2 的蒸发吸热；酚醛树脂热解吸热；酚醛树脂热解气体形成的“热阻塞”吸热，碳-硅反应吸热和热辐射吸热。当燃气向壁面传递热量时，壁面温度升高，当避免温度达到 300℃时，酚醛树脂开始热解向壁面逸出气体；当壁面温度达到 800℃时，热解层转变为碳化层，同时随内层温度不断升高，就形成了碳化层、热解层和原始材料层。当材料直接暴露在燃气中，碳化层由于燃气对壁面的黏性作用被剪切掉，使材料厚度不断减小，发生严重烧蚀。

如果发动机喷管、耳片防护板材料和燃气舵材料的烧蚀率不同，在发动机工作过程中，不同材料缝隙处可能会逐渐出现凹坑和台阶，使燃气流场受到破坏，这会加剧对防护材料的烧蚀，甚至引起烧穿现象，使推力矢量控制装置工作失效。这种现象称为台阶效应，主要原因是材料的烧蚀率差异过大。因此，在进行燃气舵设计时，在发动机喷管和耳片防护板缝隙处以及耳片护板和燃气舵装配的缝隙处，应注意材料之间烧蚀率的匹配，避免在燃气流中相邻的防护材料间烧蚀率指标差异过大，防止出现台阶效应。

燃气舵在发动机工作的期间，表面温度会上升至超过 2 000℃的高温。空空导弹燃气舵因弹径限制，燃气舵的体积较小，舵轴一般和燃气舵一体。随着发动机工作，热量不断通过护板和舵轴部位向内部传递。为保护轴承的工作环境，阻止热量的传递，需要对燃气舵的舵轴部位进行隔热，在结构上一般通过增加隔热套来实现。隔热套应具备良好的隔热能力，以满足轴承的工作环境要求，减小推力矢量控制装置的体积。因燃气舵轴的温度非常高，隔热套材料应具备高温环境下结构不被破坏的能力。除具备良好的绝热能力和高温工作能力外，隔热套

材料还需要具有一定的承载能力外，满足传递燃气舵载荷的要求。设计选材时，还应考虑隔热套材料和舵轴的热膨胀的匹配性，防止舵轴受热膨胀使隔热套结构破坏。

整流罩为推力矢量装置连杆机构等工作部件提供保护和进行气动整流，为减轻结构质量，整流罩和连接壳体通常采用铝合金和钛合金等金属材料，为避免燃气流对连接壳体和整流罩的烧蚀，需要对连接壳体后端和整流罩燃气流的热影响区进行隔热防护。隔热防护可以采用在壳体后端和整流罩表面喷涂防护涂层的方法，防护涂层可以选择热障涂层、高温烧蚀型隔热涂层，可以根据导弹发动机工作温度和工作时间等参数进行选择。

耳片的侧部也工作在燃气流的热影响区，虽然不直接被燃气流冲刷，但也会使耳片工作温度上升，使耳片工作环境恶化。因此在耳片的侧部，也需要采取隔热措施，可以采用加装隔热板的形式，如图 4 - 16 所示，也可以采用耐高温隔热涂层直接喷涂在耳片的侧表面。

耳片护板等部位用于连接固定的紧固件，必须具有耐高温的能力，普通钢制紧固件在发动机工作时会熔融烧毁。通常用于制作该部位紧固件的材料有钨渗铜、钼、高温合金等。在选择紧固件材料时，需要根据使用部位的温度和载荷大小进行评估，选择合适的材料。

燃气舵设计中缝隙是不可避免的，对于与燃气流接触面的缝隙，一定要注意缝隙与燃气流动方向，防止出现与燃气流流动方向一致的缝隙，最好使缝隙方向与燃气流动方向垂直，或者使缝隙能背向燃气流动的方向，使燃气流不能直接进入缝隙。分析应设计成曲折缝隙，即使燃气进入缝隙，经过曲折缝隙造成“死区”，以避免燃气流在缝隙处烧穿。与燃气流接触面缝隙通常不大于 0.2 mm，缝隙面中填充耐烧蚀腻子防护。

在装配过程中，一些关键间隙需涂抹耐高温腻子，主要是硅橡胶密封剂，聚硫橡胶和氟橡胶腻子也有应用，但综合性能不如硅橡胶。按要求的不同，不硫化腻子分为静密封和动密封两种。静密封腻子用于静止部位，直接接触高温燃气，因此腻子的抗烧蚀性能是主要指标，在腻子配方上，应选择碳产率高和碳层坚硬的材料。而动密封腻子用于活动间隙，不仅要求耐高温，而且对润滑性能要求也有很高的要求，所以选择胶体石墨粉作为填料，可以改善腻子的润滑性能。

4.2.5 推力矢量控制装置试验

推力矢量控制装置在地面试验包括负载力矩试验、热防护考核试验、传动比测试试验和装机试验等。

负载力矩测试试验目的是为考核推力矢量控制装置工作时气动和摩擦力矩产生的总负载力矩是否满足总体分配的指标要求，因工作环境的复杂性，非发动机点火状态无法真实模拟推力矢量控制装置工作时的负载力矩，需要进行地面点火试验测试。地面测试试验设备是地面六分力试车台测试系统，负载力矩试验的测试时间应是从发动机点火开始至导弹工作结束为止的整个工作周期。测试时将力传感器直接安装在传动机构的连杆上，如图 4-18 所示，气动舵机通过连杆驱动推力矢量燃气舵正弦摆动或按规律偏转，试验时测量出传感器的输出，计算出由燃气舵传递到连杆上的力值 F_L，同时测量出发动机工作时燃气舵片偏转角度 θ，测出燃气舵摇臂两端的中心点距离为 l，负载力矩计算方法如下：

$$M_f = F_L l \cos\theta \tag{4-12}$$

式中，F_L 为表示测力连杆测力值，kg；l 为燃气舵摇臂两端的中心距离，mm；θ 为燃气舵片偏转角度，(°)；M_f 为燃气舵负载力矩，N·m。

图 4-18 负载力矩测试试验

负载力矩测试结果图如图 4-19 所示。

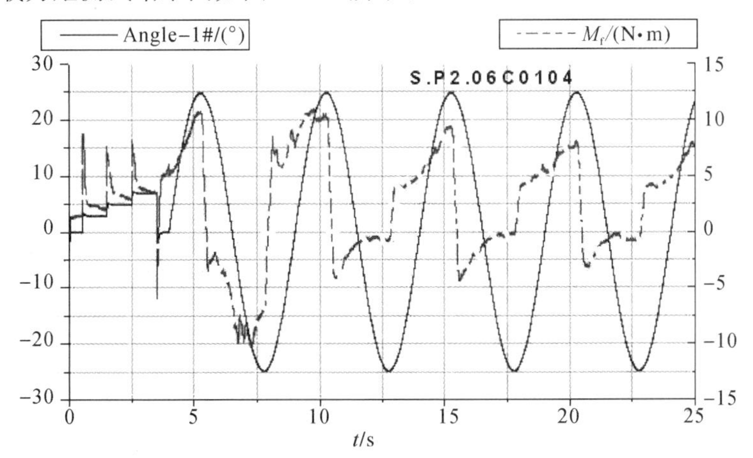

图 4-19 负载力矩测试输出

热防护考核试验是为了验证推力矢量控制装置的防热能力，考核在发动机工作期间推力矢量控制装置是否能够保持结构的完整性。推力矢量控制装置按正式状态装配在发动机和舵机舱的后端，试验可以结合其他的地面点火试验项目进行，试验后检查推力矢量控制装置是否有防护层烧穿、结构件烧毁的现象，推力矢量控制装置在工作过程中是否正常。

推力矢量控制装置采用四杆机构进行气动舵到燃气舵的刚性传动，但从气动舵面到燃气舵面因加工误差、安装误差、机构间隙等因素的影响，导致实际传动比和理论传动比之间存在一定的误差。为验证燃气舵的实际工作状态是否满足控制要求，需要对燃气舵实际的传动比进行测试。由于推力矢量控制装置传动比为动态的，传动比的测量精度要求较高，采用接触式测量方法很难满足要求。采用非接触式光学视觉测量技术可以较好地解决传动比测量问题。光学视觉测量技术是计算机图形图像处理技术和光电技术的综合应用。光学视觉测量系统通过将线激光投射到导弹基准面、导弹空气舵面及燃气舵面上，通过摄像机系统的拍摄和图像处理，得到导弹轴线矢量、导弹空气舵面及燃气舵面的法向量矢量，计算出导弹空气舵面相对于导弹轴线、导弹燃气舵面相对于导弹轴线的夹角，从而求出导弹燃气舵面相对于导弹空气舵面的夹角，实现燃气舵和气动舵的舵面偏转角进行同步实时无接触测量，获得推力矢量控制装置的动态传动比。测量原理如图 4－20 所示。

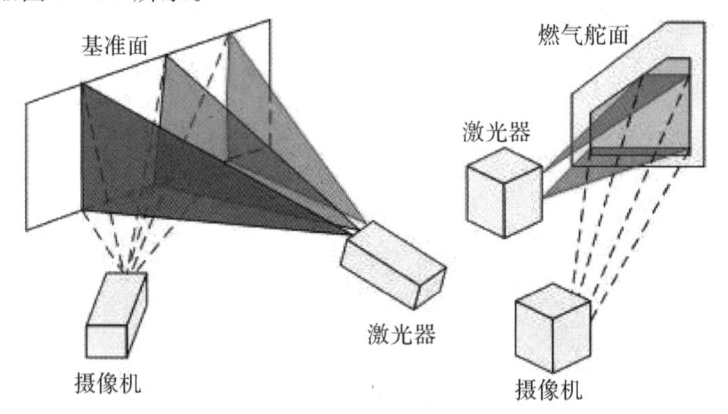

图 4－20　燃气舵实际传动比测量原理图

基准面为一个平面度很高的矩形平面工件，该平面与弹体竖直中心面平行，且两平面间距离已知，其法向矢量测量方法如下：激光视觉传感器向基准面投射三个光平面，与基准面相交形成具有一定间隔的激光光条，摄像机拍摄带有激光光条的基准面图像，并对图像进行处理、分析，计算出基准面上光条上点的三维坐标，由这些点的三维坐标进行平面拟合，获得基准面的平面方程，从而得到基准面的法向矢量。

气动舵和燃气舵面法向矢量测量原理：由激光视觉传感器向气动舵舵面投射两激光光平面，形成两条具有一定间隔的激光光条，视觉传感器拍摄舵面光条图像，提取光条中心的图像坐标，并有三维视觉测量模型获得激光光条上的点的三维坐标。基于此，进行平面拟合即可获得舵面的法向矢量。测量结果如图 4-21 所示。

推力矢量控制装置除完成自身的地面试验项目外，还应导弹完成全弹试验项目。全弹试验项目包括地面的环境试验、可靠性试验和导弹的发射试验等项目。环境试验和可靠性试验后推力矢量控制装置不得出现影响性能的变化或产生腐蚀等故障。

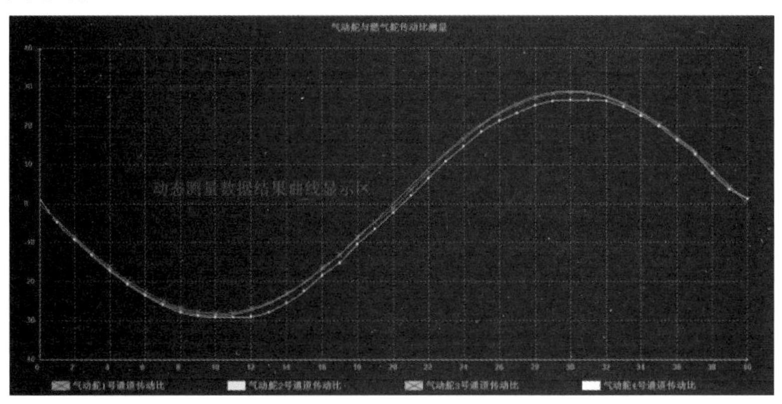

图 4-21　气动舵与燃气舵传动比测量结果图

推力矢量控制装置随全弹进行发射试验，用以考核推力矢量控制装置在导弹实际工作条件下的能力，发射试验一般包括地面和空中的程控弹和制导弹的发射。

4.3　其他空空导弹推力矢量控制装置的结构

根据推力矢量控制装置实现方法不同，推力矢量控制装置可分为以下几种：

1)利用机械装置(包括扰流片等)改变喷流方向。通过改变喷管部分出口面积，在扩散锥段产生激波，引起压力分布不均，从而产生侧向推力。

2)借助摆动喷管(包括摆动喷管、球窝喷管、柔性喷管等)改变喷流方向。

3)二次流体喷射、通过喷管侧壁向喷管注射气体或液体，使喷管内气体产生斜激波，导致喷流偏转，达到改变气流方向的目的。

推力矢量控制装置的性能参数主要有制偏能力、频率响应、伺服机构功率计尺寸、轴向推力损失等，性能选择是设计推力矢量控制装置的第一步。但只考虑性能因素是不够的，还应考虑继承性、可靠性、性能潜力、质量、体积和成本，以及安装使用维护等方面的因素。

一般来说，摆动喷管推力矢量控制装置和二次流体喷射推力矢量控制装置结构复杂、体积较大，目前难以应用在类似空空导弹这样的小型战术导弹上。目前，空空导弹应用的是利用机械装置改变喷流的推力矢量控制装置。

扰流片是推力矢量控制装置的一种。扰流片通过阻塞喷管出口部分面积产生控制力来工作。该方案是在发动机喷管出口平面上装有可伸进和缩回流场的扰流片，当扰流片伸进喷管出口流场时，引起局部的喷气气流阻塞，形成较大的逆压梯度，造成气流边界层的分离，迫使气流偏转压缩，形成激波。分离区和波后区域相对于未扰动时压力升高很多，该区域与对面喷管壁的压差在侧面的投影就产生了侧向控制力。当扰流片不偏转时，扰流片位于固体火箭发动机喷管燃气射流之外，不影响发动机工作。扰流片在产生侧向力的同时也会伴随着产生轴向推力损失，推力损失的大小与主推力偏转角度基本上呈线性关系，即喷管每偏转 1°大约损失 1%的轴向主推力。

扰流片式推力矢量控制装置主要包括 3 部分：扰流片、连接机构和作动机构（驱动机构）。作动机构提供驱动力并通过连接机构传递给扰流片，扰流片绕固定轴左右摆动，进而改变扰流片阻塞喷管出口面积产生控制力。常见的扰流片的形状为圆弧形和矩形，连接机构主要包括连杆及铰链，作动机构可以采取多种形式，如液压驱动、直流电机驱动等。

扰流片是具有一定平面形状的金属或者非金属构件，它是产生诱导激波和侧向控制力的主要元件。扰流片常见的形状是圆弧形（凸形、凹形）和矩形，如图 4－22 所示。扰流片的数量因发动机的具体情况而不同，对于低速旋转的导弹可以采用一个或两个扰流片来产生单方向的侧向力；对于自身不旋转的导弹或制导控制体，则需要采用四个扰流片才能提供俯仰和偏航力矩，四个扰流片一般安装成“×”形，对称的扰流片是“一进一出”的动作关系，两对同时工作时可以进行导弹滚转姿态的调整。

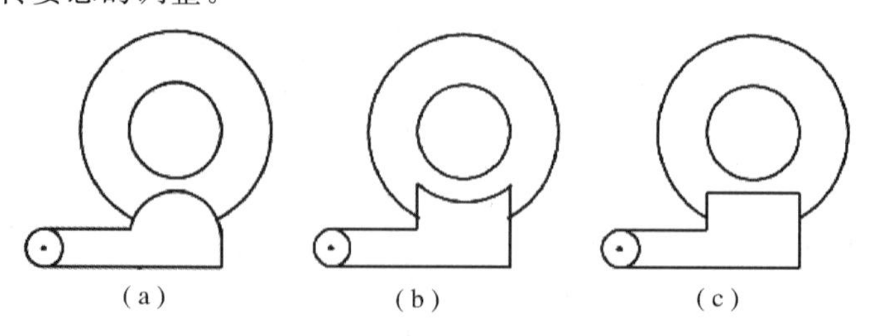

图 4－22　扰流板形状

(a)圆弧凸形；(b)圆弧凹形；(c)矩形

扰流片由于放置在喷管出口处，在高温、高速气流的冲刷下，其前缘和表面往往容易被烧蚀变形，甚至整个扰流片被破坏冲走，因此，扰流片必须采用耐高温、耐冲刷的材料制造，如钨、钼以及钨-钼合金等特殊材料。另外，由于扰流片处的燃气滞止压力很高，扰流片与喷管出口截面必须尽量接触，以最大限度地减少缝隙漏气，否则会影响扰流片的性能，侧向力减小，并加剧推力的损失。

由于扰流片推力矢量控制装置具有结构简单、质量轻、操纵力矩小，以及所需的伺服机构功率小等优点，可以用于大多数发动机喷管，如苏联的 R－73 导弹就采用了这种推力矢量控制装置。

R－73 导弹是苏联研制的空空导弹，西方北大西洋集团命名为 AA－11“射手”。该导弹于 1985 年定型开始服役。R－73 导弹是红外制导的近距格斗导弹，弹体气动布局为带有反安定面的鸭式布局，控制方式是采用气动力与推力矢量控制为一体的复合控制形式，它的控制通道有鸭式舵和用于俯仰和偏航的控制、副翼提供滚转稳定控制和两对扰流片实现推力矢量控制。R－73 导弹第一次将推力矢量控制技术应用于空空导弹，有效提高了导弹的格斗能力。R－73 导弹推力矢量控制装置外形如图 4－23 所示。

图 4－23　R－73 导弹推力矢量控制装置外形

R－73 导弹的舵机是燃气舵机，导弹燃气发生器产生的高压燃气是保证舵机正常工作的动力源，R－73 导弹燃气供气系统如图 4－24 所示。燃气发生器产生的高压燃气，经分配器，通过输送管道分别输送给第Ⅱ舱的舵机和第Ⅳ舱的舵机。第Ⅳ舱的舵机共有三个，其中一个用于驱动副翼偏转，控制导弹的横滚；另外两个用于推力矢量控制。

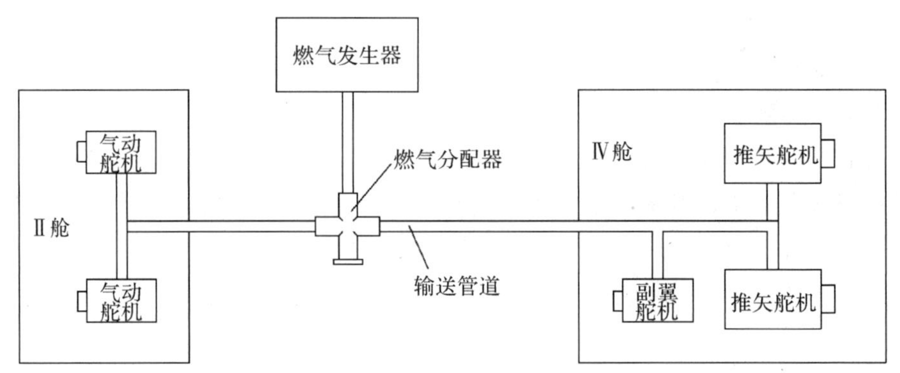

图 4－24　R－73 导弹燃气供气系统

在飞行员按下导弹发射按钮后，控制舱内的燃气发生器被点燃进入工作状态，燃气通过导管进入舵面、扰流板和副翼的燃气传动装置，同时控制系统控制舵面、扰流板和副翼回到零位；导弹离轨后脱离传感器产生脱离指令，时间继电器开始工作，经不可控飞行 0.3 s 后，控制系统输出开始信号，导弹开始控制飞行；发动机停车后推力矢量控制装置将自动停止工作，回到零位，以减少燃气消耗。

R－73 导弹的推力矢量控制装置安装在尾舱内，由两个燃气传动装置、内外两组扰流板和基座组成。通过装在框架上的两个扰流板扰的两个相互垂直的轴线旋转，从而部分阻挡尾喷管口实现推力方向改变。扰流板的工作原理如图 4－25 所示。

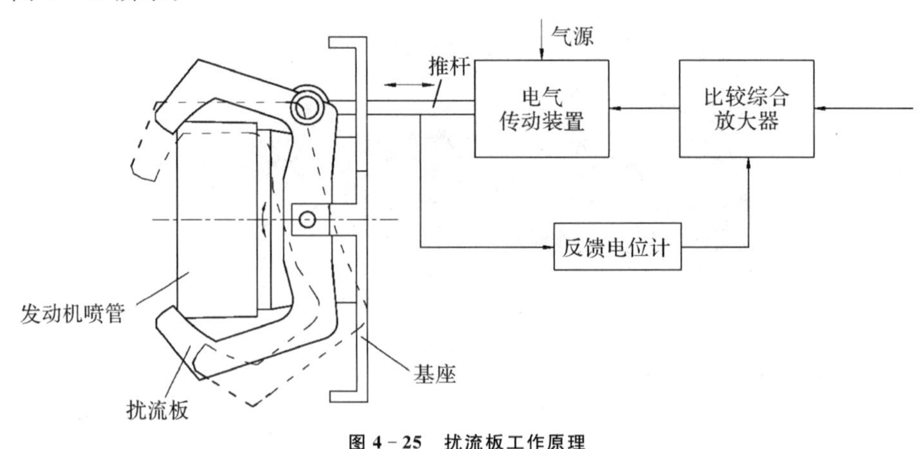

图 4－25　扰流板工作原理

扰流板式推力矢量控制装置根据导弹控制系统输入的控制指令，操纵扰流板按要求的方向偏转。扰流板处于水平位置时，并不阻挡尾喷管口，因此不产生

推力偏心。当推杆上下运动时，扰流板绕其轴线转动，产生相对水平位置最大±18°的偏摆，使尾喷管口部分受遮挡，高速流出的燃气流受到扰动，在喷管扩散段出现斜激波，引起压力不均匀，导致燃气流动方向产生偏转。偏转的燃气流产生了一个侧向力，导弹在这个侧向力作用下迅速改变方向，完成对导弹的控制。通过调节推杆的行程，调节扰流板偏转的角度，实现侧向力大小的调节。

扰流板有内、外两组，两组扰流板十字交叉，导弹通过对两组扰流板的组合控制来产生不同方向和不同角度偏转所需的力矩，如图 4－26 所示。

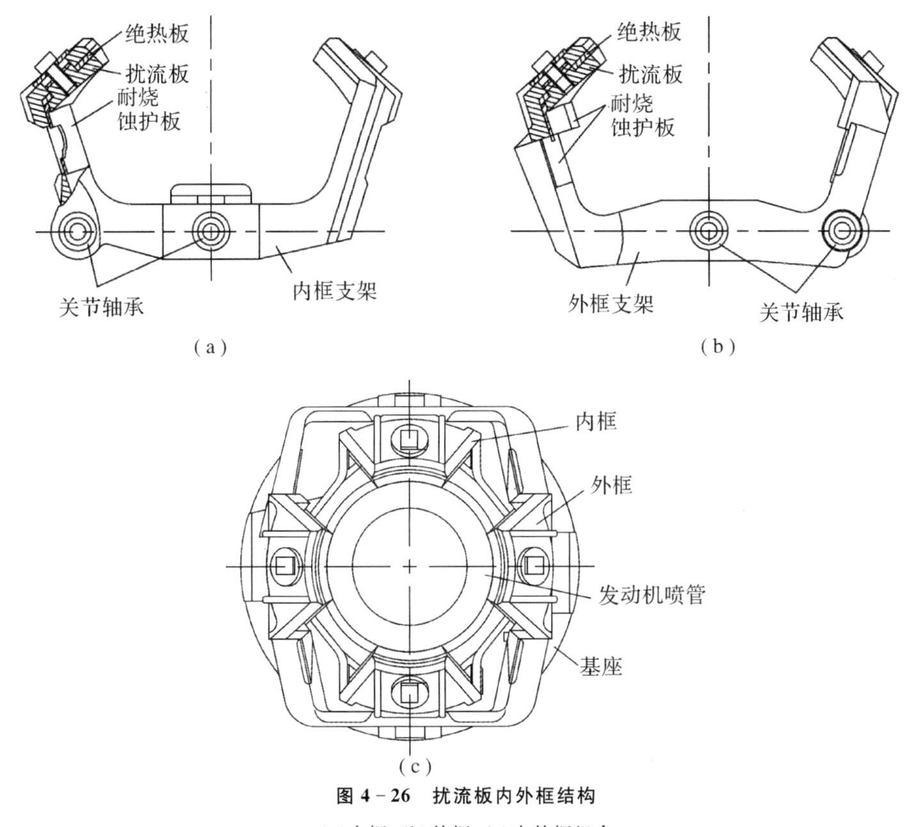

图 4－26 扰流板内外框结构

(a)内框；(b)外框；(c)内外框组合

推力矢量控制装置的扰流板工作在发动机的尾喷流中，所以必须耐高温燃气流的烧蚀，在结构设计中必须采用必要的防护措施。扰流板的防护结构如图 4－27 所示。

R－73 导弹的扰流板基体支架形状复杂，难以进行机械加工，因此采用铸钢材料铸造，在与尾烟接触部位采用耐烧蚀的难熔金属材料防护，耐烧蚀材料做的保护层用螺钉固定在钢基体上，零部件连接处填充耐热的填料保护接缝，从而使扰流板有良好的综合抗烧蚀能力。

由于扰流板的作用，发动机尾喷流的一部分会改变方向，对推力矢量控制装置工作产生影响，R－73导弹在结构上采取了多种防护措施。在扰流板的关节轴承处有挡板或挡板结构防护，推杆除有挡盖防护。在导弹径向，固定在基座上的支承座和挡环将推力矢量控制装置控制部分与传动部分完全隔离开，从而保证了舱内仪器的正常工作环境。

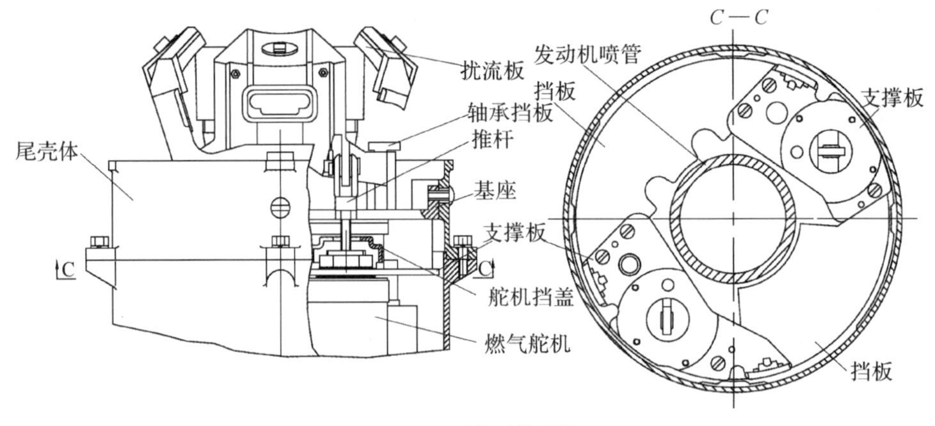

图4－27　燃气防护结构

R－73导弹推力矢量控制装置的优点：结构原理简单，伺服力矩小，技术上易实现，操作可靠，喷流不偏转时无持续烧蚀和推力损失。

缺点：推力矢量控制装置工作时轴向推力损失较大，两个扰流板同时偏转时轴向推力大约损失20%，副翼和推力矢量三套伺服机构占用空间较大，质量也较大。

4.4　小　结

推力矢量控制技术是空空导弹获得大过载、高机动的关键技术之一，但空空导弹对体积和质量要求比较苛刻，工作环境相对恶劣，制约因素较多，设计出满足总体要求的推力矢量控制装置并不是轻而易举的事。本章介绍了燃气舵推力矢量控制装置的结构设计技术，主要从燃气舵的结构设计、燃气舵试验技术、推力矢量控制装置的结构设计、推力矢量控制装置的试验技术等方面详细介绍了结构设计方法和需要考虑的影响因素，以及如何开展相关的试验验证工作。本章也详细介绍了R－73导弹所采用的推力矢量控制装置的工作原理和结构组成。

参考文献

[1]丘哲明. 固体火箭发动机材料与工艺[M]. 北京:宇航出版社,1995.

[2]陈汝训. 固体火箭发动机设计与研究[M]. 北京:宇航出版社,1991.

[3]杨晓光,林学书. R-73 导弹推力矢量及副翼系统结构分析[J]. 航空兵器,1998(2):11-16.

[4]曹熙炜,刘宇,谢侃. 气-粒两相流对燃气舵工作性能的影响[J]. 航空动力学报,2010,25(10):2358-2362.

[5]田锡慧. 导弹结构材料强度(上)[M]. 北京:宇航出版社,1996.

[6]朱忠惠. 推力矢量控制伺服机构[M]. 北京:宇航出版社,1995.

[7]偏晓鹏,刘献伟,陈鑫. 光学视觉测量技术在导弹上的应用[J]. 机械工程师,2009(11):18-20.

[8]樊会涛. 空空导弹方案设计原理[M]. 北京:航空工业出版社,2013.

[9]刘志珩. 固体火箭燃气舵气动设计研究[J]. 导弹与航天运载技术,1995(4):9-17.

[10]陈俊,陈雄,薛海峰,等. 新型复合结构燃气舵动力学特性仿真研究[J]. 计算及仿真,2013,30(1):78-82.

[11]孔繁杰,王端志,冯伟利. 基于 3D 技术的燃气舵烧蚀率测量方法研究[J]. 宇航计测技术,2015,35(2):27-29.

第5章

推力矢量控制装置材料工艺

鉴于近距格斗空空导弹战备值班、挂机巡航时直接暴露在大气环境的风、霜、雨、雪、雹、沙尘、酸雨和海洋与岛礁的湿热、盐雾、霉菌、强烈日晒紫外线“三高一强”的腐蚀环境，以及挂机巡航过程中的振动、冲击、过载等动力学、气动热环境中，尤其是工作期间在发动机燃气流中高温烧蚀、热震冲击、高速热冲蚀、热载荷等耦合作用等严酷环境，使得推力矢量装置材料工艺与其他结构材料工艺相比，具有极高的特殊性和复杂性。

本章通过对推力矢量燃气舵在高温高速燃气流中使用工况的简要分析，介绍当今新型空空导弹推力矢量装置（尤其是燃气舵）用各类材料、工艺、加工和质量保证工程技术；重点介绍燃气舵用钨渗铜、钼渗铜等高温难熔合金，碳/碳复合材料、碳/碳化硅复合材料等高温非金属结构材料，以及推力矢量装置相关的高温密封、润滑、防热涂层等功能材料和辅助性材料的设计选材、试验等相关技术。对推力矢量装置和燃气舵服役寿命期内金属腐蚀和非金属老化失效现象的分析，有助于读者通过本章的相关介绍，加深对空空导弹推力矢量技术的全面理解。

5.1 概　　述

5.1.1 推力矢量控制装置与燃气舵

推力矢量控制是通过控制发动机推力相对于弹轴的方向，产生导弹机动飞行偏转所需要控制力矩的一类技术。采用推力矢量控制技术是第四代近距格斗型空空导弹的标志，而燃气舵式推力矢量控制装置是其主要方式，如 AIM－9X，MICA，A－DARTER 等空空导弹（见图 5－1）。

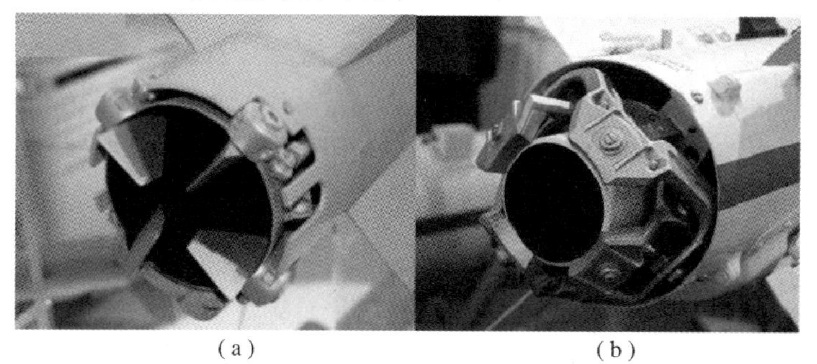

（a）　　　　（b）

图 5－1　空空导弹推力矢量控制装置

（a）燃气舵式；（b）扰流片式

战术导弹推力矢量控制装置包括活动喷管(柔性喷管和球窝喷管)、流体二次喷射(液体喷射和燃气喷射)、阻流致偏式(扰流片和燃气舵)以及侧向力调姿发动机等形式。其中,燃气舵位于导弹发动机尾部,通过伺服传动机构操纵长尾喷管后燃气舵舵面偏转,产生弹体飞行所需侧向力。这种推力矢量控制装置结构紧凑、操控力矩小、响应快、控制效率高,目前除 R-73 导弹原型采用扰流片形式,其改型产品采用摆动喷管外,国际上第四代近距格斗导弹多采用燃气舵形式,国产第四代格斗型空空导弹也采用燃气舵形式。

5.1.2 材料工艺特殊性与重要性

与弹体其他结构的材料工艺相比,推力矢量控制装置的关键材料及工艺具有很高的特殊性和复杂性,这与其在固体火箭发动机燃气流中工作环境十分严酷直接相关。虽然近距格斗型空空导弹发动机的工作时间通常较短,但燃气温度高,热流量大,冲刷破坏严重。在发动机工作期间,燃气舵、耳片、防护板等部位直接承受高温高速燃气流的烧蚀和热冲蚀破坏,其材料需要兼有抗高温烧蚀、抗冲刷、耐热和机械负载交互破坏等优良的综合性能,以承受 3 000℃左右高温烧蚀、自常温或低温骤然上升至数千摄氏度高温的热冲击(热震),以及高温高速燃气流强烈冲刷(热侵蚀)等破坏作用。燃气舵工作环境最为严酷,通常只有少数的高温难熔金属、碳/碳复合材料、高温陶瓷等材料能够胜任。此外,推力矢量控制装置也会采用与弹体其他部位相同或相异的其他高温合金、非金属高温烧蚀材料、陶瓷材料,以及高比强度和比刚度的金属材料、非金属密封、黏结材料、固体膜高温润滑材料等。

空空导弹战备值班和持机巡航时,推力矢量控制装置直接暴露于大气环境中,沿海及海洋环境的湿热、盐雾,风沙,日晒,雨,雪,霜,雹,工业废气及挂机巡航过程中的振动、冲击,高低温交变等严酷的环境因素,对钨/铜、钼/铜类异质金属产生腐蚀破坏以及非金属材料在服役环境中加速老化失效问题不容忽视。鉴于导弹高可靠性、可检测性、可加工性、批产稳定性等一系列特殊要求,推力矢量控制装置材料工艺技术成为空空导弹设计和生产中特殊、复杂且十分重要的技术内容。

已经有众多关于战术导弹及其材料工艺的丛书和文献资料可供查阅和参考,但由于推力矢量控制装置材料及工艺涉及敏感技术,包含大量的专利和商业秘密,难以从常规渠道检索到具有工程指导意义的信息和资料。本章内容旨在为从事专业设计和生产管理相关技术人员提供参考。

5.2 推力矢量控制装置材料设计

5.2.1 推力矢量控制装置材料概况

推力矢量控制装置的结构通常包括在发动机火焰中工作的燃气舵或扰流板、燃气舵防护板、轴套、基座和热防护部件,以及控制与传动机构等部件。各部件的使用工况差异显著。其中,燃气舵、耳片、防护板等部位直接承受高温高速燃气流烧蚀和冲刷破坏,设计上需要采用高温难熔合金、非金属碳材料、高温陶瓷等兼有耐烧蚀、抗冲刷和耐热震等综合性能优良的特种材料及结构;其他部位仍以高比强度和比刚度的金属结构材料为主,结构上还需要防热、密封、黏结、润滑、"三防"(防潮、防盐害、防霉菌)等功能的材料。

作为空空导弹系统的一部分,除直接承受高温高速燃气流烧蚀和冲刷破坏的燃气舵、耳片、防护板等部位外,推力矢量控制装置所用其他结构和材料的使用环境和要求与弹体其他部位相似,已有较多专业书籍和文献可供参考,因此,本章重点论述燃气舵材料工艺和质量控制相关内容。

作为近距格斗导弹的关键部件,燃气舵是一种在火箭喷流中工作的简单、可靠的特殊翼状结构,通常置于喷管出口处的燃气流中,通过其偏转达到改变喷流和推力方向,进而实现导弹的推力矢量控制的目的。燃气舵的工作性能取决于导弹发动机参数和工况、燃气舵的舵面形状和结构设计,以及材料与工艺等因素;在发动机参数确定的前提下,材料和工艺是决定燃气舵工作性能的主要因素。研究表明,燃气舵的烧蚀机理十分复杂,同种材料采用不同型号发动机试验得到的烧蚀结果迥然不同。一个型号用的燃气舵材料,往往需要经历实验室选材与研制、反复多次的发动机点火试验与改进,才能达到优选、定型、工程化应用的目标。同牌号、同配方、不同工艺制备的钨渗铜材料在同种燃气流中可持续烧蚀的时间可能相差数秒到数十秒;依据 GJB 2299A—2005《喉衬用钨渗铜制品规范》检测得到的常温力学性能并不能简单地预测其发动机试验结果。基于上述原因,GJB 6488—2008《燃气舵装置用钨渗铜制品规范》和 GJB 1739—1993《反坦克导弹燃气舵片用 Taw10 合金板材规范》等专业规范对燃气舵材料列出了详尽的、针对性的技术要求,充分说明了燃气舵其钨渗铜材料工艺的复杂性、特殊性和重要性。

据相关资料介绍,国外潘兴导弹采用了 WMo 合金燃气舵,"捕鲸叉"和"阿

斯洛克"导弹使用的是 W－10Cu 钨渗铜燃气舵。然而，国外对这两种燃气舵的材料和技术都严格保密，鲜有工程化技术可供借鉴。目前，国产空空导弹固体火箭发动机用燃气舵材料多采用特定品种的钨渗铜或钼渗铜等高温难熔合金。钨渗铜材料具有优良的高温强度、抗烧蚀和抗热震性能，但这类材料密度大，不利于导弹轻量化。在国产空空导弹燃气舵工程研制中，也针对石墨、碳/碳复合材料、碳/碳化硅陶瓷基复合材料等轻质高温材料在内的多种燃气舵材料方案进行了研究。

除燃气舵外，推力矢量控制装置的护板、耳片、防护板等部位可根据具体烧蚀工况选用高温难熔合金、非金属烧蚀防热材料、高比强和比刚度的金属材料，以及高温固体润滑材料、非金属密封材料、非金属胶黏剂等材料。

5.2.2 推矢燃气舵的工况与材料设计

1. 高温高速燃气流破坏作用

(1)燃气流高温烧蚀。

导弹固体火箭发动机喷射出的高温燃气流(约 3 000～3 500K)与烧蚀表面接触过程产生高温烧蚀破坏压强(p_1)，可用下式表述：

$$p_1 \propto (T, v_0, t, \xi, \psi) \tag{5-1}$$

式中，T 为燃气温度；v_0 为燃气流的速率；t 为烧蚀时间；ξ 为发动机特性参数；ψ 为被烧蚀表面特性参数。表面烧蚀主要包含了化学、动力学和流体力学过程，固体表面的物理化学过程(溶解、熔化、升华、化学反应动力学过程)，以及烧蚀产物的扩散、对流过程。

当燃气舵片存在时，燃气在舵片处会受到阻滞，速率降低，而燃气温度会有所升高，流场仿真结果如图 5－2 所示。

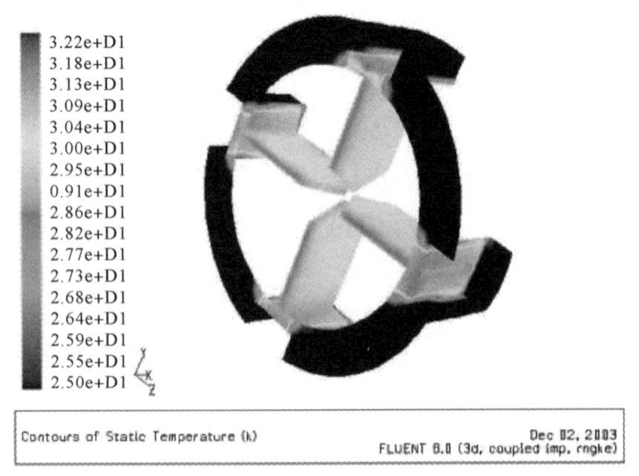

图 5－2　燃气舵片烧蚀过程的静温云图

图 5-2 表明，燃气流烧蚀过程燃气舵片前缘已经达到约 3 000 K 的高温；考虑到空空导弹固体发动机的尾流为复杂的二相流，高温燃气流中夹杂的液态颗粒对燃气舵片的冲刷会明显增加对燃气舵片的传热作用，可以认为，燃气舵片在发动机工作时的环境温度将会达到 3 000 K。

材料设计上需要采用具有耐高温烧蚀特性的材料。由此可见，金属材料的熔点需要远超过上述温度才能正常工作，非金属材料需要在上述温度中具有优良的高温热强度、化学稳定性才能正常工作。因此，其可选用的材料包括高温难熔合金材料、非金属碳材料，碳/碳复合材料、碳/碳化硅复合材料、高温陶瓷基复合材料。在此，非金属材料的抗烧蚀机理与金属材料不同，高温难熔发汗合金与高温合金材料的工作机理不同，这在本章将进一步阐明。

(2)高温燃气流热震冲击。

导弹发动机点火后，发动机喷射的高温燃气流在燃气舵上瞬间形成强烈的热冲击(燃气舵体内出现巨大的温度梯度、热应力冲击)，即燃气舵的“热震”效应。燃气舵的这种“热震”可分为两个阶段：发动机点火时燃气流瞬间的加热冲击阶段和燃气流中断时的冷却阶段。在前一阶段中，处于常温或低温状态下的燃气舵突然遭受 2 000～3 000℃高温燃气冲刷，进而温度以 2 000℃/s 左右骤升，舵体内形成巨大、非稳态的温度梯度，对燃气舵造成类似地震般极大的热冲击波。高温燃气流的这种瞬间热加载，由于燃气舵本体内部各处热量传导速率滞后，某处热扰动将不会瞬间为各点所感受，形成强烈的温度冲击波→在舵片本体内部形成极高的温度梯度→很高的动态热应力。一旦这种热应力超过材料许用应力，将导致结构损伤、破坏。在后一阶段中，高温燃气流突然中止也会在燃气舵内部形成温度梯度和热应力，如图 5-3 所示。图 5-4 为热震断裂燃气舵的照片，断口呈脆性断裂特征。

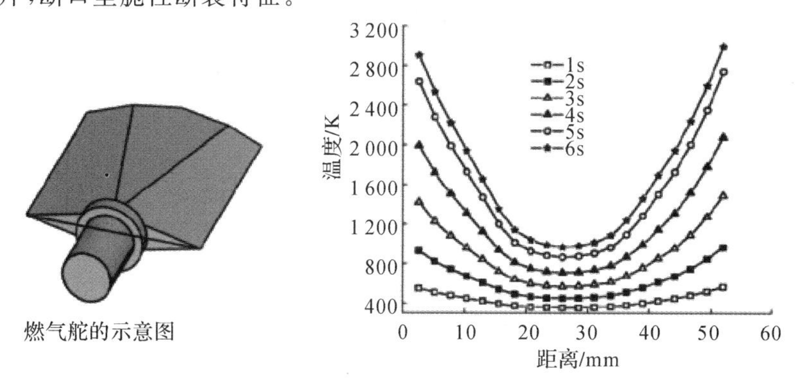

图 5-3 一种碳/碳复合材料燃气舵从表皮到芯部热震过程温度变化

图 5-4　热震断裂燃气舵的照片

燃气舵材料的热震性能可以用抗热震因子 ω 表征：

$$\omega \propto (\Omega,\Theta,\xi,\psi) \tag{5-2}$$

式中，Ω 为材料特性(涉及材料的强度、模量、断裂韧性、热导率、膨胀系数等性能)；Θ 为材料内缺陷状况；ξ 为发动机特性参数(涉及燃气流的温度、速率、固相含量等)；ψ 为被烧蚀表面特性参数。

热震破坏可导致燃气舵脆断等危险故障，对导弹飞行任务至关重要。燃气舵部件是否出现热震破坏，不仅与发动机特性参数关系密切，也与燃气舵本体的热导率、形状和尺寸、表面热传递能力等因素有关，还与热应力在燃气舵中的分布、应力产生的速率和持续时间、材料的均匀性，以及是否存在裂纹、缺陷等情况有关，是一个十分复杂的问题。热震是推力矢量控制装置材料工艺研究的重要内容之一。

材料设计上需要采用具有良好导热特性的高温烧蚀发汗难熔材料、高温难熔合金材料、非金属碳材料、碳/碳复合材料、碳/碳化硅复合材料，以适应高温热冲击的特殊工作环境。试验表明，钨渗铜材料与轻质碳/碳复合材料和碳/碳化硅复合材料相比，虽然高温强度衰减较大并无优势，但其热导率高，有利于降低热冲击带来的应力，见表 5-1。

表 5-1　不同燃气舵材料的热导率

材料	铜	钨	钨渗铜	碳/碳复合材料($x-y$ 向)	碳/碳复合材料(z 向)	碳化硅基体	碳/碳化硅复合材料(z 向)	碳/碳化硅复合材料($x-y$ 向)
热导率/$\mathrm{W\cdot(m\cdot K)^{-1}}$	400	174	205	30.2	19.3	30	14.5	5
线膨胀系/$10^{-6}\mathrm{K}^{-1}$	17.5	4.5	W-7Cu 6.64(室温～900℃)	1.40	2.78		1.14	4.8

研究表明，对于不同牌号的钨渗铜材料，Cu 含量增加，有利于提高抗热震性。材料中出现的裂纹、贫铜、渗铜不均等缺陷，都是导致热震破坏的重要因素。

碳/碳化硅复合材料的高温强度保留率很高。在高温下，碳/碳化硅复合材料和碳/碳复合材料的强度-温度关系规律相同，即复合材料的强度随温度升高

反而增大。虽然碳/碳化硅复合材料在1 400～1 600 ℃时高温强度最低，但此时的强度仍高于400 MPa，强度保留率在80%以上（而钨渗铜 W-7Cu 仅为110～140 MPa）。单从耐高温的角度，碳/碳化硅复合材料高温承载力和抗冲击能力比钨渗铜材料高。但试验所用3D的碳/碳化硅复合材料的室温轴向热导率为14.5 W/(m·K)；x-y向热导率不足5.0 W/(m·K)，远低于钨渗铜材料，从热导率一方面解释了钨渗铜材料的抗热震性；另一方面，钨渗铜材料的钨骨架和分散相铜的致密度高（孔隙率小于3%；碳/碳化硅复合材料孔隙率约15%），因此，从材料设计的角度，制作燃气舵的钨渗铜、钼渗铜或钨钼渗铜材料应尽可能避免裂纹、贫铜、渗铜不均等缺陷，提高材料的热应力传递路径的连续性；而碳/碳化硅复合材料或碳/碳复合材料需要根据烧蚀情况设计合理的编织方式，提高导热性，以提高材料抗热震性能。

将燃气舵当作薄板处理，依据胡克定律推导出燃气舵内部受热时的热应力σ与燃气舵的弹性模量E、线膨胀系数α、泊松比υ和所受的温差ΔT的关系式。假设燃气舵加热时内任意一点的温度T是时间t和距离x的函数$T=f(t,x)$，其任意点处的应力则取决于该点温度T和在该时刻平均温度T_{av}之间的差别，以及允许存在最大温差ΔT_{max}，具体如下：

$$\sigma_x=\sigma_z=\frac{\alpha E}{1-\upsilon}(T_{av}-T) \tag{5-3}$$

$$\Delta T_{max}=\frac{\sigma(1-\upsilon)}{\alpha E} \tag{5-4}$$

燃气舵部件是否出现热应力断裂，与热应力σ_{max}的大小有着密切的关系，而材料所受的热应力又与材料的热导率、形状尺寸、材料表面对环境进行热传递的能力等有关。另外，燃气舵是否出现热应力断裂还与热应力在燃气舵中的分布、应力产生的速率和持续时间、材料的均匀性，以及原有的裂纹等情况有关。

(3)高速燃气流热冲蚀。

发动机高速燃气对燃气舵片有强烈冲刷作用。高温高速两相燃气流中的高速粒子主要是熔融态氧化铝，这些粒子有凝聚形成较大颗粒的倾向。高温环境中，材料机械性能会显著下降，而高温烧蚀加上高速冲蚀的耦合作用则加速了处于烧蚀状态材料的破坏。当不考虑温度效应时，根据Evans的弹塑性冲蚀理论，材料冲蚀损耗量与冲蚀射流的粒子速率v_0、粒子流密度ρ、粒子尺寸r、冲蚀角θ，以及受冲蚀基体的断裂韧性K_{IC}、硬度H和发动机特性ξ有关（a,b,j为系数）。在机载发射装置高温高速烧黏条件下，粒子密度ρ、尺寸r和基材特性K_{IC}、ξ影响显著，可用下式表示：

$$p_{2,max}\propto f(v_0,r,\rho,\theta^{-a},K_{IC}^{-b},H^{-j},\xi) \tag{5-5}$$

对燃气舵烧蚀情况进行简单分析：通过式(5-6)、式(5-7)和流场仿真云图（见图5-5）可知，在发动机喷管出口处燃气的流速可达到3Ma（约2 500 m/s）。

$$\frac{S}{S_t}=\frac{1}{Ma}\left\{\frac{2\left[1+\frac{k-1}{2}(Ma)^2\right]}{k+1}\right\}^{\frac{k+1}{2(k-1)}} \tag{5-6}$$

$$u_e=\sqrt{\frac{2k}{k-1}RT_c\left[1-\left(\frac{p_e}{p_c}\right)^{\frac{k-1}{k}}\right]} \tag{5-7}$$

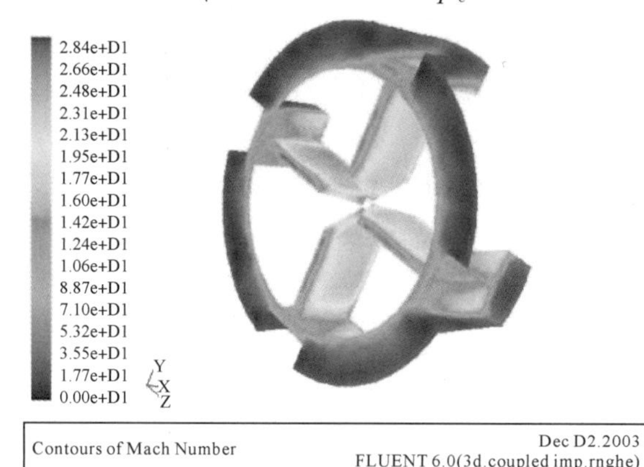

图 5-5 舵片存在时发动机尾流马赫数云图

空空导弹为了减重、增程、增加机动性，多采用高能复合推进剂装药，推进剂含有较多铝粉等含能物质，燃烧后形成氧化铝残渣，在高速气流作用下，对推力矢量控制装置表面形成强烈的冲蚀破坏作用。

材料设计上不仅要求燃气舵材料具有耐高温烧蚀、热强度高，且要求选用材料满足配套发动机装药相适应的抗侵蚀特性，以满足型号烧蚀率设计指标要求，如图 5-6 所示。通常，可选的材料包括耐高温烧蚀发汗难熔合金材料、耐高温难熔合金材料、非金属碳材料、碳/碳复合材料、碳/碳化硅复合材料等。非金属编制的碳材料需要考虑高温燃气流来流方向的侵蚀作用，优化设计。

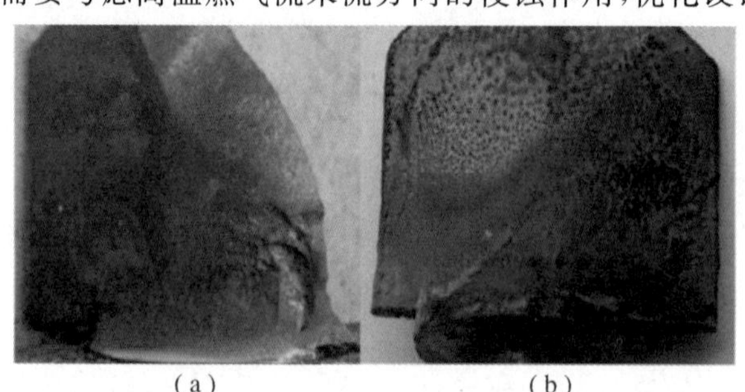

(a)　　　　(b)

图 5-6 燃气舵受高温烧蚀和热侵蚀状况

(a)烧蚀率高；(b)正常烧蚀

(4) 燃气流的热载荷。

燃气舵其实是一种在火箭发动机尾喷燃气流中旋转的特殊翼面,用于导弹的推力矢量控制。固体发动机点燃后产生强大的燃气喷流,对处于悬臂状态的燃气舵施加冲击力和弯曲载荷。燃气舵所受的冲击力和弯曲载荷与发动机装药的性质和旋转角度有较大关系,旋转角度越大,阻力越大,燃气流所加载的载荷越大。

发动机燃气流对燃气舵所施加的载荷也是导致其破坏因素之一,这也是燃气舵的热强度需要高于喉衬材料的重要原因之一。加载烧蚀试验表明,加载烧蚀的破坏力远高于静态烧蚀。因此,材料设计上除关注燃气舵材料的常温强度、模量外,还需要关注其高温热强度、刚度、韧性等高温力学性能。

(5)多因素耦合协同破坏作用。

发动机高温高速燃气流对燃气舵的作用属于高温烧蚀、热冲蚀、热震冲击、加载等多因素的综合作用,这种多因素耦合作用比单因素破坏作用更为严酷,这使得燃气舵材料难以通过实验室单因素试验方法进行模拟试验和研究。

有研究认为,燃气舵在发动机燃气喷流冲击动载荷和激振力的作用下会产生各种形式的振动,当燃气舵所受燃气喷流冲击激振力的频率与燃气舵结构的某一固有频率接近时可引起结构共振而产生很高的动应力,这种动应力的急剧增大有可能造成燃气舵结构过早地出现疲劳破坏或超出允许的大变形。

材料设计上需要采用兼有优良的常温和高温热强度、刚度等力学性能,耐高温烧蚀、抗侵蚀的高温烧蚀发汗难熔合金、耐高温难熔合金材料、非金属碳材料、碳/碳复合材料和碳/碳化硅复合材料等通过发动机试验考核,以满足发动机特殊工作环境设计要求。

2. 严酷的服役环境

海洋环境的高温、高湿、高盐雾、强紫外线和微生物的综合作用,容易引起空空导弹金属结构腐蚀,电器短路,非金属老化,运动部件失灵等故障,舰载机挂载导弹所处环境是一种兼有海洋大气"三高一强"特点及舰机排放酸性废气的特定环境,存在功能异常和事故风险。此外,沙尘渗透缝隙带来的摩擦磨损、卡滞以及风、霜、雨、雪、霜工业废气等环境因素对长期服役推力矢量装置产生的不利影响,都是材料和结构设计需要解决的问题,详见第5.3和5.6节相关内容。

5.2.3 燃气舵材料基本要求

通常,作为燃气舵工程应用的材料应满足以下设计要求:

1)耐高温:由于空空导弹发动机燃气流的温度为2 700～3 000℃,燃气舵用材料在其工作期间应具有优良的耐高温烧蚀特性。

2)烧蚀率低:从推力矢量控制的角度来看,燃气舵的烧蚀率越低,越有利于系统控制。燃气舵的烧蚀率主要与发动机装药特性有关,还与燃气舵材料和工艺、结构设计有关。材料的烧蚀率低、抗侵蚀性能好有助于获得较低的烧蚀率。通常,为了提高导弹射程,添加装药的金属铝粉可提高发动机比冲和总冲,但其产生的固体残渣含量高,需要采用抗粒子流热侵蚀性能优良的材料。

3)抗热震特性好:热震特性是决定燃气舵是否脆断失效的重要指标。材料内应力小、无缺陷,热导率高,结构膨胀系数匹配有利于适应瞬时高梯度热冲击带来的热震破坏。

4)机械强度和热机械强度好:众多金属和非金属复合材料具有优良的常温力学性能,但随温度上升到500～3 000℃时,力学性能会骤降。由于燃气舵在发动机火焰中工作过程需要承受从常温到高温的冲击、热载荷,这要求材料不仅具有优良的常温力学性能,在发动机高温火焰烧蚀条件下的高温机械性能更为重要。这些性能包括室温和高温抗拉强度、断裂延伸率、室温抗弯强度、断裂韧性K_{IC},弹性模量E等。

5)质量轻:除以上性能要求外,由于空空导弹质量要求苛刻,故还应尽可能采用密度低、比强度和比刚度高的工程材料,以满足轻量化、小型化设计要求。

6)环境适应性好:能够满足空空导弹高温储存、低温储存、温度冲击、温度循环、振动、加速率冲击、湿热(240 h)、盐雾(96 h)、霉菌等一系列条件的要求。

7)工艺和质量要求:燃气舵材料应适合规模化制备和批量加工。此外,燃气舵材料的质量应可检测。

8)立足于国内稳定供货、成本可控。

5.2.4 选材与试验

1.选材试验主要工作

材料是实现燃气舵性能的基础。材料的性能和状态对燃气舵在高温燃气流中稳定、可靠地工作至关重要,因此,选材是型号设计首要任务。

燃气舵的性能和可靠性关系到导弹任务的可靠性。材料选用需要评估材料承制单位的研发与批产供货能力、质量控制、材料型号应用背景、军工保密认证等资质、型号配套经验等诸多内容。材料的选用原则、基本要求可参照GJB/Z 215.2—2004《军工材料管理要求 第2部分:选用》执行。

鉴于前文论述的燃气舵工作特殊环境，所选材料必须满足型号发动机特定工作环境才能稳定可靠地实现作战任务目标。因此，发动机试验是一项必不可少的选材项目。试验表明，发动机地面点火试验与导弹空中发射工作环境相似，发动机地面点火试验可以作为选材重要判据。

由于单次固体火箭发动机地面点火试验的成本也很高，单纯依靠重复多次的发动机地面点火试验来完成燃气舵材料筛选，不仅耗资巨大，且工期长、试验烦琐。因此，在选材工作初期，采用其他低成本常规基础试验结合专项试验进行待选方案的平行比较、优选或改进，有利于加快研制进度、降低成本。考虑到第5.2节论述的燃气舵工作特殊环境，初步选材工作主要是：① 型号研制背景条件、资质、承制能力、技术水平等内容考察；② 材料常温和高温力学性能测试；③ 耐烧蚀和抗侵蚀能力分析与试验；④ 抗热震性能分析与试验；⑤ 显微结构分析与其他试验。

2. 常温和高温力学性能测试

力学性能是表征材料具备高温工作基本能力的基本指标，要求其强度、模量和韧性满足发动机高温工作环境的强度要求。高温强度一般采用带加热炉的力学试验机进行检测。GJB 6488—2008《燃气舵装置用钨渗铜制品规范》、GB/T 2299A—2005《喉衬用钨渗铜制品规范》提供了燃气舵装置用钨渗铜材料的常温和高温力学性能测试方法。燃气舵材料的常温和高温力学性能测试设备如图5-7所示。

图5-7 燃气舵材料的常温和高温力学性能测试设备

3. 烧蚀与加载烧蚀试验

(1)烧蚀试验。

耐高温烧蚀性能和抗发动机两相燃气流凝相物热侵蚀特性是评估燃气舵材料性能是否满足设计要求的重要内容。由于发动机试车费用高昂，初期试验主

要采用适合实验室重复试验的方法。燃气舵材料的地面模拟烧蚀试验主要手段包括氧-乙炔烧蚀试验方法、等离子烧蚀试验方法、电弧加热烧蚀试验方法、小型试验发动机的点火试验等方法。GJB 323A—1996《烧蚀材料烧蚀试验方法》提供了燃气舵用发汗难熔合金、非金属碳/碳复合材料、碳/碳化硅复合材料和高温陶瓷等烧蚀材料的氧-乙炔烧蚀试验方法和等离子烧蚀试验方法的一般要求和试验装置、试验条件、试验程序及数据处理等技术要求。

GJB 323A—1996《烧蚀材料烧蚀试验方法》通过氧-乙炔焰流或等离子射流垂直冲冲烧到材料表面进行烧蚀，以试样被烧蚀深度除以烧蚀时间来确定线烧蚀率，以烧蚀前后质量损失除以时间来确定质量烧蚀率。电弧驻点烧蚀测量法具有可以模拟材料工作时真实烧蚀环境，根据需要添加各种冲刷粒子，具有模拟可靠、可重复性好等优点，是国内外普遍采用的烧蚀方法。

线烧蚀率和质量烧蚀率按式(4－9)和式(4－10)计算。

对应用于无烟装药发动机的燃气舵材料的烧蚀试验可选用氧-乙炔烧蚀试验，而对于含金属粉发动机装药，燃气残渣含量不容忽视的情况，适合采用等离子烧蚀试验方法。在烧蚀过程添加适当的陶瓷粉，以模拟烧蚀过程的冲蚀磨损性能。

(2)加载烧蚀试验。

为了进一步模拟燃气舵在发动机燃气流中兼有承载的烧蚀环境，可以在上述烧蚀试验中同步施加适当的载荷，将试验设计成加载烧蚀试验，如图5－8所示。

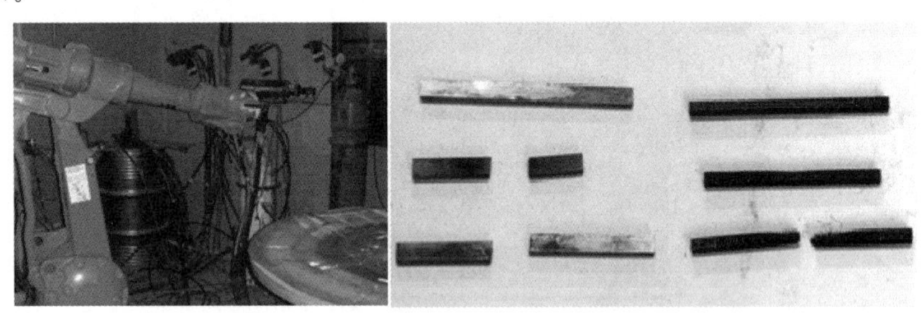

图5－8　加载烧蚀试验后的试样

4.抗侵蚀特性试验

实验室常见的抗侵蚀试验主要是常温干喷砂或湿法喷砂等试验方法，也有将被测材料或样件加热同时喷砂和采用专用小型试验发动机进行烧蚀＋热侵蚀的试验尝试。

5. 抗热震性能试验

抗热震性能是燃气舵能否确保导弹实现作战任务关键特性之一。鉴于其重要性，工程技术人员开展了持续、大量的技术研究，提出了多种热震理论和模型，为评价材料的抗热震性能提出了众多指标和测试方法，如热应力因子、抗热震因子等。但由于影响材料的抗热震性能的因素多，对应某一具体材料能否经受热震不破坏，仍难以给出确切判据。国内研究人员常用等离子火焰加热至3 200℃，快速淬水冷却和发动机地面点火试验两种方法进行材料热震性能研究。其中，高温火焰烧蚀/淬水冷却的方法具有操作简捷、成本低的优点，有利于材料抗热震性的快速评估。

6. 其他选材试验

新厂家、新品燃气舵钨渗铜选用时，应进行材料显微结构分析、抗烧蚀、热震性能分析和发动机地面验证试验。显微结构可采用金相显微镜、扫描电子显微镜(SEM)分析，如图5-9所示。

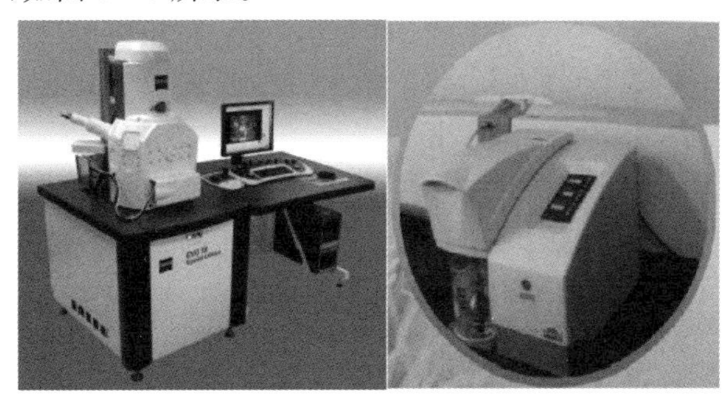

(a) (b)

图5-9 显微结构分析(a)及密度测试(b)

燃气舵的抗烧蚀、抗热震、抗侵蚀等特性与材料的显微结构有较大的关系。显微结构分析和金相分析有助于及时、便捷地(较发动机试验和其他烧蚀试验)揭示材料和结构的内在本质特征和信息，对热震破坏、烧蚀率高低等分析十分重要。

7. 发动机地面试验

由于燃气舵的地面发动机试验和空中发射的烧蚀状况相似，采用导弹发动机地面点火试验，可获得最直接、真实的效果，如图5-10所示。但由于该方法试验成本高、一次可试样品少，不宜作为初期大范围选材方法，主要作为试验验证和考核手段。

图 5－10　发动机地面试验照片

在真实发动机地面点火工作条件下，要求不出现燃气舵结构完整性破坏、烧蚀率等技术指标满足设计指标。

此外，为保障导弹飞行精度和可靠性，仅仅依靠传统基础试验、静力设计和经验设计已难满足工程研制需要，随着技术的发展，已经有大量的工程设计与计算软件、仿真试验方法、手段得以应用。采用工程计算结合基础试验和发动机验证方法正成为燃气舵结构设计、选材、改进的有效手段。

5.2.5　推力矢量装置其他材料及其要求

推力矢量控制装置的热防护、结构连接、传动与控制等部分还需要其他高温合金，非金属高温烧蚀隔热材料，陶瓷材料，以及高比强度、比刚度的金属，非金属绝缘材料，固体膜高温润滑材料，密封和黏结材料，涂层材料等。

1. 高温烧蚀隔热材料

作为推力矢量控制装置结构高温烧蚀材料，通常要求抗高温烧蚀、隔热性能好(热导率低)、质量轻、有一定强度和刚度，便于加工和装配，成本低、易于批产加工。

设计上常用烧蚀防热非金属材料，如耐烧蚀的树脂基高硅氧/酚醛复合材料。这类材料的耐烧蚀性依据成形所用酚醛树脂品种的不同有较大差异。通常，钡酚醛树脂、高碳酚醛树脂和硼酚醛树脂制备的耐烧蚀树脂基高硅氧/酚醛复合材料具有较好的耐烧蚀性能。隔热性能与连续纤维编织方向有一定关系(短切纤维复合材料基本上具有各向同性)。此外，还可能采用隔热、耐热的碳泡沫和石棉毡等材料。

为防护推力矢量控制装置外露铝合金结构的烧蚀，设计上可在其承受烧蚀的部位涂覆薄层防热涂层材料，提高其抗烧蚀性能。

2. 金属结构材料

推力矢量控制装置的外部壳体、内部传动部件通常采用钛合金、铝合金和高强钢等常用比强度、比刚度高的金属材料。这些材料可以按照导弹结构设计准则进行设计、试验。设计上可能需要考虑推力矢量控制装置工作期间受热影响的部件在受热引起的尺寸、强度、刚度和结构变化的材料适配性、兼容性问题。

3. 宽温极压润滑材料

燃气舵等高温部件的转动部位需要采用在－55℃储存、－45～＋70℃工作，发动机工作期间数千摄氏度高温有效工作的润滑材料，以避免燃气舵和推力矢量控制装置转动部件发生卡滞故障。固体膜润滑材料（干膜润滑）是满足这种设计要求的特种材料之一。

MoS_2 和 WS_2 干膜润滑是一类广泛用于卫星、导弹、飞机、原子能利用等特殊场合的特种润滑防护材料。与润滑油和润滑脂相比，其可耐负荷更高，高低温应用范围更宽，不沾灰尘、雨水，使用寿命长，不易变质，防腐蚀性能好，洁净，等等。目前，已经有超过1 000℃高温的干膜润滑材料可供燃气舵选用，满足机载导弹高、低温，有动配合间隙、承载和过载大的推力矢量控制装置的润滑与防护应用需要。

设计上，燃气舵的润滑应选用使用温度范围、耐极压性能与推力矢量控制装置工作环境匹配的高温干膜润滑材料，其他部位可根据使用工况选用干膜润滑材料、极压润滑脂等材料。上述材料除进行必要的实验室试验外，还应结合发动机地面试验加以验证。

4. 宽温黏结和密封材料

机载导弹密封结构除舱体之间、窗口、部件用常规密封圈和密封胶外，对于承受数千摄氏度高温的导弹推力矢量控制装置结构和密封材料，要求满足高温烧蚀导弹挂机振动与自主飞振动和过载等各种严酷环境服役的环境适应性要求。

黏合剂、密封件和密封剂的选用，主要根据使用工况、黏结与密封部位、工作状态、介质种类和特性以及装配工艺等限定条件和设计要求综合分析，并经试验确定。通常，承载大、受冲击及交变应力部位使用的材料，应选择弹性、强度高的密封圈、密封胶；温差变化很大部位要求密封件弹性好。此外，动密封还要考虑摩擦和溶胀等问题。密封设计因密封部位、介质和工作条件而异，弹体密封材料设计要求如下：

1）工作温度范围内性能稳定，高温不软化、不发黏，低温不硬化、不脆裂；

2)保持良好的黏结;

3)密性效率高,压缩回弹性好,永久变形小;

4)耐介质、抗腐蚀性好,带油长期储存体积溶胀率小;

5)摩擦因数小,可装配性好;

6)耐老化、耐候性(暴露条件下)好,经久耐用;

7)材料易得、易加工,价格低廉。

机载导弹密封设计涉及密封圈及密封胶的试验与验证涉及常规性能测试、产品密封性能试验、环境适应性试验、储存与寿命试验及特殊试验(如静热联合试验)等。

通常,密封圈及密封胶常规性能测试可以采用国家标准、国家军用标准、行业标准和企业标准采用标准规定的试样和程序进行试验。其中,压缩永久变形和耐介质较为重要。产品试验可以直接采用产品的密封部件也可采用功能样机进行设计要求进行理化、力学和热性能试验,以分析其是否满足设计要求。环境适应性试验规定的高温储存、低温储存、温度冲击、振动、冲击、湿热、盐雾等环境条件下的检测需要注意考核实际环境条件下连接结构的工作可靠性。

5.3 推力矢量装置常用材料

5.3.1 推力矢量控制装置常用材料

作为空空导弹弹体弹结构的一部分,推力矢量装置及燃气舵部件在导弹的寿命周期内的服役环境,维修故障与弹体其他部分相同,需要满足各项环境适应性以及适海性要求,且具备生产可加工性,成本可控等相关要求。

作为在发动机燃气流中工作的特殊结构及装置,推力矢量装置及燃气舵需要满足在高温高速燃气中流工作的特殊设计要求。上述材料除进行必要的实验室试验外,还应结合发动机地面试验加以验证。表 5 - 2 列举了常见材料的主要性能。

1. 高温难熔合金材料

金属材料具有强度高、耐高温、易于加工成形、一致性好等优点,广泛应用于高、低温使用的各种结构和器具。其中,金属钨、钼及过渡元素材料以及合金材料因其优良的常温和高温、刚度和综合性能,在高温环境的工业领域获得了广泛应用。

表5-2 推力矢量控制装置常见材料主要性能

项目	材料							
	铝合金 2A12	钛合金 TC4	不锈钢 15-5PH	钨渗铜 W-7Cu	酚醛环氧	碳/碳复合材料	碳纤维增强环氧树脂基复合材料(高强)	碳纤维增强环氧树脂基复合材料(高模)
密度/(g·cm^{-3})	2.7	4.5	7.8	17.5			1.45	1.6
抗拉强度/MPa	470	960	1 000	550			1 500	1 100
拉伸模量/GPa	72	120	210	320			140	240
比强度/(m^2·s^{-2})	1.7	2.1	1.3				10.3	6.9
比模量/(m^2·s^{-2})	2.7	2.7	2.7				9.7	15.0

难熔金属通常指熔点高于1 650℃、有一定储存量的金属材料(包括钨、钼、钽、铌、铪、铬、钒、铼等),也有将熔点高于锆(1 852℃)的金属称为难熔金属。以难熔金属为基体、添加其他元素改性获得的合金称为难熔合金。难熔金属及其合金的共同特点是熔点高,高温强度高、抗液态金属腐蚀性能好,绝大部分可塑性加工,其使用温度范围为1 100～3 320℃,远高于常用高温合金材料,属于重要的航天高温结构材料。目前,在推力矢量控制装置上应用最重要的难熔合金主要是钨和钼的合金。

金属钨(W)是目前最耐热的金属。金属钨具有难熔金属中最高的强度。此外,钨还具有弹性模量高、膨胀系数小、蒸气压低等特点。不足之处在于密度大(19.3 g/cm^3)、低温脆性和高温氧化严重。金属钼(Mo)具有弹性模量高(320 GPa)、膨胀系数小、高温蠕变性能好,工艺性能和密度(10.2 g/cm^3)优于金属钨,合金可以进行焊接,且焊缝强度和塑性良好等特点;不足之处在于熔点低于金属钨,低温脆化和高温氧化严重等问题。钨、钼的体心立方晶格结构决定了其断裂为脆性断裂。从热力学角度,材料裂纹的扩展总是沿着最薄弱的区域进行的,烧结温度越高,晶界结合力也越强,当晶界强度大于晶粒强度时,裂纹便从晶粒处扩展,因此晶粒数量越多,宏观上材料体现的强度也越高。

钽(Ta)及钽合金具有高熔点、良好的耐蚀性能、优异的高温强度、良好的加工性能、可焊接性能、较低的塑-脆转变温度及优异的动态力学性能等优点,使其广泛应用于电子、武器、化工、航空航天工业与空间核动力系统等行业,是在1 600～1 800℃环境下工作的理想结构材料。然而,钽及钽合金的高温下抗氧化性能较差,钽在500℃以上会因加速氧化生成Ta_2O_5,使得其应用受到严重制约。目前,提高抗高温抗氧化性能、延长钽及钽合金工作时间的主要方法是:①采用涂层增强耐高温抗氧化性能;②通过合金化处理提高耐高温抗氧化性能。例如,Royal公司在Ta-10W表面制备厚度为75 μm的Al-Sn涂层,并将其成功地应用于阿金纳火箭二次推进系统，涂层正常累计工作时间为 6 250 s 和 2 000 s。国内在 Ta-12W 合金表面制备出硅化物涂层，涂层在 1 800℃的抗氧化时间达到 9 h，室温到 1 800℃热震寿命 151 次。

表 5-3 列出了安泰科技常见钨合金、钼合金、钼-钨合金等高温合金材料。

表 5-3　安泰科技难熔金属材料性能

测试项目		93WNiFe	W-7Cu	Mo-10Cu	W/Mo-Cu	W-Re	锻造钼	TZM
最大规格尺寸/mm		500×500×700	200×200×500	200×200×500	200×200×500	20×300×300	30×300×500	30×300×500
密度/(g·cm^{-3})		17.8～18.2	17.0～18.0	9.6～10.2	9.6～17.5	19～20	9.9～10.2	9.9～10.3
抗拉强度/MPa	室温	800	550	400	400～550	800	500～700	600～800
	700℃	400	280					
	800℃		240	180	180～240			
	1 000℃	200	180				180	300
	1 200℃		120		60～120			
	1 600℃		60	30		330		80
延伸率/(%)	室温	15						
弹性模量/GPa	室温	340	320	250	250～320	350		
	600℃		290	230	230～290			
	800℃		280	210	210～280			
	1 000℃	130						
冲击韧性(RT)无缺口/(J·cm^{-2})		75			3.0～30			
断裂韧性(RT) K_{IC}/(MPa·m$^{1/2}$)		60	13	40	13～40	30		
线膨胀系数/(10^{-6} K^{-1})	200℃	5.9	5.7	5.5		5.6	5.4	
	300℃	6.0	5.9	5.9		5.7	5.7	
	400℃	6.3	6.0	6.0		5.8	6.2	
	500℃	6.8	6.2	6.0		5.8	6.2	
	600℃		6.2	6.2		5.9	6.4	
	700℃		6.3	6.3		5.9	6.9	
	800℃		6.6	6.4		6.0	6.0	

续表

测试项目		93WNiFe	W-7Cu	Mo-10Cu	W/Mo-Cu	W-Re	锻造钼	TZM
热导率 W·(m·K)$^{-1}$	室温	76	170	140		35	140	
	100℃	79		130			120	
	200℃	79	150	130			120	
	300℃	75		120			119	
	400℃	71	140	120			115	
	500℃	64		120		36	113	
	600℃	70	130	110			110	
	700℃	64		110			110	
	800℃	36	120	110			110	

上述材料可分别供不同发动机烧蚀环境中燃气舵选材使用。

2. 烧蚀“发汗”材料

“发汗冷却”指处于高温工作环境中的结构材料，通过其材料本体中的一部分融化、蒸发带走大量热量，产生类似生物“发汗”的功能和现象，这种降低结构材料实际工作温度、维持高温工作部件正常工作的特性是钨渗铜类“发汗”难熔合金能够在数千度发动机燃气流高温环境中工作的基础。

(1)典型的燃气舵用钨渗铜“发汗”材料。

钨渗铜燃气舵烧蚀表面“发汗”渗出金属铜如图5-11所示。

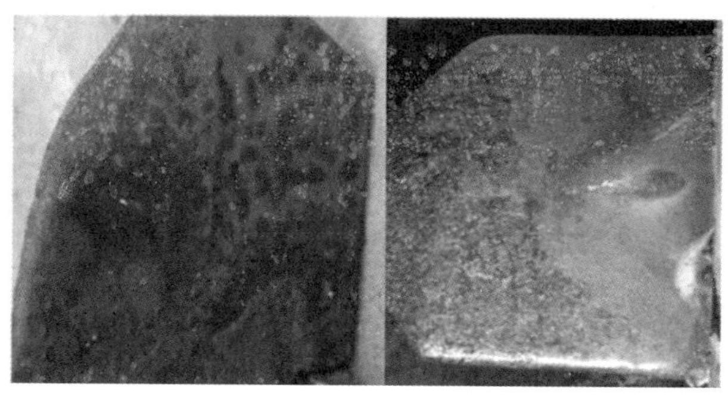

图5-11 钨渗铜燃气舵烧蚀表面“发汗”渗出的金属铜

钨(钼)渗铜系列难熔合金是由高熔点、高强度的金属钨(钼)和导热、导电性能良好的金属铜组成的特种高温合金材料，广泛应用于航天和军工等重要领域。钨渗铜材料其实是钨+铜的一种“假合金”(见图5-12)，综合了钨和铜各自的

优点，具有耐高温、耐电弧、强度高、导电和导热性好，易于加工等特性，可作为真空触头、电极、电子封装、配重等材料广泛应用于机械、电力、电子、冶金、航空航天等工业。鉴于钨渗铜材料高温“发汗”、耐高温、抗冲刷的特点，在火箭、导弹等军工领域也获得特殊应用，是一类较为成熟的燃气舵用工程材料，常用于制备发动机喉衬和燃气舵片。

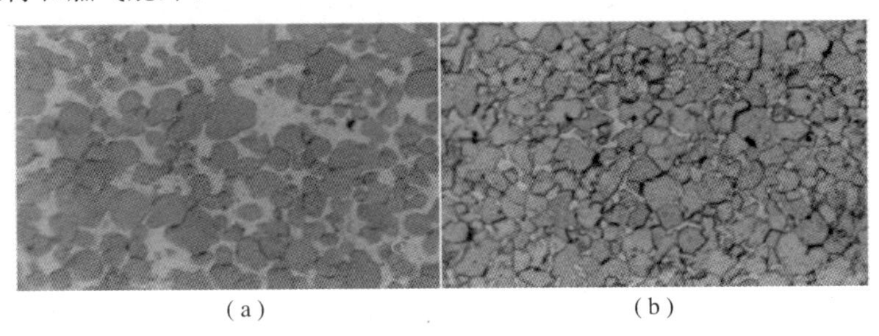

(a)　　　　　(b)

图 5-12　钨渗铜金相 SEM 形貌照片

(a) W-20Cu SEM 形貌照片，×1000；(b) W-7Cu SEM 形貌照片，×1000

在 W-Cu 材料中熔渗的金属铜对钨骨架具有良好的增韧和强化作用。铜含量是影响 W-Cu 材料室温强度的重要因素。钨渗铜材料的性能具有可设计性，通过调整渗铜的比例、钨粉和铜粉粒径大小，控制渗铜工艺参数等，可以实现钨渗铜材料的力学性能、高温性能、烧蚀性能的调整和设计，如图 5-13 所示。

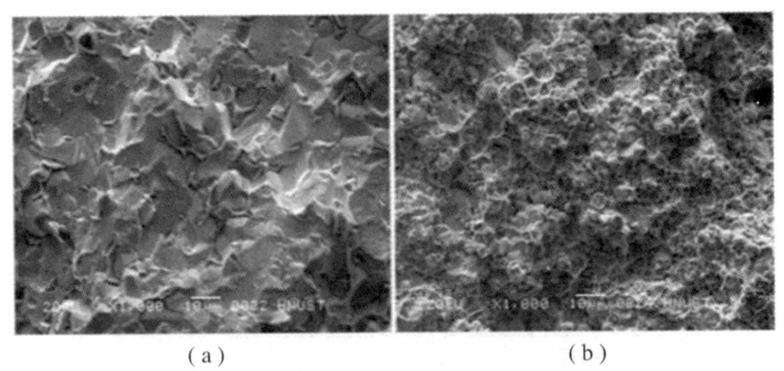

(a)　　　　　(b)

图 5-13　典型燃气舵钨渗铜显微结构(a)和普通钨渗铜(b)

目前，钨(钼)渗铜是最适合制作空空导弹燃气舵用发汗冷却难熔金属材料。采用典型的粉末冶金工艺生产：将钨粉或钼粉装入冷等静压(CIP)成形套中，用 CIP 法压制成形，然后在氢气保护性气氛中高温烧结，再在高温炉中熔渗金属铜后得到所需材料毛坯，工艺流程是：混粉—CIP 成形—烧结—熔渗—机械加工—性能测试—探伤—成品。

燃气舵用高温钨渗铜材料是由高温烧结钨骨架经熔渗金属铜而制成的互不固溶型复合材料，钨骨架的连续程度、钨颗粒的连接状态以及孔隙形态和大小等

因素将直接影响材料的使用性能。试验表明，粒径小比粒径大的钨粉在相同烧结工艺(2 230℃，5 h)下得到的骨架密度高，高温拉伸强度高。显微结构研究表明，钨骨架的晶粒细化对钨渗铜材料有明显的强化作用。但粒径过小容易导致钨渗铜骨架内部形成大量封闭孔隙，通畅性下降，不利于金属铜的熔渗，其结构容易出现贫铜，使其导热性和发汗持续性降低。不同成分和不同骨架密度钨渗铜材料抗拉强度曲线如图 5-14 所示。

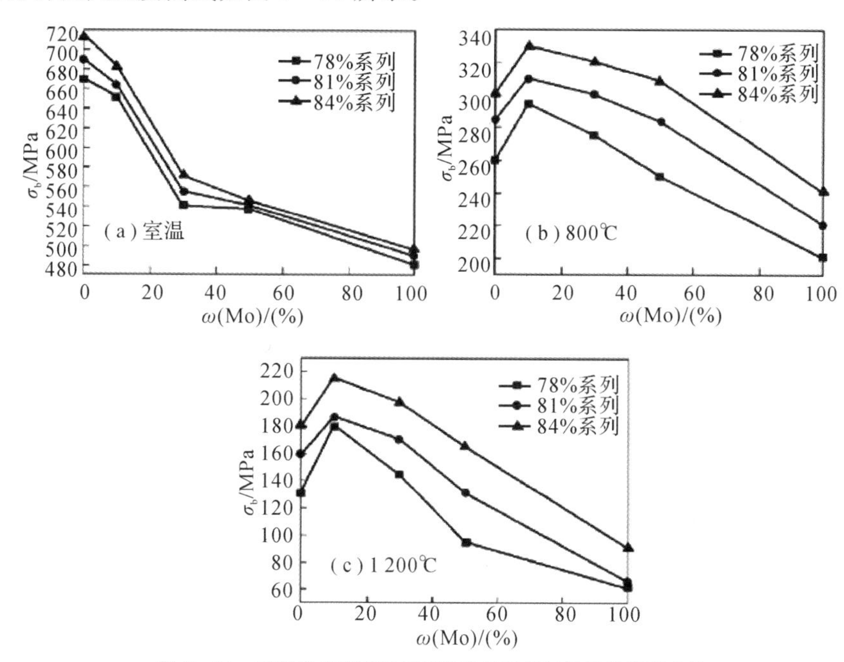

图 5-14　不同成分和不同骨架密度钨渗铜材料抗拉强度曲线

常温强度是了解和控制燃气舵用钨渗铜材料的重要参数，而高温强度是其在几千摄氏度高温燃气环境中正常工作的必要条件。通常要求抗拉强度$\sigma_{b常温} \geqslant 500$ MPa，$\sigma_{b,800℃} \geqslant 200$ MPa。研究表明，从室温到 1 200℃，钨渗铜材料的抗拉强度取决于铜和钨骨架的结合强度，而在更高温度下由于金属铜的"发汗"(熔化、挥发)，抗拉强度主要取决于钨骨架结构及孔隙形态等因素。钨骨架连续性和孔隙形状圆化度越好，材料的高温强度越高，而获得上述结构的材料工艺是钨渗铜生产的关键技术和各厂家的技术秘密。虽然燃气舵工作温度约为 3 000℃，但由于金属铜在 1 100℃以上的"发汗"作用，该温度附近材料的强度测试处于非稳态、费用高昂、数据分散，实用价值不大，而 800℃的测试可近似获得高温性能的变化趋势。

表 5-4 钨渗铜材料高温抗拉强度

Cu 含量/(%)	σ_b/MPa				
	800℃	1 200℃	1 400℃	1 600℃	1 800℃
11～12	160～240			60～80	
11～9	180～260	160～190	90～120	65～95	55～77
9～8	200～270	170～200	110～130	70～115	
8～6.5	220～290	180～220	110～140	80～126	

钨渗铜最为常见的燃气舵材料，也用于推力矢量控制装置耳片护板和高温紧固件等部位。GJB 6488—2008《燃气舵装置用钨渗铜制品规范》规定了燃气舵用钨渗铜制品的 4 种牌号：W-5Cu，W-7Cu，W-9Cu，W-11Cu，其材料性能如表 GJB 6488—2008《燃气舵装置用钨渗铜制品规范》中的表 1 所示。其中 W-5Cu，W-7Cu 牌号材料的高温强度较高、抗烧蚀性能较好，W-9Cu，W-11Cu 牌号材料的断裂韧性较好和抗热震性能较好。

钨渗铜材料是应用最广泛的燃气舵材料和耳片防护板材料，具有优异的高温性能、抗热震开裂能力和抗侵蚀能力。钨渗铜材料的主要缺点是密度比较大（达到 17～18 g/mm^3），使燃气舵整体质量难以降低。

（2）钼渗铜、钨钼渗铜类轻质材料。

金属钼属于一种高熔点、高强度金属材料，具有良好的高温强度、刚度。金属钨的密度为 19.35 g/cm^3[熔点为（3 410±20）℃，沸点为 5 927℃]，而金属钼 Mo（熔点为 2 610℃）为 10.2 g/cm^3，约金属钨密度的一半。铜含量一定时，MoCu 合金的密度仅为 WCu 合金的 50%～75%。MoCu 合金的这一特点使得其在导弹轻量化方面具有较大的优势。采用金属钼制作燃气舵，可以减轻燃气舵的质量。然而，金属钼的高温强度和抗烧蚀性能低于钨渗铜材料，在空空导弹高能复合装药固体发动机高温高速燃气两相流强烈烧蚀、冲蚀和热震破坏协同作用下容易失效。采用钨渗铜相似工艺制作的钼渗铜材料因其发汗冷却作用，可以作为某些固体发动机燃气舵材料。由于金属钼骨架抵御燃气流的综合性能低于钨渗铜，其烧蚀率较大，不能满足高能复合装药空空导弹设计和使用要求，不能替完全代钨渗铜材料。表 5-5 和表 5-6 给出了部分牌号钨渗铜和钼渗铜密度对比数据。

表 5-5 部分牌号钨渗铜和钼渗铜密度对比数据

钨渗铜合金牌号	W-10Cu	W-20Cu	W-30Cu	W-40Cu	W-50Cu
钨渗铜密度/($g \cdot cm^{-3}$)	17.3	15.7	14.3	13.2	12.3
钼渗铜合金牌号	Mo-15Cu	Mo-20Cu	Mo-30Cu	Mo-40Cu	Mo-50Cu
钼渗铜密度/($g \cdot cm^{-3}$)	10.0	9.9	9.8	9.7	9.5

注：WCu，MoCu 合金的密度采用排水法测定。

表 5-6 部分钼渗铜性能

温度 ℃	抗拉强度 MPa	弹性模量 GPa	延伸率 (%)	表面硬度 HV	线膨胀系数 $(10^{-6}K)$	热导率 $W\cdot(m\cdot K)^{-1}$
常温	470	268	15	161	5.5	134
800	252	236			6.4	113

注：牌号为 Mo-10Cu，铜含量为 6%～16%；密度为 9.5 g/cm³；相对密度为 92%。

钨和钼均为高熔点的难熔金属，其熔点分别为 3 400℃和 2 615℃，而铜的熔点仅为 1 083℃。钨铜和钨钼材料在常温和中温兼有较好的强度和一定的塑性，当材料处于金属铜熔点以上高温工作时，材料中熔渗的金属铜液化、蒸发（发汗），带走大量的热量，起到冷却降温作用（发汗冷却）。此外，试验表明，当铜含量一定时，WCu 合金的热导率明显高于 MoCu 合金，如图 5-15 所示。

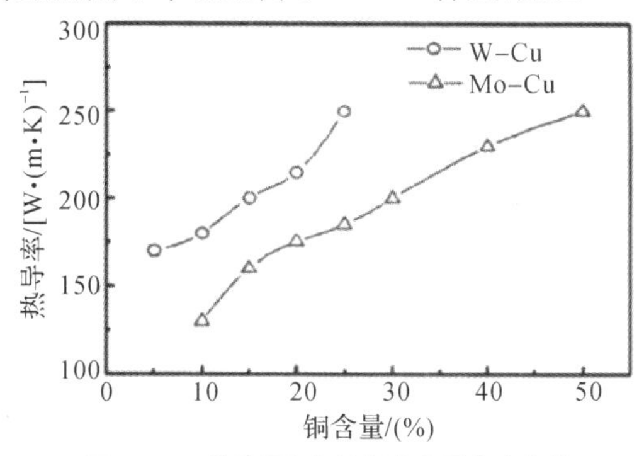

图 5-15 钨渗铜和钼渗铜合金导热率曲线

钨钼渗铜（WMoCu）材料是钨（W）和钼（Mo）两种金属按一定比例烧结成骨架，再进行渗铜（Cu）工艺制得的高温难熔合金材料，具有与钨渗铜或钼渗铜相似的“发汗”功能。钨钼渗铜（WMoCu）材料的性能介于钨渗铜（WCu）和钼渗铜（MoCu）之间，可通过改变钨、钼成分配比，调整工艺而改进性能、满足特定要求，见表 5-7。

表 5-7 北京钢铁研究院钼渗铜材料性能数据

温度/℃	抗拉强度 σ_b /MPa	弹性模量 E/GPa	线膨胀系数 $a/(10^{-6}K^{-1})$	热导率 $/[W\cdot(m\cdot K)^{-1}]$
室温	350～540	267.8	5.5	134
200		263.4	5.5	111
400		255.7	6.0	115
600		247.9	6.2	116

续表

温度/℃	抗拉强度 σ_b /MPa	弹性模量 E/GPa	线膨胀系数 $a/(10^{-6}K^{-1})$	热导率 /[W·(m·K)$^{-1}$]
800	204～260	235.6	6.4	113
1000	129～183	207.0		
1200	68			
1400	68			

注：牌号为 Mo-10Cu；铜含量为 6%～16%，其余为 Mo；钼骨架密度为 80%～90%；

材料密度为 9.5～10.0 g/cm^3；相对密度≥97.0%；

此表为典型成分的参考值，具体数据可能随成分变化有所改变。

钨钼渗铜(WMoCu)材料成分的可设计性具有较好的高温应用价值。钼含量不大于 30% WMoCu 材料的高温性能与钨渗铜相当，具有减重应用价值；而钼含量不小于 30%的 WMoCu 材料高温性能比 MoCu 材料高，可以用于 MoCu 材料无法满足高温性能的场合。

(3)轻质陶瓷“发汗”材料。

鉴于空空导弹轻量化迫切需求，工业部门持续开展着轻量化燃气舵材料的试验研究。其中一种方案是将高温陶瓷替代金属钨作为新材料的骨架，通过特征工艺烧结成形，然后在骨架中填充金属铜作为发汗材料，作为钨渗铜材料的替代方案。该方案是衍生方案有高温陶瓷骨架渗银、高温陶瓷骨架渗铝的技术方案。已经开展多轮试验研究，制备出密度约为 6 g/cm^3 的轻质发汗陶瓷渗铜材料，也制备出密度更低的新型发汗材料。这种轻质发汗功能材料的密度(6 g/cm^3)仅为 W-7Cu(密度为 19.2 g/cm^3)约 1/3，远比钨渗铜低，具有广阔的应用前景。由于抗热震性不稳定，目前仍处于实验室研发阶段。

此外，金属铝的密度为 2.7 g/cm^3(金属铜为 8.9 g/cm^3)，熔点为 660.4℃，沸点为 2 467℃，热导率约为 237 W/(m·K)[金属铜为 400 W/(m·K)]。其密度不到金属铜的 1/3，如果采用金属铝替代金属铜作为发汗材料还可进一步降低材料的密度。

金属银的密度是 10.7 g/cm^3(金属铜为 8.9 g/cm^3)，熔点为 961.9℃，沸点为 2 210℃，热导率约为 430W/(m·K)[金属铜为 400 W/(m·K)]。采用金属银替代金属铜作为发汗材料有利于某些骨架材料的兼容，提高熔渗性，降低内应力、提升热导率，降低热震性能。

3. 非金属高温烧蚀材料

与多数高温难熔金属合金上千摄氏度(钨的熔点为 3 400℃，钼的熔点

为2 610℃)高温熔点不同,除碳材料和少数陶瓷类材料外,绝大多数工程塑料、有机复合材料的氧化、分解温度、熔点不高。但多数非金属烧蚀材料具有耐高温烧蚀、隔热、密封等功能,主要在于其高温工作和失效机制与高温难熔金属不同。

(1)石墨材料。

石墨和金刚石都是人们日常接触并熟知物质,两者都是由碳元素组成的,在自然界以单质存在的碳元素同素异形体。石墨的熔点高达3 652℃、沸点为4 827℃,是一种性能稳定的耐高温非金属材料,工业石墨广泛应用于制作耐火器材,如冶炼金属的石墨坩埚,化学工业的热交换器、燃烧塔、反应容器等,以及可达到2 000℃高温的导电材料和润滑、密封材料等用途。GJB 3306—1998《火箭喷管用石墨规范》、GJB 3306—1998《火箭喷管用石墨规范》(适用于固体火箭发动机用石墨材料)、GJB 5245—2003《火箭弹喉衬用石墨规范》,见表5-8和表5-9。

表5-8 喷管用石墨(GJB3306—1998)常见性能

牌 号	体积密度 /(g·cm⁻³)	抗压强度 /MPa	弯曲强度 /MPa	电阻率 /(μΩ·m)	灰分 /10⁻⁶
T704	≥1.84	≥42	≥20	≤10.5	≤400
T705	≥1.84	≥42	≥22	≤10.5	≤300

表5-9 火箭弹喉衬用石墨(GJB 5245—2003)技术指标

牌 号	体积密度 /(g·cm⁻³)	抗压强度 /MPa	弯曲强度 /MPa	电阻率 /(μΩ·m)	开孔率 /(%)	灰分 /(%)
T707	≥1.71	≥50	≥25	≤13	≤20	≤0.08

工业上石墨材料因所含树脂不同,耐热性、强度、刚度等性能以及耐热性各异,不同品种和工艺获得的石墨在还原性气氛中可耐2 000~3 000℃,在氧化性气氛中于350~400℃开始氧化。常见酚醛浸渍石墨材料的耐热性约为180℃。

石墨材料具有耐高温、易于加工成形、成本低等优点,但其抗侵蚀、冲刷性能较弱,可用某些于推力矢量控制装置燃气流非直接冲刷部位。

早期的中程液体地地导弹和运载火箭均采用石墨材料制作的燃气舵。此后由于石墨燃气舵升力不满足大型运载火箭和远程地地导弹控制要求,而被摆动喷管新技术所取代。

随着地地、地空、舰舰和反潜等固体装药垂直发射战术导弹的发展,燃气舵得到广泛应用。然而,石墨材料难以抵御高能复合装药(含凝固相残渣)燃气流强力冲刷而烧蚀率过高。目前,空空导弹及多数小型战术导弹仍采用高强度、耐烧蚀、抗冲刷的钨钼发汗难熔合金材料。传统难熔金属材料最大的缺点是其密

度偏大，不利于导弹的减重、增程。

(2)改性石墨材料。

鉴于石墨材料耐烧蚀、抗侵蚀性能的不足，航天材料和工艺在常见石墨材料的基础上加以改进，选用耐高温烧蚀的酚醛改性树脂(如钡酚醛、高碳酚醛、硼酚醛等材料)，再添加适当的石英纤维和硅微粉和过渡元素及其氧化物等助剂，研制出石英增强石墨材料。由于石英相在烧蚀和冲刷过程融化形成黏稠的保护层，除对烧蚀表面，也对本体材料起到保护作用，显著提升了普通工业石墨的高温烧蚀性能和抗冲刷性能，可用于某些型号战术导弹推力矢量控制装置。

在石墨中添加石英纤维，可制备出耐烧蚀、抗冲刷性能显著提高的石英增强石墨材料。由于石英纤维的结构增强效应和烧蚀过程熔化对表面的保护作用，这种改性石墨较普通石墨的强度、刚度较普通石墨有显著的提升。

在石墨材料中渗铜或者渗银，可以获得一种碳基“发汗”材料，提高基础石墨材料在发动机燃气流高温烧蚀环境中的工作性能(见表 5－10)。具体见 GJB 5179—2003《喉衬用石墨渗铜材料规范》和 GJB 2591—1995《鱼雷发动机用浸银石墨配气阀座和衬套规范》(用于热动力鱼雷发动机的旋转配气机构)。

表 5－10　浸银石墨配气阀座和衬套主要性能

工作部位	工作环境	主要性能				
		抗折强度 /MPa	抗压强度 /MPa	肖氏硬度	体积密度 /(g·cm^{-3})	冲击强度 /(MJ·mm^{-2})
阀座	1 350℃；4 200 r/min 燃气压力为 20 MPa	≥68	≥195	≥68	≥2.9	≥2.1
衬套		≥70	≥200	≥70		≥2.1

(3)碳/碳复合材料。

碳纤维与有机树脂、金属、陶瓷基体复合，制备出来的结构材料称为碳纤维复合材料。碳纤维或石墨纤维与碳基体形成的复合材料称为碳/碳复合材料。碳/碳复合材料是将碳基纤维预制件在高温、高压的密封环境中渗碳而成形的一类具有优异性能的航天特种材料。根据工艺所用前驱体类型的不同，碳/碳复合材料的制备工艺主要有两种：气相沉积法和液相浸渍-碳化法。前者以有机低分子气体为前驱体，后者是以有机树脂(石油沥青、煤沥青、中间相沥青或呋喃、糠醛、酚醛树脂)为基体前驱体，通过高温下发生一系列复杂化学变化转化为基体碳。碳/碳复合材料生产工艺已经有大量书籍和文献可供参考。

基体与增强相均为性能稳定的碳元素，使得碳/碳复合材料具有某些特殊的材料性能，例如该材料在上千度高温下的强度和刚度不但不降，反而略有增加；

其具有耐烧蚀、耐腐蚀、尺寸稳定性高、化学惰性、断裂韧性、热稳定性、耐核辐射、耐疲劳、高导电性等;适用于各种普通环境和极端苛刻环境,例如再入导弹头锥高达6 600℃温度的防护、火箭发动机喷管喉道约3 200℃高温、燃气涡轮发动机鱼鳞板等受热1 min到上千小时经受成千上万次循环加热等部件。碳/碳复合材料是将碳基预制件在高温、高压的密封环境中进行渗碳而成形的。其密度也可达1.8 g/mm^3,具有很好的化学稳定性、高温高强度、良好的抗冲刷、耐烧蚀性能等,目前也已经在航空航天领域的发动机喷管喉衬、导弹再入端头、燃气舵材料方面有大量成功的应用。

碳/碳复合材料最大的优势在于其高温热强度。常见的金属材料在500℃以上因软化或熔化而失去结构强度或刚度,而碳/碳复合材料可以在2 000~3 000℃高温中保持一定的强度和刚度。其优异的高温性能和比强度、比刚度符合制作飞行器燃气舵的设计方向。碳/碳复合材料膨胀系数小且随温度变化非常小;2D碳/碳复合材料的热膨胀系数:室温约为0.81×10^{-6} K^{-1},400℃时为0.59×10^{-6} K^{-1},800℃时为1.41×10^{-6} K^{-1},1 000℃时为1.64×10^{-6} K^{-1}。

碳/碳复合材料依据增强相编织形式有2D,3D等多种形式。在制备碳/碳复合材料前,应先将增强碳纤维制成各种类型的碳纤维织物,碳纤维织物结构有机织结构、多维结构、针刺结构、穿刺结构以及正交三向结构、多向结构等,织物结构的不同会导致碳/碳复合材料具有各向异性的特点,进而导致复合材料的力学性能、热物理性能和烧蚀性能等与材料方向存在相关性,因此在应用时碳/碳复合材料,应注意材料的方向性。和其他非金属材料一样,碳基材料具有很好的性能可设计性,可以通过改变基体的材料、增强纤维的成形工艺、渗碳工艺、渗碳深度、表面预处理工艺等来实现产品性能的变更和可设计性。西北工业大学制备的碳/碳复合材料一般性能数据见表5-11~表5-14。

表5-11 ZC045-25b碳/碳复合材料的力学性能

序号	性能	$x-y$向		z向	
		要求性能	实测	要求性能	实测
1	体积密度ρ/(g·cm^{-3})	≥1.73	1.75	≥1.73	1.76
2	抗拉强度σ_b/MPa	≥25	60.02	≥8	15.28
3	弯曲性能σ_f/MPa	≥35	91.51	≥12	21.95
4	剪切性能σ_s/MPa	≥20	32		
5	抗压强度σ_c/MPa	≥90	116.05	≥100	207.98

表 5-12　ZC045-25b 碳/碳复合材料的物理及烧蚀性能

试样编号				DHA01-15-5	DHA01-15-60
1	火焰线烧蚀率/(mm·s^{-1})		径向($x-y$向)	0.001 4	0.001 7
			轴向(z向)	0.002 3	0.002 3
2	热导率/[W·(m·K)$^{-1}$]	400℃	$x-y$向	28.862	28.597
			z向	20.166	19.322
		800℃	$x-y$向	30.282	30.030
			z向	21.306	19.154
3	热膨胀系数/($10^{-6}K^{-1}$)	400℃	$x-y$向	0.48	0.14
			z向	1.72	2.37
		800℃	$x-y$向	1.40	1.23
			z向	2.78	3.23
		1 200℃	$x-y$向	1.77	1.99
			z向	3.39	3.53

表 5-13　CC065-25b 碳/碳复合材料性能

序　号	项　目	取样方向	技术条件规定值	实测值	
1	剪切强度/MPa	$x-y$向	≥13	37.18	37.21
		z向	≥9	21.08	20.45
2	压缩强度/MPa	$x-y$向	≥90	183.78	175.51
		z向	≥100	264.04	287.53
3	拉伸强度/MPa	$x-y$向	≥85	101.46	139.68
		z向	≥45	66.14	91.23
4	弯曲强度/MPa	$x-y$向	≥90	202.70	202.67
		z向	≥80	145.17	123.53
5	线胀系数/(10^{-6} K^{-1})(室温至900℃)	$x-y$向	≤3.3	0.37～2.24	-0.77～1.66
		z向	≤3.8	-0.96～2.50	-0.46～1.78

表 5-14　BZ-070 碳/碳复合材料(三维编织预制体)力学性能数据

测试温度	弯曲强度/MPa	断裂韧性 K_{IC}/(MPa·$m^{1/2}$)
室温	589.3	26.4
800℃	722.2	
1 600℃	772.1	

钨渗铜等难熔金属材料具有优异的高温性能，但其密度较大，采用轻质的耐高温和抗烧蚀材料有利于导弹减重、增加射程和机动性。碳/碳复合材料具有密度低（约为 1.8 g/mm^3）、高温强度高、热膨胀系数低、耐烧蚀性好、耐热冲击性能好等一系列优异性能，是目前少数能在 2 300℃以上使用的轻质超高温工程材料之一。随着温度的升高，材料内部缺陷微裂纹等发生闭合和钝化，加上材料韧性有所提高，材料力学性能比室温有所升高，其模量在 1 800℃左右出现峰值，其强度在 2 200℃左右出现峰值，即使在 2 800℃条件下仍能保持较高的拉伸强度，这是其他结构材料所达不到的。

和其他非金属材料一样，碳基材料具有很好的性能可设计性。可以通过改变基体的材料、增强纤维的成形工艺、渗碳工艺、渗碳深度、表面预处理工艺等来实现产品性能的变更和可设计性，航天材料及工艺研究所通过自行研制的超高温力学性能测试系统对各种碳/碳复合材料的高温性能进行测试，得到了一批实验数据和结论。从实验数据上看，采用沥青作为基体，增强纤维采用聚丙烯腈碳纤维三维正交编织成形的碳/碳复合材料基本可以满足某些无烟装药发动机燃气舵材料的要求，测试曲线如图 5－16 所示。

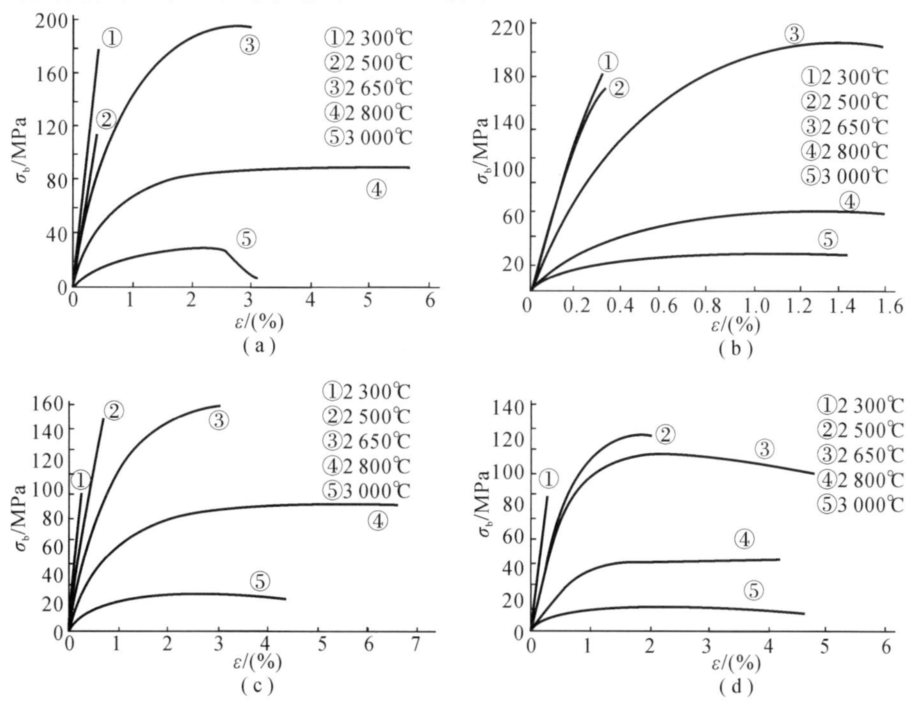

图 5－16 碳/碳材料母体(a)(b)和芯部材料(c)(d)拉伸-应变曲线

(a) $x-y$ 向；(b) z 向；(c) $x-y$ 向；(d) z 向

碳/碳复合材料广泛应用于航天领域的飞行器的高温烧蚀部位(如航天飞机头锥),也是固体火箭发动机喷管首选材料。此外,它还用于发动机火焰烧蚀工况工作的各种结构件,例如,固体和液体发动机喉衬等。碳/碳复合材料抗烧蚀、高温强度和刚度高、尺寸稳定性好、耐磨损,体积密度小,有利于实现导弹轻型化、小型化工程结构设计目标。碳/碳复合材料的不足之处在于其制备周期长,制造成本较高。

(4)碳/碳化硅复合材料。

由于碳/碳复合材料基体的机械性能较低、高温下易于氧化等不足,在某些场合的应用受到制约,碳/碳化硅复合材料是一种在碳/碳复合材料基础上发展起来的新型高温结构材料。

连续纤维增强碳化硅基复合材料有碳化硅纤维增强的碳化硅/碳化硅复合材料和碳纤维增强的碳/碳化硅复合材料两类高温陶瓷基复合材料，具有优异的热稳定性和化学稳定性,以及低密度、高韧性、耐辐射等特性。其中,碳/碳化硅复合材料在超过 2 000℃的惰性气体中仍能保持强度、模量等力学性能，但在高于 400℃的氧化性气体中，会因碳纤维氧化导致材料性能下降，从而限制了碳/碳化硅复合材料的应用。碳化硅纤维比碳纤维抗氧化能力更强、与碳化硅陶瓷基体相容性极好,使得碳化硅/碳化硅可作为高温结构材料使用。

作为碳/碳复合材料抗氧化改性陶瓷材料,碳/碳化硅复合材料是国内外航天和武器装备广泛应用的高温结构材料。研究表明,碳/碳化硅复合材料具有抗烧蚀、抗腐蚀和耐冲刷等一系列优异的性能,其最大的优点在于其兼具耐高温、质量轻(密度低)、比强度高;碳化硅/碳化硅复合材料的密度仅为难熔金属的 1/9,是一种优良的新型高温热结构材料。采用碳/碳化硅复合材料制作的固体火箭发动机高温热结构件,可助于结构减重、提高效率,德国宇航院已成功将碳/碳化硅复合材料用于燃气舵。潘育松、徐永东等人对固体火箭发动机用碳/碳化硅复合材料制备的燃气舵进行了地面模拟试验,并对碳/碳化硅复合材料燃气舵的烧蚀性能和烧蚀机理、抗热震性能进行了初步研究。试验燃气舵由二维碳布迭层后通过化学气相浸渗法工艺对其进行致密化制备而成,烧蚀试验采用等离子电弧加热设备,在电弧风洞产生的燃气流中加入 Al_2O_3 粒子(平均粒径为 29～100 μm)。研究表明,碳/碳化硅复合材料燃气舵沿气流不同方向的线烧蚀率存在很大差异,前端沿气流方向达到最大值 1.007 mm/s,厚度方向达最小值 0.052 mm/s,碳/碳化硅复合材料强度-温度关系示意图如图 5 - 17 所示。碳/碳化硅复合材料燃气舵的烧蚀机制是粒子侵蚀、机械剥蚀和燃气冲刷共同作用。粒子侵蚀对燃气舵的烧蚀性能具有很大的影响,在不同的方向上,粒子侵蚀对燃气舵线烧蚀率的贡献不同。燃气舵在烧蚀过程中承受了很大热应力,改善纤维

预制体的结构、提高材料层间剪切强度和抗热震性能十分必要。

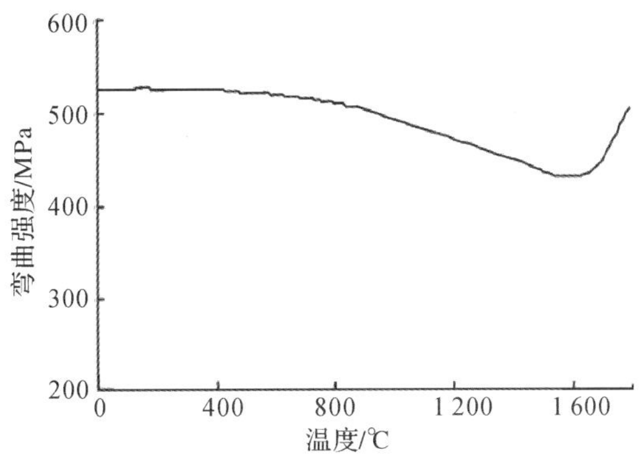

图5-17 碳/碳化硅复合材料强度-温度关系示意图

碳/碳化硅复合材料适用于1 350℃以下各种高温结构使用，具有比碳/碳复合材料强度更高、韧性更好等优点，成为国产战略·战术导弹、再入飞行器广泛和成熟应用的材料和技术。高强碳/碳化硅陶瓷基复合材料可满足1 600～1 650℃长寿命、2 000～2 200℃有限寿命和2 800～3 000℃瞬时寿命三种不同工作环境，而用于往返于太空航天飞机的机头锥帽、机翼前缘等恶劣环境的结构材料；主要性能：密度为2.0 g/cm^3；强度为700 MPa；断裂韧性为20 MPa·m$^{1/2}$；冲击韧性为62.5 kJ/m^2；抗热震性为100℃(沸水)热震50次后，强度保持率大于96.4%。据资料介绍，3D碳/碳化硅复合材料的热膨胀系数在100℃时约为$1.0\times10^{-6}K^{-1}$，200℃时约为$1.3\times10^{-6}K^{-1}$，400℃时约为$2.3\times10^{-6}K^{-1}$，1 000℃时约为$3.4\times10^{-6}K^{-1}$。

但由于碳化硅掺杂改性碳/碳复合材料使用温度低，在空空导弹推力矢量控制装置上主要用于工作温度在2 200 ℃以下的热防护部件，碳/碳化硅复合材料常温性能见表5-15和5-16。

表5-15 碳/碳化硅复合材料常温力学性能

性能指标	材料类型			
	2D碳/碳化硅复合材料	2.5D碳/碳化硅复合材料	3D碳/碳化硅复合材料	3D N-碳/碳化硅复合材料
拉伸强度σ_t/MPa	274	x：325 y：146	x：270 y：15	x：121 y：150
拉伸模量E_t/GPa	124	x：169 y：61	x：140 y：13	x：86 y：78
拉伸泊松比υ_t	0.05		x：0.37 y：0.05	

续表

性能指标	材料类型			
	2D 碳/碳化硅复合材料	2.5D 碳/碳化硅复合材料	3D 碳/碳化硅复合材料	3D N-碳/碳化硅复合材料
压缩强度 σ_c /MPa	367	x:210 y:405	x:235 y:16	x:596 y:644
压缩模量 E_c /GPa	136	x:162 y:95	x:182 y:17	
压缩泊松比 υ_c	0.07		x: y:0.06	
弯曲强度 σ_f /MPa	422	x:346 y:289	x:700 y:	x:455 y:337
弯曲模量 E_f /GPa	95	x:46 y:29	x:120 y:	x:51 y:45
断裂韧性 K_{IC} /(MPa·m$^{1/2}$)	19	x:31 y:20	x:19 y:	
面内剪切强度τ_c /MPa	xOy 面:164	xOy 面 x 方向:77 xOy 面 y 方向:80	xOy 面 x 方向:119 xOy 面 y 方向:97	xOy 面 x 方向:105 xOy 面 y 方向:92
面内剪切模量 G_c /GPa	xOy 面:35	xOy 面 x 方向:11 xOy 面 y 方向:24	xOy 面 x 方向:25 xOy 面 y 方向:36	
层间剪切强度τ_i /MPa	xOy 面:32	xOy 面 x 方向:33 xOy 面 y 方向:32		xOy 面 x 方向:47 xOy 面 y 方向:37

表 5-16　C/SiC 复合材料热物理性能

性能指标	材料类型			
	2D 碳/碳化硅复合材料	2.5D 碳/碳化硅复合材料	3D 碳/碳化硅复合材料	3D N-碳/碳化硅复合材料
体积密度 /(g·cm^{-3})	RT:2.0	RT:2.1	RT:2.0～2.1	RT:2.0 有涂层 RT:2.2 无涂层
热膨胀系数 /(10^{-6}K^{-1}) x 方向	RT:1.078	RT:1.096	RT:1.14	RT:1.15
热扩散系数 /(10^{-2}cm^2·s^{-1}) xOy 面内	RT:0.033	RT:0.056	RT:0.064	RT:0.118

(5)其他非金属耐烧蚀材料。

高温陶瓷和改性超高温陶瓷基复合材料具有优异的耐高温性能。采用特种工艺制备的纳米陶瓷材料,可以显著降低常规陶瓷的缺陷和脆性,在推力矢量控

制装置上获得应用。目前，国外改性用超高温陶瓷主要是难熔金属Zr，Hf和Ta的碳化物及硼化物，研究和应用较多的是ZrB_2，ZrB_2-SiC，HfB_2-SiC，$ZrB_2-ZrC-SiC$陶瓷体系。如立方氮化硼(c-BN)从室温至1 000℃范围内的平均线膨胀系数为$4.92\times10^{-6}\ K^{-1}$、平均体膨胀系数为$1.47\times10^{-6}\ K^{-1}$。

其他非金属烧蚀材料包括树脂基复合材料、酚醛-高硅氧复合材料、石英复合材料等。

4. 功能材料

(1)碳纤维增强石英材料。

碳/石英材料，平均密度为1.95～2.05 g/cm^3；在2 700～3 000 K时碳纤维未到升华温度，烧蚀主要是石英基体的融化、流失；石英是一种融化、气化型烧蚀材料；熔点可达2 000 K，具有很高的熔融黏度和很高的气化热，烧蚀时其表面温度并不会明显高于气熔体温度。

碳/石英材料轴向抗拉强度为7～10 MPa；环向抗拉强度为25～40 MPa；抗压强度一般不小于400 MPa，轴向一般会不小于600 MPa。在发动机(表压为1.5 MPa，余氧系数0.7)试验平均线烧蚀率为0.052 mm/s，抗热震性良好。

(2)碳纤维增强碳-铜材料。

鉴于碳/碳复合材料耐高温、热强度和热刚度好、比强度和比刚度高、性能稳定可靠等优良特性，采用钨渗铜类似的思路，通过在碳/碳复合材料中添加低熔点的金属铜，可将碳/碳复合材料改造成具有一定发汗作用的轻质高温烧蚀发汗材料。这种碳/碳-铜复合材料在高温下因金属铜气化、蒸发带走基体的热量，降低结构件工作温度。目前，国内外已经开展对碳/碳-铜复合材料实验室相关研究，俄罗斯采用类似钨渗铜的工艺对碳/碳复合材料渗铜制成含铜碳/碳复合材料抗烧蚀涂层喉衬材料，经燃气温度3 800℃、压力8.0 MPa、工作时间60 s的地面点火试验，烧蚀率较纯碳/碳材料大幅降低。国内的相关研究也证明，碳/碳-铜复合材料具有较好的力学性能和优于碳/碳复合材料的抗烧蚀性能。

陶瓷掺杂改性在保持碳/碳复合材料原有的优异室温及高温力学性能和尺寸稳定性等突出优点的前提下，显著提高了碳/碳复合材料抗氧化烧蚀性能，降低了烧蚀率，并具有可设计性和抗热震性优势，可通过调整掺杂改性陶瓷的种类和含量，适合于不同高温抗氧化环境，具有潜在的应用前景。

(3)碳纤维增强碳-钨材料。

钨合金具有硬度大、熔点高等特点，碳/碳复合材料具有密度低、耐高温但抗侵蚀性能较弱的特点，将二者结合起来可以获得具有耐高温、抗烧蚀、抗侵蚀且密度轻的新型工程材料。与钨渗铜材料相比，钨增强碳/碳复合材料的耐温性与

碳/碳复合材料相当，密度仅仅约为前者的1/5。此外，采用碳/碳-钨材料制作的燃气舵护板不仅耐高温烧蚀，且具有抗侵蚀、不粘燃气残渣的特点，如图5-18所示。

图5-18 燃气舵护板

抗侵蚀碳碳复合材料的耐温可超过3 000℃，主要用于国产型号往返大气层时端头抗侵蚀、抗烧蚀的防护。已知其1 500℃范围内线膨胀系数在基本处于在$0.7\times10^{-6}\ K^{-1}$以下。

(4)碳泡沫材料。

泡沫材料通过采用大量空隙(孔隙)填充密度远高于本体的空间，能有效地降低材料密度。利用不同材料对泡沫结构进行填充，可显著改变本体材料的性能，形成新型功能材料。除人们熟知的聚苯乙烯和聚氨酯泡沫外，还有泡沫碳、泡沫铝、泡沫碳化硅陶瓷和泡沫陶瓷等。这些材料孔隙率高、比表面积大、相对密度小，具有优良的热学、力学、电学、声学性能等特性，广泛应用于化工、机械、生物、环保等领域。碳泡沫材料是一种由热固性树脂热解制备、具有碳骨架或网状玻璃态结构的新材料，出现于20世纪60年代。泡沫碳是一种具有特殊的三维网状韧带结构的多孔碳，具有低密度、低导热(经石墨化后变成高导热)、低热膨胀系数、耐高温、耐腐蚀以及良导电等优异的性能。碳泡沫材料同时具备无机碳耐高温性能和泡沫材料空芯结构轻量化的特点(密度为0.05～0.8 g/cm^3)。碳泡沫的性能多样化和应用多用途，使其成为研究热点。美国空军材料实验室开发了一种碳泡沫首先用于替代昂贵的三维编织纤维预制品。碳泡沫材料既可以制备成导热性优良的轻质材料，亦可以制备成绝热性能优良的工程材料。耐高温、绝热型碳泡沫材料[密度≤0.5 g/cm^3、热导率≤0.05 W/(m·K)、耐热性≥1 000℃]装置可用于推力矢量控制装置局部热防护，如图5-19所示，其性能见表5-17。

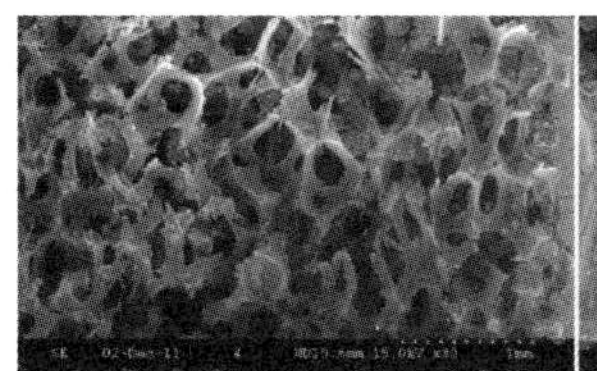

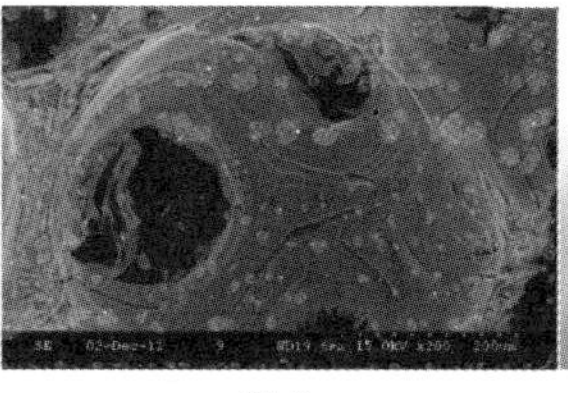

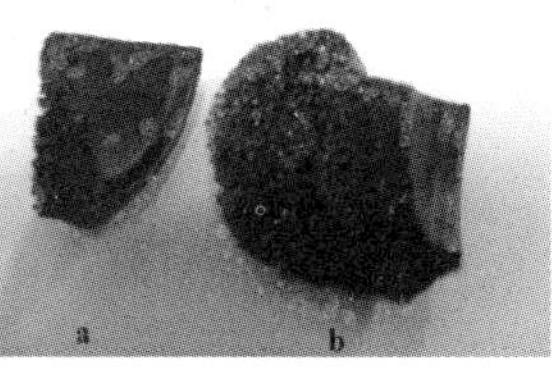

(a)　　(b)　　(c)

图 5-19　泡沫碳材料

表 5-17　美国橡树山构架试验室石墨泡沫试验数据

性　能		ORNL 泡沫 Ⅰ	ORNL 泡沫 Ⅱ	ORNL 泡沫 Ⅲ	铝合金 6061
物理性能	工作温度/℃	500	500	500	600
	密度/(g·cm^{-3})	0.57	0.59	0.70	2.88
	孔隙率/(%)	75	74	69	0
	平均孔隙尺寸/μm	350	60	350～400	0.98
力学性能	拉伸强度/MPa	0.7			180
	抗压强度/MPa	2.1	5.0	5.1	
	抗压模量/GPa	0.144	0.180	0.413	70
热性能	热膨胀系数/($10^{-6}K^{-1}$)	0～1(z), 1～3($x-y$)			17
	热导率/[W·(m·K)$^{-1}$]	175	134	170	180
	比热容/[J·(kg·k)$^{-1}$]	691	691	691	890
	体积热扩散率/(cm^2·s^{-1})	4.53	3.1	3.52	0.81

中国科学院陕西煤炭所研制的 RCF 型轻质隔热树脂基泡沫碳材料的技术指标见表 5-18。

表 5-18　RCF 型轻质隔热树脂基泡沫碳材料

指　标	RCF-1	RCF-2	RCF-3
体积密度/(kg·m^{-3})	≤300	≤400	≤500
热膨胀系数/($10^{-6}K^{-1}$)	<3.0	<3.0	<3.0
热导率/[W·(m·K)$^{-1}$]	≤0.08	≤0.09	≤0.14
抗压强度/MPa	≥11.0	≥20.0	≥40.0
各向异性度	<1.1	<1.1	<1.1
挥发分/(%)	<1.0	<1.0	<1.0

与泡沫碳材料类似的还有泡沫碳化硅陶瓷材料，主要制备技术包括粉末烧结法、固相反应烧结法、含硅树脂热解法以及气相沉积法等。鉴于泡沫碳和其他

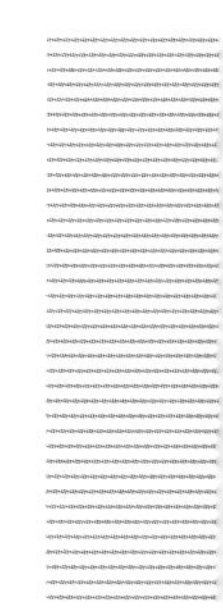

高温泡沫陶瓷材料的优异性能，其可用于推力矢量装置轻量化结构隔热用途。

(5)梯度功能材料。

功能梯度材料(Functionally Gradient Materials，FGM)指结构、性能或形貌各异的两种或多种材料组合，从而获得的性质、功能沿一维或多维度梯度变化的新型材料。顾名思义，“梯度材料”是一种性能渐变的材料，主要用于结构兼容和减缓性能差异显著两种材料之间内应力等用途。在此，多为膨胀系数或其他热性能渐变的功能材料，主要用于推力矢量控制装置以及燃气舵烧蚀部位结构兼容用途，以缓解发动机高温燃气流的热震破坏，尤其在性能差异显著结构部位过渡连接，具有很重要的工程应用价值。

常见 FGM 制备方法有气相沉积法、热喷涂法、激光熔覆熔渗等方法，FGM 拥有独特的技术优势。

FGM 已广泛应用于电子和光学器件、工程、生物医学等技术领域，材料的组合种类涉及金属、合金、陶瓷、非金属等多种材料相互组合，在新型轻量化功能推力矢量控制装置的设计应用中发挥越来越重要的作用。

(6)功能燃气舵材料展望。

随着 3D 打印技术和功能材料的飞速发展，可以展望新型智能材料在推力矢量控制装置和燃气舵领域获得工程应用，显著提升推力矢量控制装置的性能。

5.3.2 其他材料

第 5.3.1 节介绍了推力矢量装置常用结构高温材料，以及与弹体其他结构类似的工程材料，本节将简要介绍烧蚀防热材料、防热涂层材料，以及高温干膜润滑材料、高温硅橡胶密封材料、高温胶黏剂、“三防”材料。

1. 烧蚀式防热材料

烧蚀式防热材料的研制始于战略导弹“再入”防热需要。远程导弹或航天飞行器再入大气层时的速率高达 20～50*Ma*，弹头驻点压力可达 10 MPa，驻点附近的滞点温度高达 8 000～10 000℃，弹头锥体表面驻点温度也在 3 500℃左右。早期曾尝试过热沉式防热技术，但因其质量大、隔热困难而很快被放弃。烧蚀式防热材料的发展为解决“热障”开辟了一条先进的技术途径。烧蚀式防热材料的工作原理在于这类材料在强热流作用下能发生分解、熔化、升华等多种吸收热能的物理和化学变化；借助材料自身表层逐层质量消耗及变化带走大量热能，阻止了热流传入结构内部。除必须具备良好的抗烧蚀综合性能外，良好的力学和热物理性能有助于在气动环境中保持气动外形的完整性、保护结构的承载能力。

基于上述原因，这类材料极少使用单层材料，而多以树脂基、陶瓷基、碳基复合材料形式应用。其中，树脂基复合材料综合性能好，比强度高，在推力矢量装置烧蚀热防护中获得了广泛应用。

2. 防热涂层材料

无机高温涂层通常指由无机胶黏剂（如碱金属硅酸盐、磷酸、硫酸盐、硅溶胶和胶体氧化铝等）和各种填料组成的，具有一定黏度的釉浆状或泥团状物料得到的涂层，分室温固化和加热固化两种涂层。这类涂层寿命长、价廉，主要用于高温工况，厚度可达 25 mm，但膜层多呈脆性。有机涂层材料由高聚物成膜物、添加剂和颜料组成。成膜物有有机硅、酚醛、含氟高聚物、聚酰亚胺杂环类高聚物等。杂环高聚物具有优良的耐热性能，但纯聚合物涂层的耐热性有限，必须添加各种功能组分以提高抗烧蚀和隔热性能。防热涂层材料在航天航空工业中主要用于耐烧蚀、防热、抗氧化、高辐射、耐磨、耐腐蚀、密封或温控等工况，例如，弹头防热、天线介电防热、仪器舱隔热、发动机防热、密封、润滑、难熔金属喷管抗高温氧化和耐辐射等工况。防热涂层材料可用于推力矢量控制装置局部热防护。

除上述常见无机、有机热防护涂层材料之外，功能燃气舵还在其金属前缘烧蚀表面喷涂了比上述热防护涂层材料附着力更高、更耐高温的陶瓷热障，例如，氧化锆热降解涂层。

3. 润滑材料

（1）润滑油和润滑脂。

防锈或润滑油主要由基础油、防锈剂、成膜剂等成分组成，广泛用于金属腐蚀防护，其在于防锈油可形成隔离金属表面与外界的隔离层，防锈油中的防锈剂对金属起到防锈或阻止锈蚀的缓蚀作用。

润滑脂是一种具有胶体或近似胶体结构的半固体塑性润滑材料，以基础油为主体，加入稠化剂和添加剂制成，可以在较宽的温度范围内保持其胶体结构；兼有润滑、填隙作用，不像润滑油那样易于流失；有抗黏附功能，常用于树脂浇注、成形的脱模、防黏和润滑。由于润滑脂一般采用单组分包装，现场使用十分简便、易于长期储存，因而被广泛用于各种军械的日常维护保养。

（2）干膜润滑材料。

MoS_2/WS_2 干膜的润滑机理在于其结构的独特性。如图 5 - 20 所示，MoS_2 与石墨结构相似，为六方晶体的层状结构，层间易于分离或滑移，这种分离或滑移是由两个硫原子层间的接触界面滑移所致。

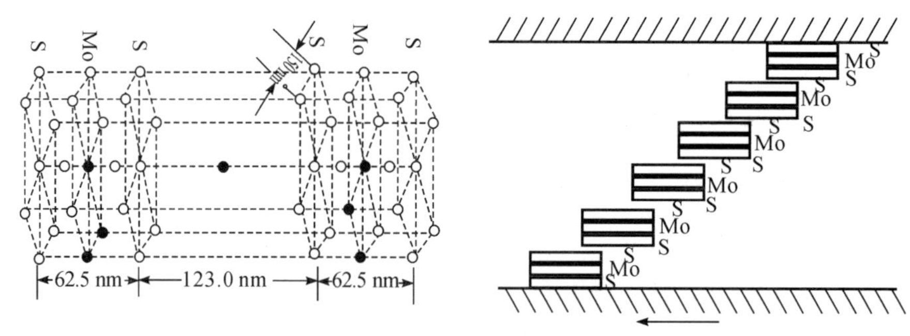

图 5-20　二硫化钼的层状结构

试验研究表明，干膜润滑材料用于机载武器日常防护，其独特优点在于以下方面：

1）MoS_2 与摩擦表面有强的附着力，可以在对偶表面形成一层牢固的润滑膜，减小界面之间的黏着磨损，承载达到 2 000～3 000 MPa。在负荷很高的场合，接触面的承载必定很高，润滑油脂的极压性有限，容易造成油膜破裂，引起磨损。

2）MoS_2 固体层间的结合力弱（低摩擦阻力），层间易于滑移，使对偶之间的干摩擦变为固体润滑分子之间的内摩擦，可在 −180 ～ +400℃起到润滑作用。

3）MoS_2 固体的热稳定性较高，熔点为 1 180℃，在真空或特种气氛中能稳定到 1 093.3℃；在空气中易于氧化，氧化温度为 400℃。

4）MoS_2 的化学稳定性极高，能抗多种酸碱和化学药品腐蚀；在一般条件下不产生金属腐蚀或橡胶变质，也不易出现油脂变质引起腐蚀的现象。

5）在有泥沙、雨水玷污的场合，摩擦表面不能完全密封，使用润滑油脂容易被泥沙、灰尘污染。而沙尘是一种研磨剂，增加磨损。MoS_2 干膜表面不黏沙尘、不受泥沙、雨水污染，因而特别适用于上述工况工作的武器装备。

6）长期挂飞过程中的随机振动容易引起导弹吊挂与发射装置滑轨之间间隙配合部位的微动磨损，表面涂敷 MoS_2 干膜后，由于 MoS_2 的层状结构和耐极压性的特点，可以有效地抑制微动磨损。几种常用干膜的摩擦因数见表 5-19。

表 5-19　各种表面的摩擦因数

序　号	表面状态	摩擦因数
1	PES 二硫化钼干膜	0.025～0.03
2	PEF 二硫化钼干膜	0.10～0.18
3	HC-1 二硫化钼干膜	0.15～0.25
4	Brush MoS_2	0.12～0.30
5	硬质阳极氧化膜	0.7～0.8

与通用润滑油脂相比，MoS_2 润滑防腐蚀固体干膜材料有许多突出的优点，

如承载更高、高低温应用范围更宽，适应真空、辐射、高温等场合等。干膜润滑材料在飞机、导弹等摩擦磨损等特殊工况获得广泛应用，如 MIL-L-23398D，MIL-L-24478B，Q/6S-958-91，MIL-L-46010A，Q/LM-120-95，Q/LM-121-95(PES)，Q/LM-122-95(PEF，PES)等。实践表明，MoS_2 防腐干膜润滑具有耐极压性优良，不沾灰尘或雨水，不易变质，寿命长，防腐蚀性能好，维修性好(使用洁净，干后无玷污)等优点，特别适用于武器装备日常防护。MoS_2 干膜分常温干燥型和烘烤干燥型，烘烤型较常温型黏附牢固、抗烧黏效果好，已实现工程应用。

4. 密封材料

(1)弹体结构与密封需求。

机载导弹长径比为 10∶1～20∶1，由不同功能的舱段和气动面对接而成。弹体结构的密封包括舱体密封和舱段间密封。舱体密封包括壳体窗口、内部机电组件以及孔位密封，舵轴和舱段壳体接口多采用径向密封圈密封，以达到全弹舱段的水密，而特殊部位和器件要求达到气密水平，这就要求弹体大量采用密封圈和密封胶。橡胶及弹性体是最常用的密封材料。此外，还有石墨、聚四氟乙烯等密封材料。

推力矢量控制装置服役期间的防潮密封与弹体其他部位相同；燃气舵及相关烧蚀部位需要采用对高温燃气隔离密封的结构和材料。这些材料除要求耐高温性能外，还需要有良好的力学性能和环境适应性。

(2)密封圈和密封胶。

成件密封指采用经模压或机械加工成形的密封件进行密封。密封的成件有 O 形圈、Y 形圈、X 形圈、矩形截面密封圈、油封，以及间隙密封、迷宫密封件等。O 形圈始于 19 世纪中叶，历史悠久、应用广泛，机载导弹使用 O 形密封圈的优点在于：①结构简单、安装便捷；②密封效率高；③摩擦阻力小，适合静密封和压力交变的密封；④标准化、品种规格齐全，便于采购和配套。

密封胶是膏状或腻子状液体密封材料，主要用于填充机载导弹构形复杂、不规则、不便采用密封圈的间隙中，起填充、密封和防护作用。密封胶的品种、类型和规格多，通常按硫化和非硫化型分类。机载导弹应用最广泛的当属室温硫化型密封胶。此外，也用到非硫化型液体密封胶和腻子、厌氧胶，以及今后可能采用的磁流体密封等新材料和新技术。常用密封圈和密封胶材料主要性能如下：

1) 丁腈橡胶：使用温度为－55～＋150℃，具有优良的耐燃料油及芳香溶剂等性能，可在石油基液压油、二酯润滑油、汽油、水、有机硅润滑脂、硅油等环境中使用；是目前用途最广、成本最低的密封材料。丁腈橡胶不耐酮、酯和氯化氢等介质，因而不适在有酮、硝基烃、氯仿等极性溶剂环境中使用。

2）聚硫密封剂：使用温度为－60～＋130 ℃。其具良好的机械性能，有突出的耐候、耐老化和臭氧老化性能，耐石油基油料（汽油、航空燃油、滑油和液压油）性能好且耐溶剂和稀酸、稀碱腐蚀，适宜作为弹体外用密封和接触油料部位密封。典型产品是20世纪70年代研制的三组分XM－15密封剂，其广泛应用于国产飞机的各种密封。

3）硅橡胶：具有突出的耐高低温、耐臭氧及耐候、耐老化性能，绝缘性能优良；在－70～＋260℃工作温度范围内能保持其特有的弹性，以及耐臭氧、耐候等性能，是机载导弹密封圈和密封剂最常用的材料。由于机械性能逊于其他橡胶和弹性体、耐油性不良，通常适宜制作耐热密封垫片、密封圈和填隙物，而不宜制作长期耐油密封件。

4）聚氨酯橡胶：具有优异的耐磨性和良好的不透气性，使用温度范围一般为－45～＋80 ℃。此外，聚氨酯还具有中等耐油，耐氧及耐臭氧老化特性，但耐酸碱、水、蒸汽和酮类等性能不好。其适于制造各种O形圈、油封、隔膜和填隙物等。

5）三元乙丙胶：使用温度为－60～＋120℃（短时150℃）。由于其主链是完全饱和的直链型结构，其侧链上的不饱和二烯烃可供硫化，因而具有优良的耐老化性、耐臭氧性、耐候性、耐热性（120℃长期使用），以及耐化学性（如醇、酸、强碱、氧化剂），但不耐脂肪族和芳香族溶剂侵蚀。三元乙丙胶在橡胶中的密度最低，并有高填充特性，缺乏自黏性和互黏性。

6）氟硅/氟醚橡胶：氟橡胶具有突出的耐热（250～300℃）、耐油、耐介质、寿命长等优点，但耐寒性较差（使用温度不小于20℃），而氟硅橡胶则兼有氟橡胶及硅橡胶两者的优点，耐油、耐溶剂、耐燃料油及耐高低温性均佳；氟硅/氟醚橡胶可在－55～＋200℃使用。氟醚橡胶－55～＋275℃（短期300℃，－55～＋180℃燃油沸点中工作。这两种胶料的抗溶胀性十分优异，见表5－20。

表5－20　常用密封圈耐溶胀性能

序　号	密封材料	体积溶胀率
1	氟橡胶	2%～3%
2	偏氟醚橡胶	2%～3%
3	氟硅橡胶	20%
4	丁腈橡胶	50%

注：介质为航空RP－3型航空燃油，150℃。

7）氯丁橡胶：使用温度为－30～＋130 ℃。其具有优良的耐候、耐老化和臭

氧老化性能，耐油（齿轮油和变压器油）、耐溶剂和耐无机酸耐腐蚀性能好，但耐芳香油性能较差。其挠曲性和不透气性良好，适宜户外密封使用。

部分氯丁橡胶是我国20世纪60—70年代化工部的仿苏产品，随着技术进步，取而代之的是新型国产航空密封材料。如SDL-1-41，SDL-1-43，RTV141，RTV143和HM305等有机硅密封剂。据报道，道康宁公司已经提高室温硫化，可在315℃长期工作的736#单组分有机硅密封剂，这两者材料都可作为老产品的替代物。

8）高温密封：虽有较多文章和报道，但国产高温弹密封性胶的工程应用受耐高温聚合物基础技术水平的制约，仅达到国外20世纪70—80年代水平（见表5-21）。目前只有HM-301，J-09，KH-505等少数高温密封胶在航空航天工程中实际应用，且常见高温弹性密封胶在不高于400℃的温度下工作（如HM305为−70～250℃；HM304，HM804为−60～250℃），经过高温考核的只有HM301，J-09，KH-505等有机硅和聚硼硅氧烷胶黏剂，短期也没有经过600℃以上考核，有价值的数据少，远不能满足需求。

表5-21 苏联20世纪80年代航天高温密封胶

序号	牌号	使用温度	黏结材料	类型
1	BK-34	−60～350℃； 短期500℃	金属和绝热材料、硅橡胶、氟硅橡胶、氟橡胶、泡沫材料	高温有机硅胶
2	KT-5	−253～250℃		
3	KT-30	−60～350℃ 350℃，150 h		
4	BK-20	−60～400℃（500 h） 短期700℃	多孔材料（泡沫塑料、陶瓷、木材）	碳硼烷改性聚氨酯胶
5	BK-20M	−60～400℃，500 h 短期9 700℃		

随着机载导弹速率和射程的显著增加，现有密封圈和密封胶难以满足新型号设计要求。据报道，国内已经研制出主要用于金属、玻璃、陶瓷等材料之间黏结密封，−110～500℃使用的耐高温弹性密封胶。其样品常温力学性能：$\sigma_{剪切}$（钢-钢）= 5.10 MPa，$\tau_{拉伸}$ = 3.7 MPa，$\varepsilon_{伸长率}$ = 360%；高温力学性能：60℃热水中30 d（趁热测试）伸长率=82%；402℃×1 h，剪切强度=4.0 MPa；402℃×1 h，$\tau_{拉伸}$ = 2.40 MPa，$\varepsilon_{伸长率}$ = 140%。此外，已知在研的航天高温弹性胶可常温固化、800 ℃长时间（1 000℃，短期）工作，样品在800℃下3 h后仍有1 MPa的强度，显著提高了高温密封部位的安全裕度。

5.4 燃气舵材料制备工艺

5.4.1 燃气舵材料制造工艺

1. 钨铜合金的制备

钨、铜二元素互不相溶、熔点差异大(钨的熔点约为 3 400℃,铜的熔点约为 1 100℃),无法用普通熔炼方法制造。由于金属钨、铜相容性差,且热膨胀系数相差很大[金属钨常温为 $4.6\times10^{-6}K^{-1}$,800 ℃时为 5.8×10^{-6};金属铜常温为 $16.9\times10^{-6}K^{-1}$,300 ℃时为 $17.6\times10^{-6}K^{-1}$;钨渗铜(W-7Cu)常温为 $5.7\times10^{-6}K^{-1}$,800℃时为 $6.6\times10^{-6}K^{-1}$]。一方面冶金连接时不易产生元素互扩散;另一方面直接连接时会产生很大的热应力,严重时甚至导致接头开裂。钨渗铜材料的开发和应用始于 20 世纪二三十年代,主要集中在德、日、美、英等国,我国从 1956 年才开始生产。燃气舵钨铜材料的性能和要求独特,其工艺和选材有别于高压触点、电极、热沉和配重等钨铜材料。常见钨铜合金的工艺有以下几种。

(1)普通烧结。

它属于传统的粉末冶金方法。先将钨粉和铜粉按比例混合、压制成形,然后直接烧结成形。普通烧结工艺简单、设备要求不高、成本低,但这种工艺容易于出现高温钨晶粒粗大等问题,难以获得成分均匀的合金。该工艺制备的钨铜材料通常用于性能要求不高的场合,不适合用作燃气舵材料。

(2)热压烧结。

这种工艺又称加压烧结。该工艺把粉末装入模具,在加压的同时将粉末加热到烧结或略低的温度,经较短时间即可烧结成致密而均匀的制品。该工艺将压制和烧结两道工序同时完成,可在较低压力下迅速得到冷压、烧结难以达到的密度,但对模具要求高、耗费大、单件生产效率低。对于燃气舵钨渗铜生产,热压烧结还需要氢气保护或真空烧结,成本较高。

(3)冷等静压与热等静压熔渗(熔浸)。

烧结-熔渗工艺:一定粒度的钨粉经冷等静压(CIP)成形,然后在还原气氛或真空条件下于不低于 2 000℃高温烧结成多孔钨骨架,然后经液态金属铜毛细渗入钨骨架工序,最终得到钨铜毛坯或制品。烧结和渗铜可分开进行,也可合并

工序，但预先烧结骨架再熔渗的方式有利于获得高强度骨架，使材料更耐烧蚀。

冷等静压工艺具有以下优点：①可制备较大尺寸（可超过 300 mm）的制品或毛坯；②由于冷等静压受力均匀，所制备的制品或毛坯的密度均匀、缺陷少；③采用软膜装粉成形工艺，钨铜的骨架受力均匀，便于制备异形制品或毛坯，产品一致性好。

热等静压（HIP）是通过高温高压提高粉末冶金材料性能有效方法。采用热等静压工艺将粉末冶金材料在高温高压作用下进一步致密化，有利于获得高密度、孔洞和缺陷少的制品或毛坯，不同工艺钨铜材料实验数据见表 5－22。

表 5－22　不同工艺钨铜材料实验数据

牌号	试验状态	相对密度/(%)	抗弯强度/MPa
W－10Cu	HIP 前	97.85	1 370
	HIP 后	99.36	1 412
W－20Cu	HIP 前	97.38	1 104
	HIP 后	99.46	1 203

熔渗密度一般为理论密度的 97%～98%，由于高温烧结可通过挥发和热分解消除低熔点杂质以及难还原的低价氧化物，减小了杂质对使用性能的影响。熔渗工艺技术难度大，但所制取的材料成分均匀、性能好，是燃气舵钨渗铜的主要生产工艺。

（4）活化烧结。

J. L. Johnson 对钨铜合金多相平衡研究的结果表明，Co，Ni，Pd 和 Fe 等元素可加速钨铜合金烧结致密化过程。据报道，加入 Zr，C 和 Mo 等元素后，钨铜材料的高温强度显著提高（1 600℃抗拉强度提高了 37.9%），其原因在于烧结过程生成稳定的中间相，促进固相 W 颗粒的烧结。该工艺不足之处在于可能降低导热性能。由于该方法简单、成本低，对于性能要求稍低的喉衬等应用仍有需求。

（5）注射成形。

金属注射成形是一种从非金属塑料注射成形行业中引申出来的新型粉末冶金近净成形技术。其工艺是先选择合格的金属粉末和黏结剂，经混合、制粒、注射成形，获得产品外形的毛坯，然后烧结成致密化最终产品。该工艺要求原料粉末很细（约为 10 μm），粉体宜为近球形，比表面大，以保证分散均匀、流动性好、烧结快。

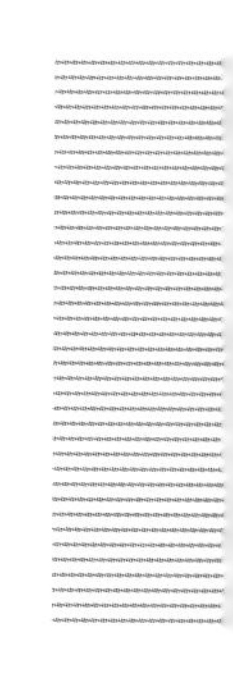

该工艺有两种方式生产：其一是钨铜混合粉注射成形后直接烧结；其二是先注射成形钨骨架后，再熔渗烧结，成品的密实度可达 96%以上。作为一种新型

的金属零部件近净形成形工艺，该工艺可直接获得几何形状复杂的最终产品，原材料利用率高、加工简化、废料少，可完全自动化连续作业，生产效率高，近年来得到飞速发展，全球产品的销售量年增长率一直保持在20%～40%。随着粉体技术和纳米材料技术的应用，该工艺已逐渐成为燃气舵生产工艺。

(6)热等静压致密化处理工艺。

较大的残余孔隙和渗铜不均会显著劣化钨铜材料的物理和力学性能，为此，采用热压二次复烧渗铜等方法可进一步提高材料的密度，减少缺陷，减少产品报废，该工艺已被证实行之有效。图5-21为热等静压工艺生产设备。

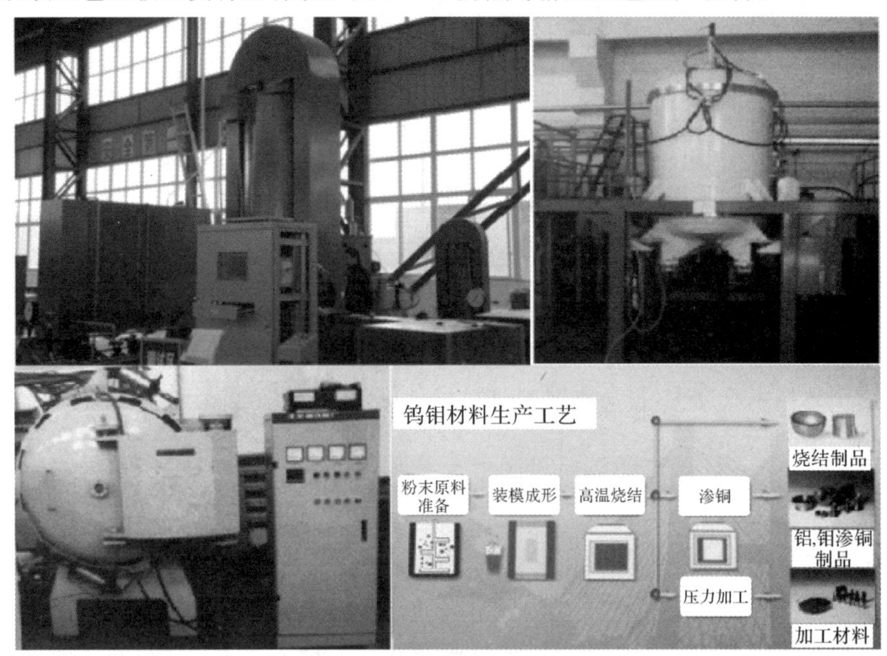

图5-21　热等静压工艺生产设备

2. 其他燃气舵材料制造工艺

(1)其他燃气舵发汗材料。

除典型的燃气舵钨渗铜发汗材料外，多数燃气舵材料(包括钼渗铜、钨钼渗铜、陶瓷渗铜等材料)的成形方式与钨渗铜相似，采用粉末冶金成形方式，所不同的在于所用骨架成形的材料配方、温度、压力、气氛等工艺参数的差异。非金属碳材料和陶瓷材料的发汗材料兼有该材料成形和渗铜的特点。

(2)其他高温烧蚀材料。

推力矢量控制装置用碳/碳复合材料、碳/碳化硅复合材料、石墨及改性石墨、高温陶瓷和改性陶瓷材料、复合舵材料见相关文献。

5.4.2 钨渗铜材料的加工

钨渗铜燃气舵通常采用 WCu 毛坯数控加工而成。与常规金属材料不同，燃气舵用钨渗铜材料为粉末冶金的高温难熔材料，属于高硬度的脆性材料。虽然熔渗的 Cu 对 W 骨架具有较好的强化和韧化作用，但在工艺上表现出机械加工切削力大、切削温度高（切削加工过程的切削热难以扩散而产生较高温度，集中在刀尖处加快刀具磨损）工艺性能差的特点；燃气舵加工过程中刀具磨损很快，易产生裂纹、崩料等缺陷。钨渗铜材料切削难、易产生裂纹、崩料等缺陷，因此，在刀具选取、切削参数选用、切削液的选用及走刀路线的安排上因材料特性有异于常规金属材料。这就要求在加工钨渗铜材料过程中不断摸索、积累经验、掌握其性能和特点采取针对性措施，才能获得理想的加工效果。

5.4.3 材料工艺技术展望

社会需求和技术发展，对燃气舵材料和工艺不断提出更高的要求，促进了新工艺的发展。

1. 粉体材料与成形

高真空原位加压成形、机械合金化（研磨）、热气流雾化、热化学法等工艺有望提高生产效率、制备高分散和超细化纳米钨、铜和特种复合功能粉体。粉体性能和分散状态强烈影响制品的性能。将纳米材料的特殊效应引入燃气舵材料制备，有助于改善抗热震性能和冲击韧性，是当前研究的热点之一。

此外，德国先进材料与制造研究所（IFAM）推出了一种以传统工艺为基础，以较低成本制造高密度、高性能粉末冶金零件的新方法，称为流动温压技术（简称“WFC 技术”）。据报道，该技术比传统压制快 500～1 000 倍，适合于大批量生产中小型零件。

2. 烧结新工艺

放电等离子（SPS）烧结、微波烧结、激光烧结等先进技术有望应用于钨铜材料制备，在极短时间内实现坯料的烧结成形，获得真正意义上的块状纳米材料。

以传统工艺得到的材料作电极，经电弧熔化再造，有望获得晶粒更细、偏析更少、更致密的材料。此外，采用快速凝固技术，可扩大合金元素的溶解度、偏析少，提高制品室温和高温强度、改善抗热震性能。这些新工艺在燃气舵领域应用正在需要受到关注。

3. 梯度材料结构

鉴于传统工艺生产的材料存在热震破坏问题，人们自然想到将梯度材料的概念引入钨渗铜生产工艺。钨铜梯度功能材料包含铜、钨相及钨铜过渡复合层，其优点是较好地缓解 W 与 Cu 热性能不匹配造成的热应力，充分发挥 W 和 Cu 组元各自的特点，显著改善力学性能、抗烧蚀性、抗热震性等综合性能。该工艺有可能用于制备具有高抗热震性喷管喉衬等。

4. 轻量化

用 Mo（约为 10 g/cm^3）甚至更轻的高温陶瓷取代部分获全部 W（约为 19 g/cm^3）作为渗铜骨架，在保持烧蚀性能的同时，降低材料密度（10 g/cm^3 左右）。一些新工艺还提高了冲击韧性、降低了烧结温度，是当前燃气舵发展的主要方向。

5. 其他

采用具有方向性的难熔金属或陶瓷纤维替代粉末颗粒（如钨粉）制备钨铜材料，理论上有可能出现类似常规复合材料的增强效应，获得更高的室温和高温强度、导热性，目前仍处于可行性研究阶段。

智能材料（intelligengt material）是继天然材料、合成材料、人工设计材料之后的第四代新型材料，是支撑未来高科技发展，实现结构功能化、功能多样化的重要方向之一。钨渗铜、钼渗铜的燃气舵、喉衬、喷管均为粉末冶金产品，在生产、装配过程中意外冲击、跌落的损伤通常肉眼难以察觉，若涂覆智能显示涂层以显示损伤部位和损伤程度，有助于避免机载导弹潜在的故障和风险。此外，智能材料还可能产生可近期、量化功能燃气舵的出现，推动推力矢量控制技术的进步。

近年来，自我修复材料技术受到越来越多的关注。如果推力矢量控制装置防护涂层、密封结构能够自我修复，将大大提升新型空空导弹推力矢量控制装置的可靠性、维修性、保障性和寿命。

5.5 质量保障

5.5.1 质量保障的主要工作及意义

作为导弹的关键件，燃气舵工作环境严酷，一片燃气舵功能的丧失可能意味着导弹失控并影响到任务的完成，严格的质量控制对确保导弹正常工作的可靠性至关重要。从粉体到成品的每一道工序的缺陷都可能带来极其严重后果，必须严加识别和控制。考虑到粉末冶金材料性能的离散性，钨渗铜燃气舵承制单位都会安排极其严格的质量检测和监控手段，以确保毛坯或制品的质量和性能都应得到有效控制，并可追踪。对于燃气舵材料典型监控项目包括常温和高温强度、断裂韧度，密度，化学成分，内部缺陷等，严格按照国家的相关标准进行。通常需进行以下试验和测试：

1)外观检查和关键尺寸测量；

2)超声波和高能射线探伤；

3)随炉试样力学性能测试(静强测试)；

4)燃气舵密度测试；

5)成分分析；

6)骨架和渗铜分析(选材与故障分析)。

上述质量控制项目中，1)、2)、3)、4) 项对外协加工制件最重要，其次是 5)、6) 项。例如，良好渗铜材料的常温拉伸强度不小于 500 MPa，而渗铜不均时可能小于 200 MPa。6)项涉及燃气舵相对密度和制品渗透率两项检测内容，主要用于生产工序质量监控。无损检验是控制燃气舵质量的重要手段，重点控制裂纹、孔洞、渗铜不均等重要缺陷。

5.5.2 原材料质量控制

1. 原材料及辅助材料质量控制

原材料及辅助材料的质量是燃气舵优异性能的基础，主要原料钨、铜的纯度、形态和性能关系到制作钨渗铜燃气舵毛坯和制品的质量。为确保材料和工艺的一致性，要求制造燃气舵原材料钨粉纯度应符合 GB/T 3458—2006 中《钨粉》FW－1牌号的要求，铜的化学成分应符合GB/T 467—1997《阴极铜》中标准阴极铜Cu－CATH－2牌号的要求。

2. 制备过程质量控制

钨渗铜燃气舵的性能和质量主要取决于成形工艺过程的方法、控制条件和过程。各生产厂都有其专项技术要求和经验。

3. 加工过程质量控制

钨渗铜材料的加工与常规金属材料相似但有其自身特点。加工单位都会制定专项工艺文件，对加工刀具、参数和流程、控制点实行严格的质量控制。

5.5.3 产品质量控制

1. 外观质量

外观质量是燃气舵质量有效控制且易于操作（目视检查）的内容之一，外观质量检测通常包括以下内容：

1）制品表面不应有目视可见的裂纹、孔洞等缺陷；

2）制品表面不应有目视可见的渗铜不均；

3）要求超声波和射线检验的制品，表面粗糙度应小于3.2 μm。

2. 尺寸及公差

采用适当的量具检测，尺寸及公差应符合图纸技术要求。

3. 牌号及化学成分

钨渗铜燃气舵的性能与材料牌号、成分关系密切，成分差异会带来烧蚀性能的差异；为避免混料，钨渗铜燃气舵国军标对毛坯或制品的牌号，铜、钨含量进行明确规定。例如，牌号为W－7Cu，Cu含量为6.0%～9.0%；余量为W。过程检验可参照GJB 2299A—2005《喉衬用钨渗铜制品规范》附录A规定的方法，制品可按GB/T 223.18—1994《钢　铁及合金化学分析方法》或JB/T 4107.2—1998规定的方法之一进行检验。

4. 密度

密度是表征和控制燃气舵质量的常用指标之一。GJB 2299A—2005《喉衬

用钨渗铜制品规范》列出了钨渗铜燃气舵材料的钨骨架相对密度、材料相对密度、燃气舵制品密度控制范围；GJB 2299A—2005《喉衬用钨渗铜制品规范》附录A 规定了钨渗铜燃气舵毛坯、制品密度测量方法，制品检验材料密度允许的测量偏差量为±0.1 g/cm^3。

5. 力学性能

制品或毛坯的室温抗拉强度 σ_b、室温弹性模量、室温断裂韧度、室温弹性模量 E 、800℃抗拉强度(见图 5-7)是十分重要且易于检测的力学性能。对于钨渗铜燃气舵在上千摄氏度高温环境工作，但标准通常列出材料 800℃高温测试性能，是因为钨渗铜材料在 1 050℃附近因铜的熔化、发汗升华导致测试难以达到稳定状态、数据波动大的缘故。此外，800℃以上测试受设备等条件限制，不具有通用性。通常，室温拉伸试验方法按 GB/T 228—2002《金属材料》规定，室温拉伸试样规格采用 GB/T 228—2002《金属材料》附录 B 表 1 中的 R7 试验；高温拉伸试验方法按 GJB 2299A—2005《喉衬用钨渗铜制品规范》附录 B 规定；断裂韧度测量方法按 GJB 2299A—2005《喉衬用钨渗铜制品规范》附录 C 规定；弹性模量测量方法按 GB/T 2105—1991《金属材料杨氏模量、切变模量及泊松比测量方法(动力学法)》规定检测。

6. 无损检验

燃气舵等关重件材料内部的缺陷是难以察觉、识别的潜在隐患，采用无损检测方法可以识别材料内部缺陷。通常使用超声波、X 射线或 γ 射线检查制品或制品毛坯的内部缺陷。超声波探伤的基本原理是利用超声波在介质中传播时，非连续部位会产生反射、折射现象。经过反射、折射的超声波，其能量或波形发生变化，利用这一特性可对结构内部缺陷进行“无损探伤”或“无损检测”。超声检测技术广泛应用，可检测均质材料、复合材料及其制品内部孔隙、脱黏、分层、疏松等缺陷。常用于检测燃气舵制品用钨渗铜材料的裂纹、孔洞、渗铜不均等缺陷，超声探伤设备如图 5-22 所示。

射线检测的基本原理是利用 X 射线或 γ 射线穿过试件，在感光乳胶上感光，在底片上形成缺陷投影。缺陷部位对射线的吸收程度与连续的均质材料部位同，使得在感光胶片或仪器显像强度差异的成像，可以用于判别出缺陷大小形状和位置。X 射线或 γ 射线检测在航空航天材料和部件的无损检测中应用广泛。射线探伤可检测材料和制品中的孔隙、密集气孔、脱黏、杂质及平行于射线的裂缝等缺陷，可检测钨渗铜等材料的裂纹、孔洞、渗铜不均等缺陷。

图 5－22　超声探伤设备

根据承受载荷和工作特性的差异，可对燃气舵面按重要工作区域和一般区域分区探伤。重要工作区域指燃气舵受力最大的连接部位和气流烧蚀最严重的燃气舵前缘部位，其余区域为一般区域。

通常，燃气舵制造过程中需要进行两次探伤：完成材料毛坯制造阶段先进行探伤检测，剔除毛坯不合格品或返修；完成燃气舵成品加工后，进行最终探伤检查。产品的无损检测验收标准应根据产品的具体使用要求，结合相关的国家标准制定。

对于尺寸面积较大的燃气舵，可在燃气舵上划分出不同的区域，依据不同区域工作严酷程度和缺陷影响程度采用不同的质量检测和控制标准。这有利于合理利用材料，降低材料的废品率，降低成本的目的。燃气舵受力最大的连接部位应采用最严格的质量控制标准，气流烧蚀最严重的前缘区域标准可适当降低，非重要工作区域的标准可采用相对较宽的标准。GJB 6488—2008《燃气舵装置用钨渗铜制品规范》中推荐的探伤分区（见 GJB 6488—2008《燃气舵装置用钨渗铜制品规范》附图 1），其中在 GJB 6488—2008《燃气舵装置用钨渗铜制品规范》中的相关描述区是燃气舵受力最大的连接部位和气流烧蚀最严重的前缘，由虚线构成的在 GJB 6488—2008《燃气舵装置用钨渗铜制品规范》中的相关描述是非重要工作区域，两区域规定的渗铜不均的面积有差异，在 GJB 6488—2008《燃气舵装置用钨渗铜制品规范》中的相关描述规定不大于本区域的 10%，在 GJB 6488—2008《燃气舵装置用钨渗铜制品规范》中的相关描述规定不大于本区域的 20%。

无损检测可以对制品或毛坯的内部的裂纹、孔洞（包括夹杂）、渗铜不均、贫铜斑点等缺陷进行检测和控制。超声波检验方法按 GJB 2299A—2005《喉衬用钨渗铜制品规范》附录 D 规定，X 射线检验方法按 GJB2299A—2005《喉衬用钨渗铜制品规范》附录 E 规定，γ 设计检验方法按 GJB 2299A—2005《喉衬用钨渗铜制品规范》附录 F 规定。

5.5.4 流转过程质量控制

为了避免加工、转运等环节疏忽而出现的质量问题，需要严格按钨渗铜燃气舵制品或毛坯包装、运输、储存规定进行包装处理，避免出现磕碰、受潮和腐蚀等。作为关键重要件，每件燃气舵制品都应有标志和履历文件，以便质量控制和追踪。

5.6 推力矢量控制装置材料的环境适应性及寿命

5.6.1 空空导弹推力矢量控制装置的任务剖面、寿命剖面

空空导弹服役总寿命期间通常经历三种状态：①地面储存状态；②外场临时存放状态；③空中随机挂飞、使用状态。

导弹在地面储存时，一般处于油封状态装箱存放于自然通风、无空调的封闭式国防仓库内，不通电、不工作；外场临时存放状态一般处于包装箱内或悬挂于载机上，基本暴露于大气环境。除战备值班外，不通电、不工作，空中挂飞使用状态的空空导弹在载机飞行包线内挂弹飞行。而发射状态的推力矢量控制装置要承受发动机高温高速燃气流中严酷工作环境，不仅通电工作、暴露于大气环境，还承受飞行和作战的振动、冲击等应力环境。

机载导弹服寿命期间通常要经历多次运输、储存、通电检测、挂飞，直至自主飞等事件，如图 5－23 所示。

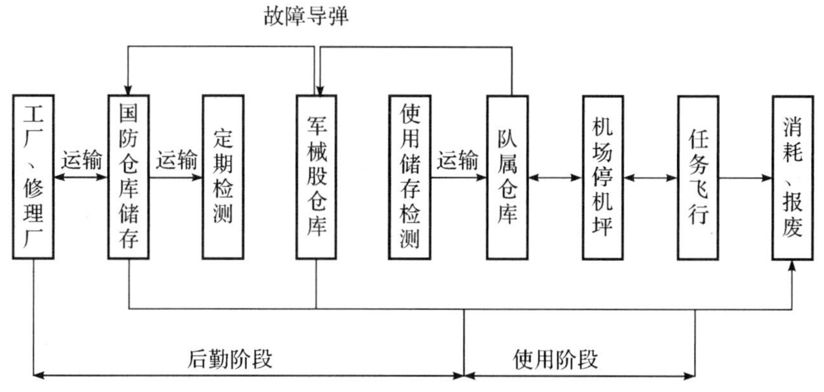

图 5－23 机载导弹寿命周期事件、使用维护流程

5.6.2 推力矢量控制装置用材料的环境适应性

环境适应性试验是评估推力矢量控制装置能否在服役总寿命期或首次大修期内满足正常使用要求的一类重要方法,也是推力矢量控制装置材料能否工程化应用的重要考核内容。由于机载导弹服役过程中的温度和湿度环境因地域和季节变迁存在显著差异,挂飞过程中在云层、海域的不同以及强烈振动、冲击、沙尘侵蚀因素的影响。除要求将 GJB 150A—2009《军用装备实验室环境试验方法》作为除专项评估试验以外,综合评估是否适合武器装备在实际服役环境使用性能的依据。试验依据导弹环境试验大纲要求,进行以下环境试验考核:

(1)GJB 150.3A—2009《军用设备实验室环境试验方法　第 3 部分:高温试验》,高温试验(试验温度+70℃)。

高温储存试验的目的在于获取高温环境条件下试验对象的数据,以评价试验对象在高温环境中的安全性、完整性和对防护性能的影响。导弹长期暴露于高温环境中,由于温度梯度和热不均匀性,容易产生物理变形、寿命缩短和性能下降等,对防护结构的使用性能和防护性能产生负面影响。

(2)GJB 150.4A—2009《军用设备实验室环境试验方法　第 4 部分:低温试验》,低温试验(试验温度−55℃)。

低温储存试验的目的在于获取低温环境条件下试验对象的数据,以评价低温条件对试验对象的安全性、完整性和性能的影响。导弹长期暴露于低温环境中,由于材料容易变脆或硬化,收缩率的差异可能导致防护结构和性能下降。

(3)GJB 150.5A—2009《军用设备实验室环境试验方法　第 5 部分:温度冲击试验》,高/低温冲击试验(高温为+70℃,低温为−55℃,转化不大于 5 min,循环次数为 3 次)。

温度冲击试验的目的在于确定受试方案在温度急剧变化过程中,是否产生物理损坏或性能下降;机载导弹在地面暴晒后随载机飞入高空寒冷区域就是典型的温度冲击工况。

(4)GJB 150.9A—2009《军用设备实验室环境试验方法　第 9 部分:湿热试验》,(室温高温为=85%～95%,高温高湿 95% 60℃,6 h,低温高湿为 95% 30℃,8 h,1 次/24 h,共 240 h)。

湿热试验是为了考察受试方案耐湿热大气影响的能力。由于湿热环境容易引起金属氧化和电化学腐蚀、加速化学反应和老化变质,湿热环境会引起有机或无机材料吸潮后膨胀、物理性能(如强度和硬度等)改变,以及涂层附着力和防护性能降低等因素,因而是环境适应性考察的重点项目。

(5)GJB 150.11A—2009《军用设备实验室环境试验方法　第11部分：盐雾试验》[(50±5)gL/NaCl，pH=6.5～7.2，35℃，1～2 mL/(80cm^2·h)，240h]。

盐雾因加速电化学反应而引起腐蚀，还会产生导电覆层、盐结晶增加重部件的卡滞、磨损等破坏风险。此外，盐雾中的水分也会对耐水性差的涂层产生电解导致起泡、脱落等影响，因而是重要考核内容。

(6)GJB 150.16A—2009《军用设备实验室环境试验方法　第16部分：振动试验》。

振动可导致结构变形和位移，增大结构的疲劳、微动磨损和其他机械磨损，要求按试验大纲规定的功率谱密度值进行随机振动，分别进行挂弹及不挂弹各持续状态振动，每阶段振动结束后检查，观察、记录材料和结构状况。

(7)GJB 150.15A—2009《军用设备实验室环境试验方法　第15部分：加速度试验》则考核惯性加速度对推力矢量控制装置产生的影响。

采用功能模拟试验件和产品进行挂机振动、冲击以及耐久性振动试验。

此外，GJB 150.8A—2009《军用设备实验室环境试验方法　第8部分：淋雨试验》可考察防护层对积雨、渗透雨水的作用，包括对防护涂层侵蚀、渗透、泡胀作用，导致结合强度和本体强度的影响；GJB 150.10A—2009《军用设备实验室环境试验方法　第10部分：霉菌试验》则考核是否出现锈蚀或促进长霉作用，是否防护性能下降等。

以上试验既可采用功能模拟试验件也可采用产品进行环境适应性试验，试验中和试验后进行推力矢量控制装置外观目视检查和工作性能检测。

空空导弹战备值班和挂机巡航过程中，燃气舵直接暴露于大气环境，沿海及海洋的湿热、盐雾，风沙，雨，雪，霜，工业废气等严酷的环境因素，对于钨-铜、钼-铜等“假合金”的异质金属材料容易产生显著的腐蚀破坏，图5-24为钨渗铜燃气舵的腐蚀照片。

(a)　　(b)

图5-24　钨渗铜燃气舵试验件盐雾96 h后(a)和湿热试验240 h后(b)状况照片

推力矢量控制装置使用了多种非金属材料，存在服役环境中会逐渐老化失效的问题。因此，设计上需要选用结构兼容，满足服役环境和寿命要求的密封、防热等非金属材料。例如，密封圈和密封胶都属于寿命有限的部件，储存和寿命试验主要采用人工加速寿命试验结合自然储存试验，以获得密封产品寿命和综合保障的备品备件方案。

金属结构在内陆干燥、少盐环境中的腐蚀进程较慢，海洋大气中多种盐电解质、高温、高湿、强紫外线及霉菌等因素叠加、相互促进作用会显著加速常见涂层、镀层和密封等防护措施失效，导致结构件外观、强度、刚度、运动配副功能劣化、可靠性降低。此外，封闭舱体内的金属件受渗透潮气、盐雾腐蚀作用的时间更长，其适海性防护不容忽视。

以往空空导弹的研发受海军装备水平和岛礁建设进度的制约，环境适应性主要参照 GJB 150—2009《军用装备实验室环境试验方法》开展试验，缺少长期暴露在“三高一强”＋酸性海洋大气环境的试验研究，难以满足适海性设计要求。实验室单因素湿热、淋雨、中性盐雾等考核难以体现岛礁、舰载综合环境，了解推力矢量装置结构和材料在海洋环境中防护实际情况最有效方法是海洋环境大气暴露试验。

5.6.3 推力矢量控制装置用材料寿命

1. 工作寿命和非工作寿命

与空空导弹一样，推力矢量控制装置的寿命可分为工作寿命和非工作寿命，前者指在正常战备值班、挂飞、自主飞条件下的寿命，后者指储存、运输条件下的储存寿命。总寿命是工作寿命(通电检测与挂飞)与非工作寿命(储存与待命)二者之和。典型寿命剖面为国防仓库储存、队属库房储存、挂机停放、挂机飞行(自主飞)。通常，总寿命应按比例同时涵盖上述工作寿命和非工作寿命。

金属材料腐蚀、有机非金属材料老化失效和元器件吸潮、变质等因素影响可储存寿命，而频繁通电测试、机械损耗、运输、战备值班等使用影响系统的工作寿命。此外，系统和结构的设计水平、材料质量、加工与装配质量、服役环境和使用状况都会影响服役寿命。

寿命分布因失效机理不同而异，常见形式有指数分布、威布尔分布、正态分布和对数正态分布等。通常，导弹的寿命 θ 与故障率 λ 、服役时间 t 服从指数分布：

$$\theta=\int_0^\infty R(t)\mathrm{d}t=\int_0^\infty \exp(-\lambda t)\mathrm{d}t=\frac{1}{\lambda} \tag{5-8}$$

现代武器装备的采购费用和使用与保障费用日趋繁杂、高昂，成本不断增

加。据美国军方专项研究报告，在武器装备的全寿命周期费用中，使用与保障费用占到了总费用的72%，并且1/3的维修费用被认为是可以通过技术和管理改进节省出来的，与使用和维修保障费用相比，维修保障费用在技术上更具有可压缩性。基于状态的维修(CBM)、货架产品(COTS)、自主保障(AL)等都是压缩维修保障费用的重要手段。如今，武器系统越来越复杂、自动化程度也越来越高，在高精尖武器系统中，任一关重件的故障都可引起链式反应，导致整个系统运行不畅乃至瘫痪；推力矢量控制装置维护保障对于机载导弹系统的可靠性、维修保障十分重要。

腐蚀对金属结构强度的影响已经得到广泛关注。人们在实践中发现，金属腐蚀过程会在金属结构表面产生蚀坑，形成应力集中，促使疲劳裂纹的产生和发展(腐蚀疲劳)，进而引起结构故障。

2. 总寿命周期腐蚀预测及试验技术

腐蚀试验通常采用一定数量的与待试材料、状态相同的试验件投入腐蚀环境，达到规定时间后，观察、记录其外观变化，测试试验件性能变化，采用秤重方法测算出腐蚀造成的质量损失。如GB/T 11112—1989《有色金属大气腐蚀试验方法》提出的腐蚀质量损失式：

$$v=\frac{K(m_1-m_2)}{St\rho} \tag{5-9}$$

式中，v为腐蚀速率$g/(m^2\cdot h)$；K为腐蚀速率换算系数；m_1腐蚀试验前试验件质量，g；m_2腐蚀试验后试验件质量，g；S为试验件表面积，m^2；t为腐蚀时间，s；ρ为密度，g/m^3。GB/T 10123—2001《金属和合金的腐蚀　基本术语和定义》给出了金属和合金的腐蚀基本术语和定义。

随着新型监测和检测技术的发展，腐蚀的连续监控和检测技术手段不断完善，例如，物理机械方法、无损检测方法、电化学方法、光纤腐蚀传感技术、化学方法等技术在航空、航天以及石油、化工等领域广泛应用。其中，物理机械方法属于定性评估方法，采用肉眼或借助工具(如放大镜、内窥镜、千分尺、照相和摄像设备等)通过对腐蚀现象和严重程度的观察、比对获得评估结论。此外，还有超声波检测方法、涡流检测方法、漏磁桶检测方法、渗透检测方法、射线检测方法、红外检测方法、电化学检测方法等无损检测方法等。已经有商业化监控和检测仪器设备、分析软件用于武器装备金属腐蚀的检测分析和实时监控。

3. 非金属材料老化

非金属材料的老化变质是一个复杂的物理、化学变化过程，而这个过程的性

能劣化可导致推力矢量控制装置非金属材料的力学性能、热防护性能等综合性能下降，直至丧失，成为制约导弹储存寿命的最薄弱环节之一。影响非金属材料老化的因素通常有热、氧、臭氧、水分、应力、辐射、盐雾和霉菌等。

推力矢量控制装置的工作寿命与材料和结构设计直接相关。通常只在舵机输出角度偏转指令的情况下工作，储存和挂飞过程不工作，储存寿命与弹体结构相同。寿命设计材料的选用应选用已定型服役导弹用成熟的结构材料，烧蚀隔热、润滑、密封、“三防”等材料，以获得同等寿命和可靠度。

为提高推力矢量控制装置的工作寿命，研制过程需要依据地面发动机点火试验、强度和环境适应性等试验数据不断进行结构优化设计和改进。设计上采用性能稳定可靠的 WCu 粉末冶金燃气舵材料、高温固体润滑涂层、碳/碳-钨复合材料、非金属烧蚀材料和高温密封材料，满足导弹工作寿命和总寿命技术要求。

作为一种粉末冶金特种材料，钨渗铜材料机械加工后表面有大量金属铜外露容易环境腐蚀。设计上需要在钨渗铜燃气舵表面进行防腐蚀处理，提高环境适应性。推力矢量控制装置的酚醛隔热材料含有大量的易吸潮的高硅氧纤维，因其在机械加工中截断外露，这类材料易吸潮气、水分或盐雾，在湿热环境中易于老化变质，设计上采用相似的“三防”涂层进行防老化处理，以提高战备值班和挂飞过程中的环境腐蚀的防护性能。上述需求可直接选用已知寿命、成熟应用的涂层材料，并可通过试样的实验室平行筛选了解其寿命。

对于推力矢量控制装置中非金属及辅助性材料，如橡胶密封 O 形圈、润滑脂等材料厂家的寿命指标短于服役技术指标，是导弹设计常见问题。通常的处理方式是：①通过型号调研找到使用工况相似、服役期更长的型号应用实例，通过类比和试验延长服役期；②通过可靠性延寿试验制定除新的延长期限；③在产品大修期限经返厂大修更换后继续延长使用；④改进材料或更换性能更优、更可靠的新材料和结构。按现有设计，空空导弹将采取全弹整装、充干燥氮气密封、免开箱检测的包装设计，也有助于延长储存寿命。

5.7 小　　结

推力矢量控制装置的可靠性直接关系到导弹作战目标的实现，而推力矢量控制装置，尤其是燃气舵材料和加工质量是实现上述目标的基础。作为空空导弹燃气舵用关键材料，钨渗铜材料的制备是其质量和性能形成的过程，对其材料和工艺特殊性和复杂性的了解和研究有助于燃气舵工程设计、改进和应用。本

章就空空导弹燃气舵材料特殊性以及相关的工艺、质量、寿命等问题展开了讨论，结合近年来空空导弹型号研制经验，以及发展中的新工艺、新技术，为读者提供了参考。

参考文献

[1]肖军，杨晓光，林学书. 空空导弹推矢燃气舵用钨渗铜材料与工艺[J]. 航空兵器，2009(6)：61－64.

[2]潘育松，徐永东，陈照峰，等. 碳/碳化硅燃气舵的烧蚀及抗热震性[J]. 中国有色金属学报，2006，16(6)：976－981.

[3]肖军，李铁虎，张秋禹，等. 滑轨防高温高速烧粘技术的应用研究及进展[J]. 宇航材料工艺，2003，33(2)：14－18.

[4]XIAO J，CHEN J M，ZHOU H D，et al. Surface destructive mechanism on high－temperature ablation，supersonic－erosion，dreg－adherence and corrosion[J]. TRANSACTIONS OF NONFERROUS METALS SOCIETY OF CHINA，2004，14(2)：429－434.

[5]刘丽丽，李克智，李贺军. 基于有限元的C/C燃气舵振动特性[J]. 玻璃钢复合材料，2011(1)：12－15.

[6]刘丽丽，李克智，李贺军，等. 碳/碳燃气舵热结构数值模拟分析[J]. 机械科学与技术，2011，30(5)：793－796.

[7]周战锋，胡春波，李江，等. 变推力固体火箭发动机喉栓烧蚀试验研究[J]. 固体火箭技术，2009，32(2)：163－167.

[8]杨鸿昌. 飞航导弹复合材料的应用概况、需求及发展前景[J]. 飞航导弹，2000(4)：60－63.

[9]肖军，周惠娣，李铁虎，等. 导弹发射装置滑轨表面 MoS_2 干膜防护高温高速两相燃气流应用研究[J]. 摩擦学学报，2003，23(5)：435－440.

[10]夏扬，宋月清，崔舜，等. Mo－Cu和W－Cu合金的制备及性能特点[J]. 稀有金属，2008，32(2)：240－244.

[11]朱瑞. W－Cu材料室温强度和组织均匀性的影响因素[J]. 中国钨业，2002，17(2)：34－36.

[12]陈伟，周武平，邝用庚，等. 粉末粒度对于高温钨渗铜材料骨架性能的影响[J]. 粉末冶金工业，2004，14(2)：17－20.

[13]陈伟，周武平，邝用庚，等. 钨渗铜材料高温力学性能与组织研究[J]. 宇航材料工艺，2005(1)：56－59.

[14]李晓伟，白培康，刘斌. 高温钼骨架渗铜工艺参数分析[J]. 新技术新工艺，2007(9)：53－56.

[15]朱丹，李玉凤，高明霞，等. SiC_f/SiC陶瓷基复合材料制备技术与性能研究进展[J]. 材料导报，2008，22(3)：55－59.

[16]闫联生，李贺军，崔红，等. 固体冲压发动机燃气阀用 C/SiC 复合材料研究[J]. 固体火箭技术，2006，29(2)：135 - 138.

[17]肖军，赵磊，王汝敏，等. 耐热复合材料及其应用[J]. 航空兵器，2000(5)：24 - 27.

[18]陈秀男，吕永根，蒋俊祺. 低温低压下发泡制备泡沫碳的结构与性能研究[J]. 当代化工，2013，42(2)：131 - 134.

[19]居建国，李文晓，薛元德. 碳泡沫材料及其在航天航空中的应用[J]. 上海航天，2008(2)：42 - 46.

[20]刘霞，李洪，高鑫，等. 泡沫碳化硅陶瓷材料的研究进展[J]. 化工进展，2012，31(11)：2520 - 2526.

[21]程凯. 利用多材料 3D 打印制造梯度功能材料的研究[J]. 机械工程师，2017(2)：56 - 57.

[22]周武平. 高性能电极材料的等静压技术[J]. 新技术新工艺，1996(4)：27 - 28.

[23]刘钢棒，吴国君，陈志勇. 数控加工钨渗铜材料工件的工艺参数选用[J]. 航空制造技术，2008(18)：82 - 84.

[24]肖军，佘保民，吴洪涛. 空空导弹的寿命研究[J]. 航空兵器，2009(2)：61 - 64.

[25]肖军，佘保民，樊来恩. 机载导弹包装箱技术及其研究进展[J]. 包装工程，2010，31(13)：136 - 139.

第6章

推力矢量控制装置地面试验系统和试验

试验是推力矢量控制技术研究和产品研制过程中的重要一环，在关键技术预先研究、方案设计、工程样机研制和产品最终设计定型过程中都发挥重要作用。

推力矢量控制技术是第四代近距格斗空空导弹的关键技术之一。常见的推力矢量技术有摆动式、阻流式和二次射流式。其中燃气舵是在发动机的喷流中设置多组舵片来改变发动机喷流方向，实现发动机的推力矢量控制技术。因其具有结构紧凑、所需操纵力矩小、可实现滚动控制等特点，目前在研或现役的空空导弹使用的推力矢量装置以燃气舵为主。

推力矢量装置设计前期需要经过风洞试验，但风洞试验无法模拟发动机的真实排气条件，而推力矢量装置是在发动机高温、高速燃气条件下工作，参数快速变化，工作条件严苛，因此，为了研制出性能优良、工作可靠的推力矢量装置，不但要进行理论计算和风洞试验，还必须经过多种严格的发动机联合“热试”试验。

6.1 推力矢量控制地面试验系统

推力矢量控制试验系统通常包括六分力测试系统、燃气舵五分量天平测力系统，以及试验控制和参数测试设备。

6.1.1 六分力测试系统

1. 工作原理

六分力测试系统是利用力学平衡原理，即刚体在空间力系作用下要保持平衡的必要条件是直角坐标系中 x，y，z 轴上力的投影代数和及三个坐标周力矩为零，通过在三个坐标轴上合理布置传感器，就可以得到推力矢量在三个坐标方向上的约束及其三轴心的约束力矩。对六个传感器的测量结果进行力的计算，就可以得到 x，y，z 轴上的力分量和力矩分量，分量合成后就能得到推力矢量的大小和方向，如图 6-1 所示。

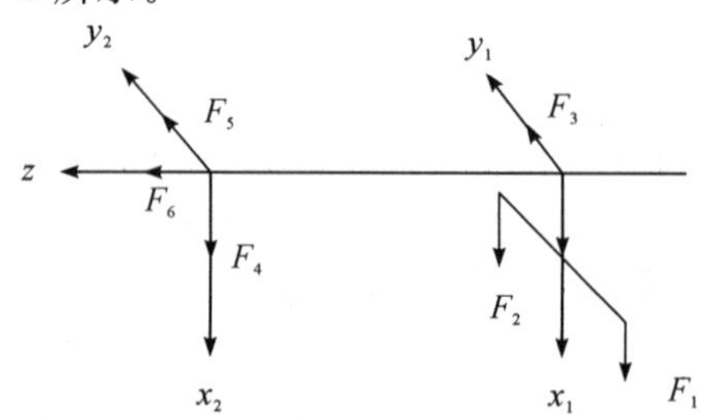

图 6-1　六分力测试系统利用力学平衡原理

即

$$
\begin{cases}
\sum F_x = 0 & \sum M_x = 0 \\
\sum F_y = 0 & \sum M_y = 0 \\
\sum F_z = 0 & \sum M_z = 0
\end{cases}
$$

如果只需对主推力和一个侧向力进行测试，可采用简化的“三分力”测试系统。根据各力对“O”点力矩之和等于零就可求出推力矢量控制力 F_C 的大小，如图 6-2 所示。

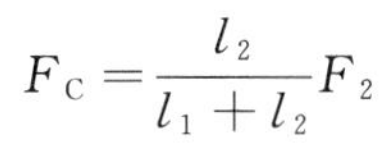

$$F_C = \frac{l_2}{l_1 + l_2} F_2$$

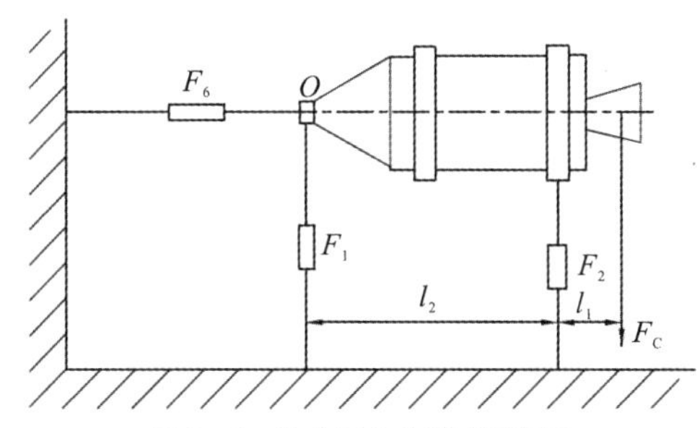

图 6-2　卧式三分力测量示意图

对于要求同时测量俯仰、偏航、滚转的推力矢量试验，需要采用六分力设计，此时，常称之为“六分力”或“六分量”测试，如图 6-3 所示。

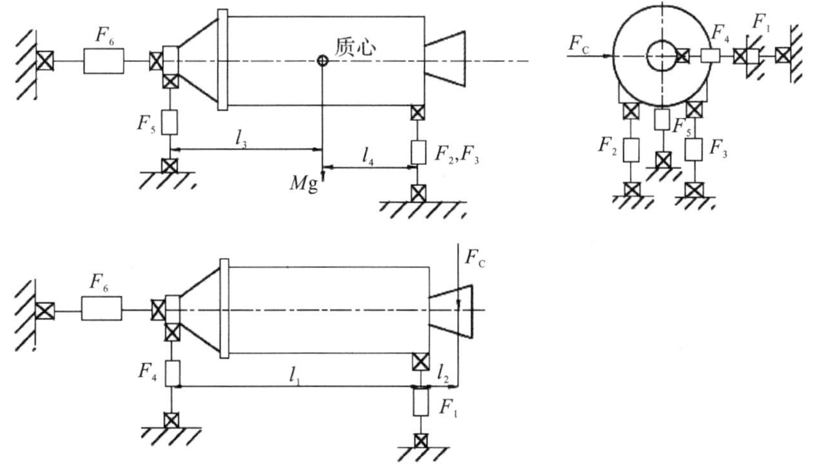

图 6-3　六分力试验架载荷示意图

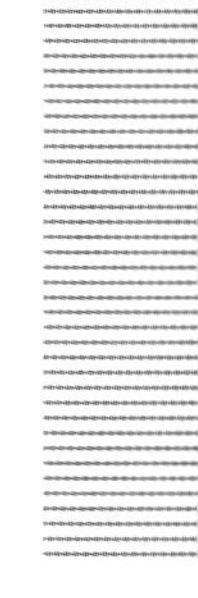

2. 结构组成

六分力测试系统可采用卧式或立式结构。立式六分力试验架的优势在于可消除试验过程中推进剂质量变化对垂直方向侧向力的影响，适用于对测试精度要求高的场合，如图 6-4 所示。

当推力矢量控制试验侧向力力值较大，通过扣除推进剂质量的方法，试验结果也能满足使用要求时，宜采用卧式结构。卧式结构和立式结构相比，由于设备主体均水平布置，所以更便于装调操作，有利于保证安装精度。

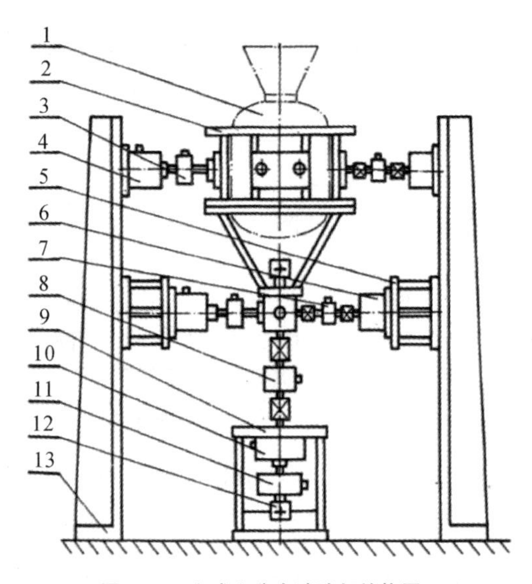

图 6-4　立式六分力试验架结构图

1—发动机；2—动架；3—侧向标准力组件；4—侧向校准力源；5—侧向架；6—三向调节装置；7—侧向测力组件(5 件)；8—轴向测力组件；9—承力架；10—轴向较准力源；11—轴向标准力组件；12—轴向传力组件；13—定架

按照试验架的主体结构特点分类，试验架可分为整体结构式和组装式。整体式试验架主体采用整体形式，主要的安装基准和关键尺寸都靠加工精度保证，因此安装方便，结构刚度大，安装精度高，但加工难，造价高，通常适用于小型产品的试验。组装式试验架设计为几个部分，使用时组装为一体，优点是加工和运输方便，可用于大型产品试验，但对安装调试的要求较高。

六分力测试系统通常由定架、动架、测力组件和校准组件、原位校准装置、安全限位装置组成，如图 6-5 所示。

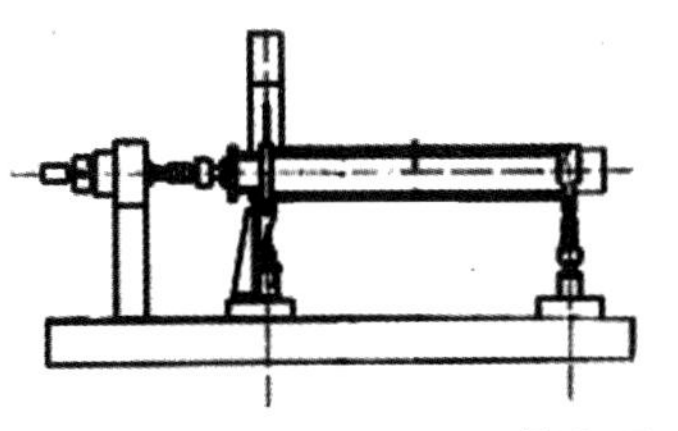

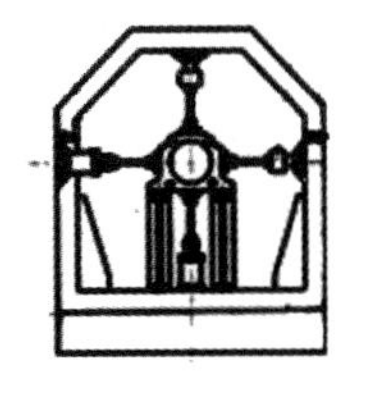

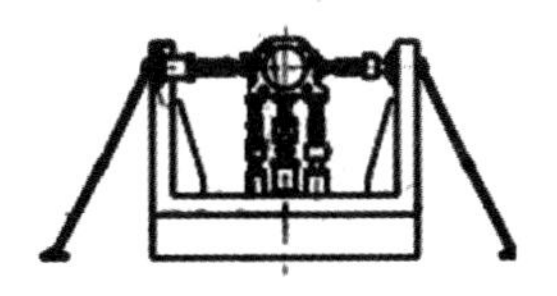

图6-5 整体式六分力测试系统

(1)定架。

定架是试验架的承力构件,由主推力钢架和前、后龙门钢架组成,与试车台承力基础连接在一起,承受轴向推力、侧向力和力矩。钢架上与动架连接部位,设计有可调连接部件,与测力组件、校准组件和原位校准装置连接。

(2)动架。

动架是定位试验产品的结构件,用于连接和约束试验产品,同时连接测力组件、校准组件和原位校准装置,通常要求结构轻、刚度大,保证试验产品推力矢量控制力的真实传递。

(3)测力组件和校准组件。

测力组件和校准组件是感受作用力的测量元件,由传感器、挠性件和连接件组成。传感器用来感受作用力,挠性件用来改善传感器的受力状态,消除非轴向力对测量的干扰。这部分是整个测量系统的核心部件,特别对于组装式试验架,如何实现最小的装配应力、消除装配间隙和死区是安装过程中的关键。

(4)原位校准装置。

原位校准装置用于高精度试验架的静态校准,由校准力源、标准力传感器、传力件、连接件等组成。校准力源是施加载荷的装置。施加载荷的力可用不同的方法产生,常见的有砝码与力发生器,其中力发生器又可分为液压发生器、气压发生器与机电式力发生器等。砝码是以自身的质量对天平施加载荷,可用人工加载与卸载,也可用砝码自动加卸载装置实现自动加载与卸载。其优点是精度高,砝码本身精度可达0.002%;缺点是机构庞大,不易实现大载荷的加载。对于空空导弹推力矢量试验来说,通常使用力发生器作为力源,其优点是较易实现大载荷的加载,且机构相对紧凑,可直接安装在测力系统内。

力源通常采用液压式,具有结构紧凑,体积小,使用方便,产生力值大的特点。为保证校准的精度,要求产生力力值稳定,0.5 min内力值变化应小于0.03%。标准力传感器是力源的指示装置,根据测试要求可选择不同的级别,对于测试结果要求较高的场合,通常半年内精度和稳定度应优于0.05%。

(5)安全限位装置。

为了保护试验架的安全,六分力测试系统还设计有安全限位装置,限制动架在允许的范围内活动,当位移量超过允许范围时,就会起到承载“保护”的作用。

因此安全限位装置要求安全限位装置强度、刚度高，常出现在试验架的薄弱环节和关键部位，防止出现过大变形，减少试验件工作异常造成的破坏。

3. 设计要点

(1)动架。

动架是发动机试验时的安装平台，是六分力试验架的核心部件，其设计合理性和加工的精度保证直接关系到测试数据的精度。

动架可采用高精度设备加工整体成形，这样可以最大限度保证台架的安装和校准精度。设计时，需要考虑在刚度足够的前提下，尽量减轻动架质量，以提高台架的动态响应性能。动架也可采用组装式设计，这多发生在试验产品尺寸较大的情况下。图 6-6 中的组装式动架就由四根厚壁钢管连接杆和前、后安装盘组成，前、后安装盘上采用高精度加工的台阶面保证动架前后端面的平行度和同轴度，由于动架自身安装和定位需要，动架上设计有兼容各型号发动机的安装转接接口及主推力方向光学检测基准，能够在试验时对发动机进行快速安装和精确夹装定位。

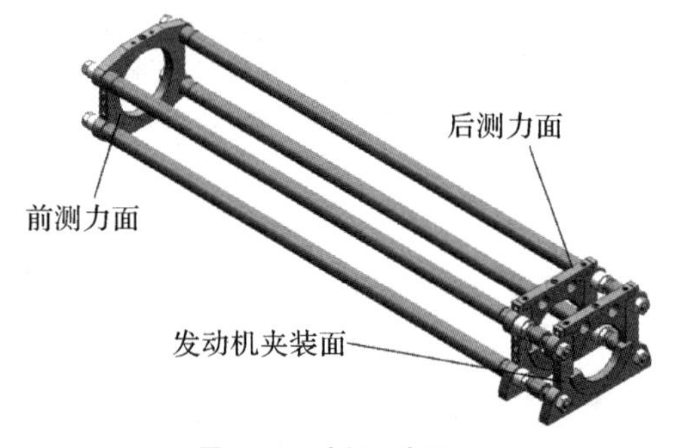

图 6-6　动架示意图

(2)测力组件。

针对性设计主推力组件，提高各零件的连接刚度，减小主推力对侧向力校准精度的影响。在柔性连接方式中，从球头、球窝配合和叉簧挠性件两种方式中选取一种精度更高的形式，可以从多次静态校准得出结果。

侧向力测力组件由叉簧挠性件、轮辐式双路输出传感器等组成，主要是对量程进行确定，设上测力面距喷管截面高为 h，两个测力面距离为 l，最大侧向力 F_{max}，则可确定 $F_1 \sim F_5$ 的量程。

水平安装的侧向力传感器可采用铝壳轻质传感器，减小传感器质量对侧向力测量的影响。

(3)校准组件。

为实现六分力测试中主推力加载情况下各侧向力的静态校准,可采用四通道液压加载系统。主推力与侧向力标准传感器采用精度为0.03%的高稳定性标准传感器,保证校准的高精度和数据常年稳定性。针对性改进模拟喷管位置校准机构,提高连接刚度,采用高精度螺纹配合连接方式,减小安装间隙,提高安装同轴精度,保证校准的高精度。主推力校准装置如图6-7所示。

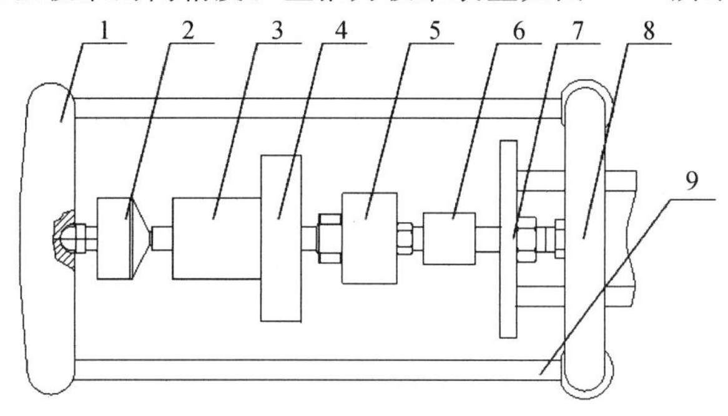

图6-7 主推力校准组件示意图

1—加载横梁1;2—标准传感器;3—油缸;4—承力墩;
5—工作传感器;6—叉簧挠性件;7—传力框;8—加载横梁2;9—传力杆

叉簧挠性件采用整体加工成形,其外形尺寸一致性很好,消除因组装式叉簧挠性件安装误差对测量和校准产生的影响。传感器和叉簧挠性件需考虑系列化配置。

校准加载装置由液压油缸、四通道液压操纵台、标准传感器、传感器指示仪、标准砝码等组成,对六分力试验架的主推力和侧向力的静态校准。

(4)安装调试辅助设备。

在台架进行装配时,需要借助于调试安装件对台架进行辅助安装,六分台架配备了主推力校准-主推力测力-动架的同轴监测件。此外,还需配备用于侧向力测量和校准调节的粗调件。

6.1.2 燃气舵五分量天平测力系统

1.工作原理

燃气舵五分量天平测力系统借鉴风洞试验的方法,把燃气舵作为试验模型,采用五分量天平作为测量元件,测试燃气舵在发动机尾流中各工况条件下的燃气动力和力矩参数。

五分量天平是一个悬臂式应变传感器，有5组应变片分别感应燃气舵面的法向力、切向力和3个坐标轴的力矩气动特性参数。试验前，通对被校准的天平精确地施加校准载荷，求得被校天平各测量分量的信号输出与校准载荷的变化关系，即天平校准公式。试验时，燃气舵处于真实流场中，根据天平各分量的信号输出和校准公式，求得燃气舵舵面法向力、切向力和3个坐标轴的力矩数据。

2. 结构组成

燃气舵五分量天平测力系统由五分量测力天平、天平供电电源、天平试验架和天平校准装置组成，如图6-8所示。为了实现燃气舵的运动控制，试验架上安装有4台伺服电机，电机输出通过变速机构驱动测力天平，带动燃气舵运动。在传动轴上需要安装绝对值角度编码器和角度反馈电位器，实现燃气舵转动角度的精确测量和控制。为了实现与燃气舵安装位置和角度的精确控制，试验架上还需设计有精细的调节机构。同时，由于燃气舵工作在高温燃气力，为了避免连接燃气舵的天平受热，天平可采用水冷，水冷机构也需安装在试验架上。

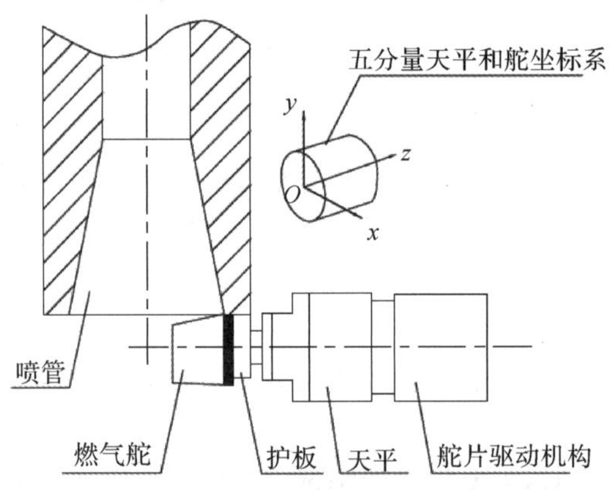

图6-8　燃气舵五分量天平测力系统示意图

天平校准装置实现对天平的现场校准。天平校准装置由静态台架、加载电机和标准砝码等组成。

3. 设计要点

(1)五分量测力天平。

为提高天平的精准度，天平设计时可采用力矩补偿设计方法，即天平校准中心与舵面参考中心重合，有效减少力对力矩的干扰，提高天平的精准度。

天平的材料通常选用高强度和超高强度钢，如17-4PH(0Cr17Ni4Cu4Nb)沉淀硬化不锈钢。

天平设计过程需进行如下计算：

1) 需进行 x 向、y 向、M_x 向、M_y 向、M_z 向载荷作用下应变、应力计算。

2) 从天平的结构及受载情况分析，确定天平的危险点，进行强度计算，计算天平最大变形计算，进行刚度校核。

3) 确定各元补偿应变片粘贴位置，计算天平各院满量程输出。

4) 计算得出天平灵敏度及强度、刚度是否满足设计要求。

(2)试验架。

试验架由方形框架、天平移动机构(见图 6-9)和天平校准装置组成。

方形框架可由槽钢组合焊接而成。上梁、下梁、左梁、右梁、横梁、竖梁分别装有天平移动机构。天平移动机构转动轴的后端与驱动轴之间用同步带连接，前端与天平连接，驱动轴与电机轴直接连接，电机旋转通过同步带、转动轴带动天平旋转。天平校准装置可与发动机试车台面牢固固定，通过螺栓实现台架的水平调整。

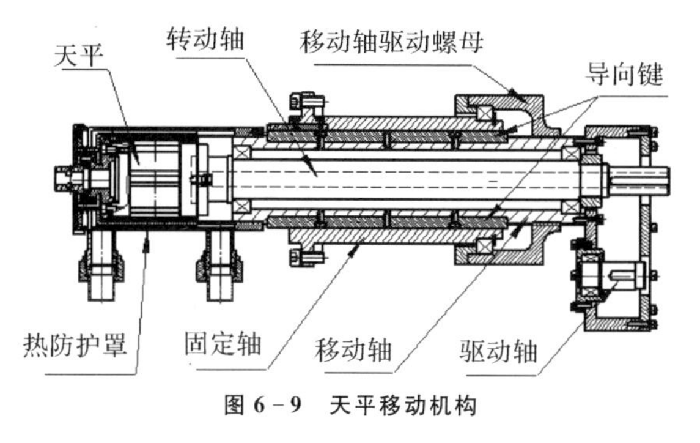

图 6-9 天平移动机构

燃气舵试验时尾喷口将产生 3 000 K 左右的高温气体，直接作用在燃气舵上，如天平不采用有效的热防护措施，天平将由于温度过高而无法正常工作，甚至会造成天平损坏。同时，受热也会影响燃气舵试验数据的精度和准度，因此需要对天平进行热防护。

天平热防护方案分为以下两种：

1)隔热，在天平与燃气舵之间采用隔热材料，如云母、玻璃钢垫片，减少天平与燃气舵的金属接触和传热；

2)采用空气冷却或水冷装置，降低天平周围的环境温度，图 6-10 为采用水冷的天平热防护结构简图。

天平的热防护也可采用混合方案，在模型和天平之间安装隔热垫，并使用主动准确装置，取得最佳的热防护效果。

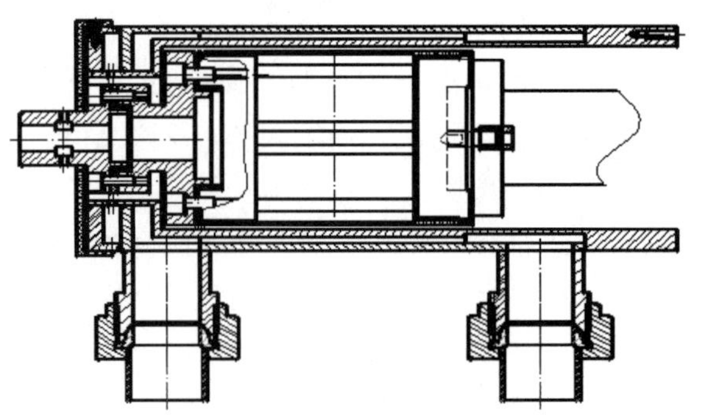

图 6-10　采用水冷的天平热防护结构简图

(3)天平校准装置。

天平校准装置由加载头、标准砝码、拖动机构、加载控制装置、校准台架等组成,如图 6-11 所示,可实现天平多分量同时加载。加载头是支撑加载梁并将各加载梁所受力传递给天平的元件,可根据天平校准需要设置加载点,加载点均设在被校天平的轴心线所在的水平或垂直面内,保证了所有校准载荷均通过天平的校心,避免了附加力矩的产生。标准砝码可采用四级砝码,精度可达到 0.01%,根据天平载荷确定砝码种类及块数。为提高校准工作效率,降低操作人员工作强度,已广泛采用砝码自动加载装置。自动加载装置采用电机和减速器驱动螺母旋转,螺母带动丝杠及托盘沿导轨上下运动,可实现砝码的平稳、准确加载和卸载。编码器可精确纪录每加一块砝码电机所转的圈数。控制台上安装代表砝码的按钮,天平校准时只要按动相应的按钮即可实现加、卸载。

图 6-11　天平校准装置

6.1.3　试验控制和参数测量系统

试验过程控制主要包括试验时序控制、燃气舵控制,以及产品参数测试。

1. 试验时序控制

发动机的推力矢量控制装置试验，必须协调发动机、推力矢量控制装置、燃气舵控制设备、参数测量设备按特定顺序有序工作，因此需要有试验时序控制设备。

试验时序控制可按需发出设备启动/时标信号。启动信号可采用晶体管-晶体管逻辑电平的特定脉宽信号，由定时器板产生，脉宽可根据需要设定，来产生要求的信号输出格式和脉宽，用以按时序出发各参试设备。为统一各设备时间“零点”，通常还需发送时标信号。

此外，发动机试验还可按需设置发动机点火通道检测、(钥匙)安全互锁和应急停止功能，以满足试验的质量检测和安全控制要求。

推力矢量试验时序控制台操作面板图如图 6－12 所示。

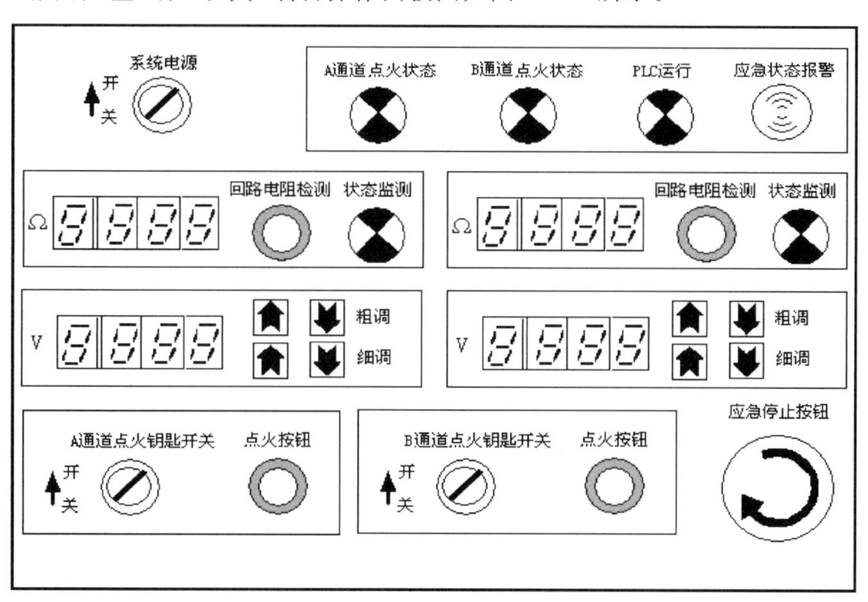

图 6－12 推力矢量试验时序控制台操作面板图

2. 燃气舵控制

推力矢量控制试验燃气舵控制设备按照测试规范向试验舵机提供输入信号，在直流伺服机构的作用下控制舵面按照控制输入的要求运动。

燃气舵控制设备的功能包括以下方面：

1)独立波燃气舵控制,控制规律通常有方波、三角波、正弦波、阶梯波等,并具有周期、相位、幅值、阶梯数、阶梯升幅和保持时间等设置功能;

2)多燃气舵组合控制功能,实现多片舵联动;

3)波形的产生控制具有手动触发和外信号触发两种工作方式。

燃气舵控制设备由控制器(CC)、模拟量输出卡(DAC)、数字量输入/输出卡(DI/O)、直流伺服机构、功率电源、对值编码器、舵机和传动机构及角位移传感器组成,如图 6-13 所示。

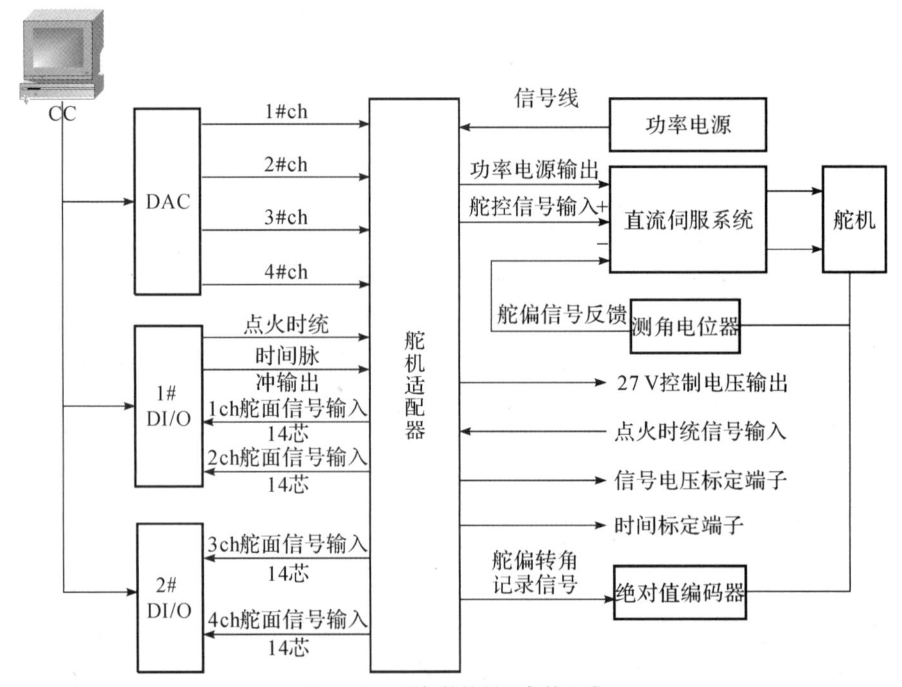

图 6-13 燃气舵控制设备的组成

燃气舵控制软件进行各种波形周期、幅值、延时等参数的设置和触发方式的选择。为方便检查设置结果,可设置波形预览功能,如图 6-14 所示,试验过程可实时监视输出波形。

如果需要对驱动装置性能进行调试,可利用系统仿真软件对建立的系统进行动态仿真。根据直流电机数学模型建立系统数学模型,通过仿真结果确认所选用的直流伺服机构能否满足试验所需的静态和动态技术指标。

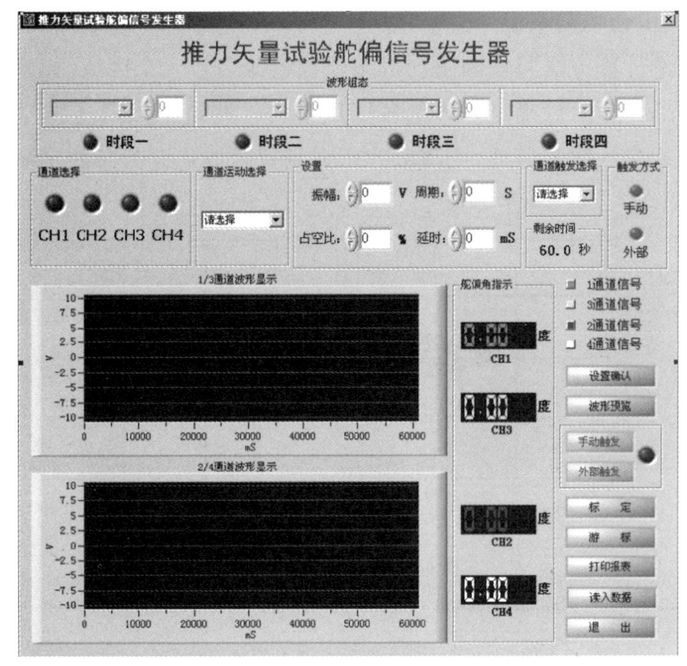

图 6－14　软件界面设计

3. 参数测试记录

在 GJB 2365—2004《固体火箭发动机静止试验测量方法》中，规定了发动机静止试验参数测量系统的组成、技术要求、试验操作等内容。测量系统应采用冗余设计，两套以上相互独立的测量系统测量发动机同一参数，如彼此相差不超过规定的测量不确定度（推力、压强为 0.5%），测量结果可任选。

六分力传感器和五分量天平输出的电信号也可采用上述设备进行记录。数字式记录设备随着计算机技术的发展成为发动机试验的主选，主要分为两类：一是专用设备；二是总线式记录设备。

4. 燃气流场参数测试

燃气舵工作在发动机高温、高压、高速排气中，环境极其恶劣。测量和掌握燃气舵的工作环境，显得尤为重要，同时也非常困难。直接测量，不仅传感器难于布置和保护，也会影响流动情况。因此，燃气流畅测试通常采用仿真分析和羽流测试修正方法进行，也可采用红外测温、激光-多普勒测速仪（LDV）等非接触方法进行校测。

(1)尾流压强场测量。

先用理论计算方法将被测发动机尾流场划分为若干个区域,如超声速区、亚声速区、边界区等,然后确定并测量各区域中的一些特征点的压强,根据各区域的特性采用适当的数学处理,把离散的压强点拟合成连续分布的尾流压强场,如图 6-15 所示。

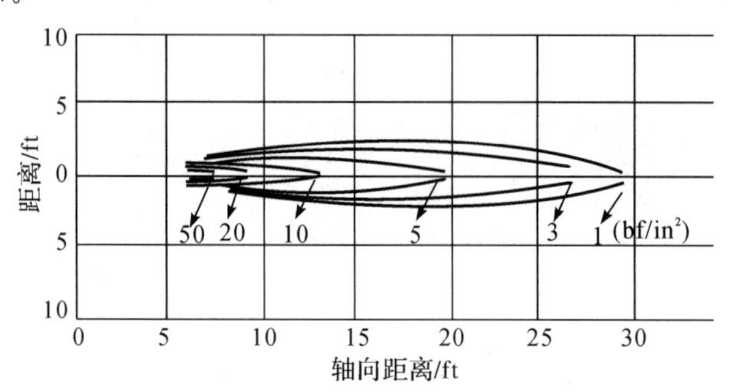

图 6-15　尾流压强场图

注:1ft=30.48 cm;1bf=445 cm;1 in=245 cm。

若要测量尾流某截面一个特定点的压强值,总压探头和静压探头可对称放置在射流轴线的两侧。亚声速区总压可通过总压探头直接测量。在超声速区只能测出探头前端离体激波后的总压和静压,经适当处理可得到激波前的总压和静压。

每发试验只测量沿射流轴线一个截面上的压强数据,因此,尾流压强场的测量需采用多台发动机试验完成,为方便实现在尾部不同截面的测量,可在试验场的地面设置导轨,便于试验时改变被测截面的轴向位置。

传感器的安装支架应满足以下要求:具有足够的强度和刚度,并能承受发动机尾流的烧蚀、冲刷;在沿射流轴线方向上,能方便地安装在试验导轨的不同位置;应尽量减少支架对尾流的影响;安装架上的测压探头位置、方向可微调,以使测压探头坐标正确,方向对准测点流线方向;支架上的测压管路和压强传感器应进行水冷。

美国海军武器实验室利用该方法进行了 15 发“响尾蛇”MK31 型零批火箭发动机测量。

(2)尾流温度场测量。

尾流温度场常用的测量方法与压强场测量一样,只是用热电偶代替测压管。图 6-16 为尾流场的温度示意图。

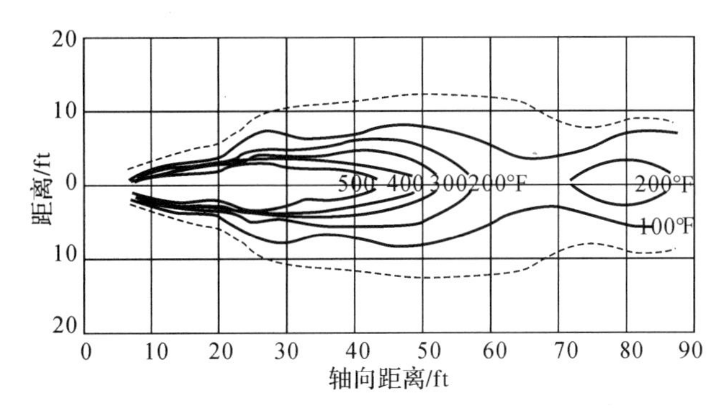

图6-16 尾流场的温度示意图

国内外针对测量发动机尾流温度场，发展了许多新技术，如红外辐射强度测量仪、CCD扫描仪、红外热像仪和红外光谱仪等。

(3)尾流速率场测量。

激光-多普勒测速仪主要优点是：①可进行非接触测量，不干扰流场；②响应快，空间分辨率高；③可测量高温流态；④方向性灵敏，可测量2D流场、3D流场等。国内外一般选用该类设备测量发动机尾流速率场，其结构如图6-17所示。

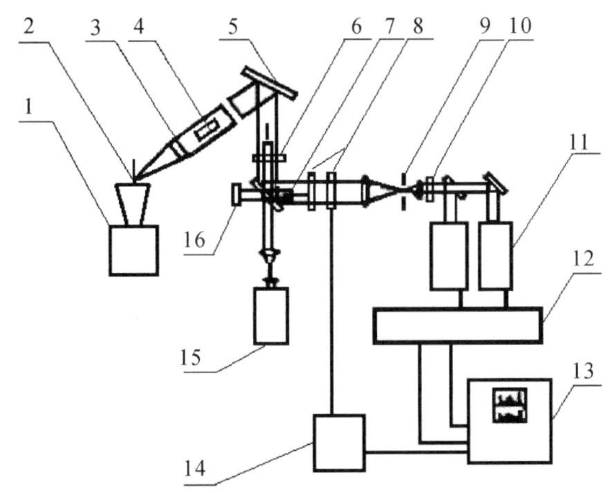

图6-17 发动机排气尾流激光-多普勒测速仪示意图

1—发动机；2—粒子；3—信号束；4—激光束；5—反射镜；6—窗口；7—束分配器；8—镜；9—针孔；10—过滤器；11—光电倍增管；12—速率测量器和分辨器；13—记录仪；14—扫描控制；15—激光器；16—基准镜

6.1.4 防爆试验台及基础设施

推力矢量控制试验涉及发动机，因此需要在特殊设计、建造的防爆实验台上进行的。实验台包括用于点火试验的实验厂房和辅助厂房两部分。实验厂房包括防爆主体、承力墩或基础,辅助厂房包括标定间、工具间、试验准备间等。

6.2 推力矢量控制地面试验

推力矢量控制地面试验主要是气动性能试验,主要验证燃气舵的升力梯度、最大升力和差动控制性能,以满足姿态角加速率和过载要求,保证弹体的滚动控制稳定性,获取燃气舵的阻力和对发动机的推力损失情况,获得舵面铰链力矩变化情况。因为发动机燃气流场的复杂特性和舵舵之间的干扰,所以相比空气舵,燃气舵的气动性能试验显得更显重要。因此,燃气舵试验主要考核的性能参数包括以下几种:

1)控制力;

2)滚转力矩;

3)铰链力矩和负载力矩;

4)阻力及导弹发动机推力损失;

5)舵间干扰。

为准确测试燃气舵性能参数,需要借助多种试验设备,如超声速热喷流试验系统、卧式六分力测试系统和燃气舵五分量天平测力系统等。其中,任意两套测试系统所得的试验数据互相补充,得到准确的燃气舵性能数据。

6.2.1 控制力测试

六分力测试数据经处理后可直接得到弹体坐标下水平控制力 F_x 和垂直控制力 F_y:

$$F_x = \frac{F_3 l}{l + l'} \tag{6-1}$$

$$F_y = (F_1 + F_2 + F_4) - mg \tag{6-2}$$

式中,F_1,F_2,F_4 为垂直方向三组传感器输出,kN;F_3 为水平方向后部传感器输出,kN;l 为头部固定位置到后部传感器的距离,mm;l'为后部传感器到发动机喷管的距离,mm;mg 为发动机药重实时变化值,kN。由于不受药重变化影响,所以在进行六分力数据分析时,多采用水平控制力来评价对弹体的升力参数。为保证六分力测试试验的控制力数据准确,应验证力平衡和力矩平衡两种计算结果的一致性,通过 F_1,F_2,F_4 试验前后数据验证发动机的药重正确性。

在五分量测试过程中，燃气舵和天平一同转动，测得数据经过处理可直接得到舵面坐标系下单片舵片的法向力 F_N、切向力数据 F_A，然后可换算出弹体坐标下的升力数据。升力的换算公式为

$$F_L = F_N\cos\delta + F_A\sin\delta \tag{6-3}$$

式中，δ 为燃气舵面偏转角，(°)。

六分力测试和五分量测试均可进行控制力参数的测试，二者测得的控制力参数试验数据能够吻合，误差在 5%以内。在分析六分力测试数据时应考虑发动机推力偏心、质量和质心变化等因素，在分析五分量测试数据时应考虑燃气舵试验和实际产品安装状态差异引起的误差。

6.2.2 滚转力矩测试

对称布置的燃气舵差动时产生滚转力矩，根据六分力测试时 F_1，F_2 的输出，由力矩平衡原理，以发动机轴线与 F_1，F_2 两传感器测力截面交点为支点，计算滚转力矩。传感器 F_1，F_2 之间距离为 l，则：

$$M_z = (F_1 - F_2)l \tag{6-4}$$

通过五分量测试测得的力矩 M_x 和法向力 F_N，可计算出燃气舵展向压心位置：

$$l_C = M_x / F_N \tag{6-5}$$

式中，l_C 为燃气舵展向压心距舵根距离。

当一对舵片差动某一角度时，五分量天平试验中舵片升力 F_L 可由式(6-3)得到，发动机尾喷管出口截面直径为 D，滚转力矩为

$$M_z = 2F_L(D - l_C) \tag{6-6}$$

在两套试验设备中测得的滚转力矩试验数据能够基本吻合，误差比控制力参数数据误差稍大。考虑五分量测试中的安装因素、发动机尾流颗粒沉积、燃气舵外形尺寸小等影响，测得的展向压心位置较小的误差即可造成滚动力矩较大的误差。而六分力测试数据主要受到推力偏心、F_1 和 F_2 测量组件安装状态影响，误差较小，故六分力测试数据更为可信。在进行滚转力矩的测试时，适合采用六分力测试。

6.2.3 铰链力矩和负载力矩

铰链力矩为燃气舵克服在发动机尾流中转动的阻力力矩，而负载力矩包含了铰链力矩和燃气舵轴配合面摩擦力产生的力矩。负载力矩对产品研制更有意

义。负载力矩六分力测试将测力传感器连接在燃气舵上，在发动机试验中实时测得驱动杆上的力值 F_L 和燃气舵片偏转角 δ 数据。

铰链力矩 M_f 为

$$M_f = F_L l \cos\delta \tag{6-7}$$

式中，l 为驱动杆轴线距燃气舵轴线零位初始距离，m。

在测试负载力矩时，要考虑由于工作时间长、舵轴温升变化、颗粒沉积等因素对该参数的影响。

在五分量测试中，由天平测得的力矩 M_z 就是燃气舵的铰链力矩。从测试数据结果看，六分力测试的负载力矩数据比五分量测试的铰链力矩数据大，与试验预期吻合。由于负载力矩参数对导弹总体更有价值，负载力矩参数应采用六分力测试多次测试，六分量测试负载力矩测试如图 6－18 所示。

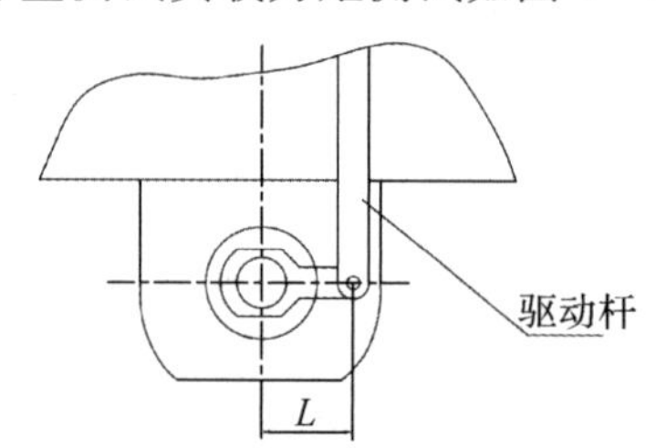

图 6－18　六分量测试负载力矩测试图

6.2.4　阻力及推力损失测试

在六分力测试中不能直接获得阻力数据，需通过对多次试验推力数据的统计。对比不带燃气舵发动机推力数据，分析在不同舵面偏转角和发动机燃烧室压力情况下，给出阻力和推力损失数据。

通过五分量测试可以测得舵面坐标系下单片舵片的法向力 F_N、切向力F_A 数据，换算可计算出弹体坐标下对导弹弹体的阻力数据：

$$F_D = F_N \cos\delta - F_A \sin\delta \tag{6-8}$$

式中，δ 为燃气舵舵面偏转角，(°)。

五分量测试数据换算出的阻力数据仅为燃气舵阻力，不包含护板阻力，且试验数据受到燃气舵安装、发动机尾流沉淀物影响较大。

两种试验方法中，阻力和推力损失测试均受到较多影响因素，测试难度大，获得的试验数据精度较低。由于用六分力测试的阻力和推力损失数据更接近产品的真实情况，提交数据时应采用六分力测试的统计数据。五分量测试数据只

能作为验证,但其对燃气舵优化设计非常重要。

6.2.5 舵间干扰测试

五分量测试时4个天平分别安装在燃气舵上,可独立控制每个舵片的运动,可方便测试舵间干扰情况。非常适合舵间干扰测试分析试验研究。六分力测试中,可以在测试一对舵片性能时,控制另一对的运动分析舵间干扰,是一组对一组的研究,尤其在舵间干扰效应小时,由于推力偏心等影响因素,只能定性地判断出舵间干扰的程度。

6.3 地面试验数据分析

6.3.1 测量不确定度评估

测量的目的在于掌握被测对象的客观实际状态(真值),但真值只能不断接近而永远无法得到。传统上使用误差分析处理方法解决该问题。但误差分析既有性质不同的随机误差,又有合成随机误差和系统误差。为了克服误差评定的局限性和困难,能够统一地评价测量结果,必须设法准确地估计出测量结果与真值相差的范围,即不确定度。

相关概念和术语如下:

1)测量不确定度:表征合理地赋予被测量之值的分散性,是与测量结果相联系的参数。

2)标准不确定度:以标准差表示的测量不确定度。

3)不确定度的A类评定:用对观测列进行统计分析的方法,来评定标准不确定度。

4)不确定度的B类评定:用不同于对观测列进行统计分析的方法,来评定标准不确定度。

5)合成标准不确定度:当测量结果是由若干个其他量的值求得时,按其他各量的方差或(和)协方差算得的标准不确定度。

6)扩展不确定度:确定测量结果区间的量,合理赋予被测量之值分布的大部分可望在此区间。

7)包含因子:为求得扩展不确定度,对合成标准不确定度所乘之数字因子。

8)自由度:在方差的计算中,和的项数减去对和的限制数。

9)置信概率:与置信区间或统计包含区间有关的概率值。

测量不确定度评定过程如图 6-19 所示。

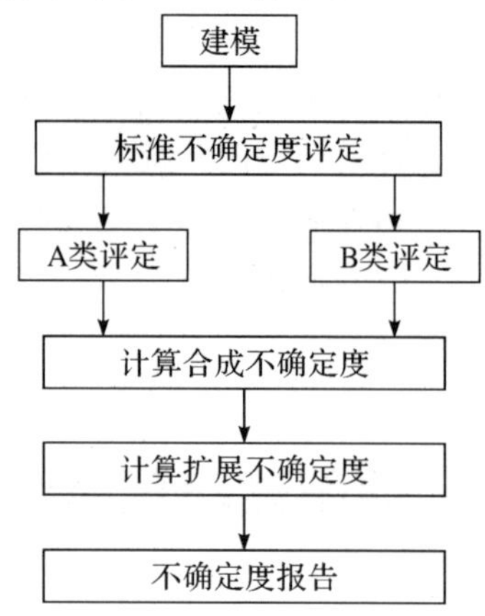

图 6-19 测量不确定度评定过程框图

分析实际测量中所有可能影响测量结果的因素,不确定度来源由以下顺序确定:①校准等级,溯源到国家级;②数据取得;③数据处理。

测量不确定度报告应包括以下内容:

1)固体火箭发动机参数测量工作原理与逻辑框图或测量模型;

2)测量不确定度来源框图;

3)测量不确定度各分量值及相联系自由度的完整表格单,并详细说明每个分量数值获得方法;

4)合成不确定度及相联系的有效自由度;

5)扩展不确定度,数值取 2 位有效值。

1. 天平测量结果的 A 类不确定度(S)

(1)天平校准的计算。

以天平的校准结果为例。天平升力静校不确定度分别为 0.19%,见表 6-1。

表 6-1 1#天平校准加载数据记录表

加载/kg	1#天平 y 向电压输出/mV			
	1	2	3	4
384.000	33.944	33.944	33.950	33.950
256.000	22.968	23.044	22.976	23.044
128.000	12.012	12.120	12.015	12.121

续表

加载/kg	1#天平 y 向电压输出/mV			
	1	2	3	4
0	1.093	1.168	1.067	1.163
−128.000	−9.798	−9.874	−9.800	−9.874
−256.000	−20.770	−20.822	−20.817	−20.766
−384.000	−31.753	−31.753	−31.752	−31.752

根据天平的计算方程公式，结合加载数据，给出不确定度 S_1 和自由度 ν_{A1} 指标：

$$S_1 = 0.19\% \text{ , } \nu_{A1} = 28 \tag{6-9}$$

(2)记录设备的校准计算。

燃气舵热性能参数记录设备的核心是 VXI 总线式板卡，设备有长期使用统计记录，设备的放大、滤波和 A/D 转化典型校准数据详见表 6-2。

表 6-2 记录设备校准数据表

校准数据/V		标准值/mV					
		0	10	20	30	40	50
1	正行程	0.000 09	0.010 09	0.021 01	0.030 10	0.040 11	0.050 10
	反行程	0.000 09	0.010 09	0.021 01	0.030 10	0.040 10	0.050 10
2	正行程	0.000 09	0.010 10	0.021 01	0.030 10	0.040 10	0.050 11
	反行程	0.000 09	0.010 10	0.021 01	0.030 10	0.040 10	0.050 11
3	正行程	0.000 09	0.010 09	0.020 09	0.030 10	0.040 10	0.050 11
	反行程	0.000 09	0.010 09	0.020 09	0.030 10	0.040 10	0.050 11

通过计算，其不确定度 S_2 和等效自由度 ν_{A2} 为

$$S_2 = 0.01\% \text{ , } \nu_{A2} = 36 \tag{6-10}$$

2. 测量过程的 B 类不确定度(v)

针对试验结果有显著影响的典型因素，进行 B 类不确定度计算。

(1)燃气舵受力坐标圆点位置至校心位置的不确定度。

在进行燃气舵五分量天平测力试验时，理论上燃气舵受力坐标圆点位置至天平的校心位置应重合，但具体到实际的试验设备，该位置难以准确控制，是影响测试精度的主要环节，目前的试验只能保证最大误差控制在 1 mm 内。由于位置的不重合，燃气舵在发动机尾流所处的流场存在差异，导致数据的不确定度。

天平的基准至校心位置由于安装位置引起的不确定度和等效自由度分别为

$$u_1 = 1.5\%, \nu_{B1} = 10 \tag{6-11}$$

(2)供电电源变化引起的不确定度。

天平由型高精度稳压电源供电,电源的精度和稳定度指标高,按指标计算电源变化对测试数据造成的不确定度和等效自由度分别为

$$u_2 = 0.01\%, \nu_{B2} = 3 \tag{6-12}$$

(3)天平环境温度变化引起的不确定度。

由于天平距离发动机尾焰很近,发动机工作期间对其影响大,为了降低温升对天平的影响,考虑水冷、气冷、温度隔离等热防护措施,试验验过程天平温升变化不超过 50℃,综合考虑把天平温升变化的不确定度和等效自由度分别取为

$$u_3 = 0.2\%, \nu_{B3} = 10 \tag{6-13}$$

(4)发动机压强数据不确定度。

限于发动机的制造水平,尚无法实现每发发动机曲线的精确控制,给分析测试燃气舵升力参数带来困难,为方便分析,整个数据按照燃烧室压强进行量化,压强数据的来源是实际测试。

发动机压强数据的不确定评估目前国内有相当成熟的方法,GJB 2365—2004《固体火箭发动机参数测试方法》中有详细内容,压强测试与标准一致,其不确定度和等效自由度分别取为

$$u_4 = 0.5\%, \nu_{B4} = 42 \tag{6-14}$$

(5)烧蚀。

燃气舵非舵面防护结构的烧蚀程度影响燃气舵性能参数,该试验的成败关键也在于此,且该影响存在离散性和偶然性,只能由试验经验估出其不确定度和等效自由度。根据实际试验结果,可把烧蚀的不确定度和等效自由度分别取为

$$u_5 = 1.5\%, \nu_{B5} = 10 \tag{6-15}$$

(6)数据处理过程的不确定度。

在处理升力数据的过程中,数据处理过程的不确定度涉及三个方面:一是要关联发动机的性能参数和舵面偏转角数据,这些在上文分析过,为不重复计算可忽略;二是计算过程小数设位等,目前计算机计算过程可以不考虑该过程的影响;三是计算主要是迭代过程,迭代计算的收敛精度设置影响总精度,但现在计算机计算能力强大,在能收敛的前提下,尽量提高计算设置精度,综合分析。数据处理过程的不确定度和等效自由度分别取为

$$u_6 = 0.1\%, \nu_{B6} = 20 \tag{6-16}$$

3. 合成不确定度计算

不确定度计算:

$$U_C = \sqrt{\sum S + \sum u} =$$

$$\sqrt{(0.19^2 + 0.01^2) + (1.5^2 + 0.01^2 + 0.2^2 + 0.5^2 + 1.5^2 + 0.1^2)}\,\% = 2.2\% \tag{6-17}$$

有效自由度计算：

$$\nu_e = (\sum_{i=1}^{n} S_i^2 + \sum_{j=1}^{m} u_j^2)^2 / \sum_{i=1}^{n} \frac{s_i^4}{v_i} + \sum_{j=1}^{m} \frac{u_j^4}{v_j} =$$

$$(0.036\,2 + 4.800\,1)^2 / (0.000\,020\,4 + 0.242\,536\,4) = 96 \tag{6-18}$$

6.3.2 归一化数据分析方法

由于发动机工作过程中燃烧室压强不可避免存在波动和差异，为了与六分力测试数据比对，同样将转换弹体坐标系后的数据进行归一化处理。将力值统一在压强 10 MPa 下，具体计算公式如下：

$$F_{x'} = \frac{20F_x}{p} \tag{6-19}$$

$$F_{y'} = \frac{20F_y}{p} \tag{6-20}$$

式中，p 为燃烧室压强，MPa；$F_{x'}$ 力值归一化后的水平控制力，N；$F_{y'}$ 力值归一化后的垂直控制力，N。

6.3.3 六分力和五分量测试结果一致性分析

对比五分量测试的升力和六分力测试获取的控制力，应有良好的一致性，如图 6 - 20 所示。

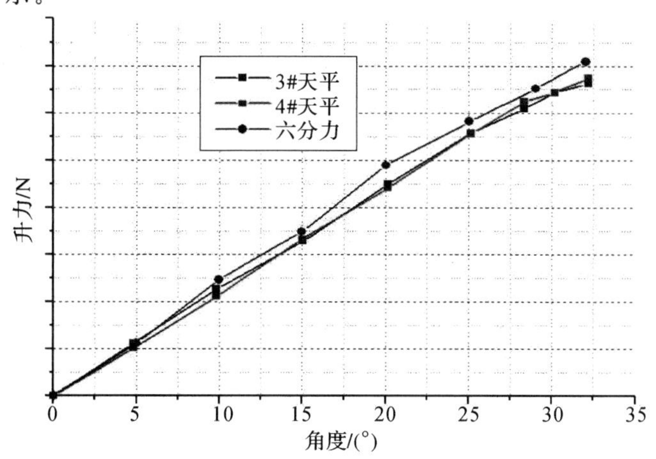

图 6 - 20　五分量测试的升力与六分力测试的控制力的比较曲线

6.4 小　结

推力矢量控制技术是空空导弹获得大过载、高机动的关键技术，但空空导弹对体积和质量要求比较苛刻，工作环境相对恶劣，制约因素较多，设计出满足总体要求的推力矢量装置并不是轻而易举的事。本章介绍了燃气舵的结构设计技术，主要从燃气舵的结构设计、燃气舵试验技术、推力矢量控制装置的结构设计、推力矢量控制装置的试验技术等方面详细介绍了结构设计方法和需要考虑的影响因素，以及如何开展相关的试验验证工作。

参考文献

[1]谢文超. 空空导弹推进系统设计[M]. 北京：国防工业出版社，2006.

[2]侯清海. 浅述燃气舵气动测力试验方法[J]. 航空兵器，2001(6)：14－16.

[3]王国锐，杜长宝. 燃气舵装置性能参数测试和分析[J]. 弹箭制导学报，2011，31(2)：63－64.

[4]李军，刘献伟. 燃气舵气动特性试验和数值分析[J]. 弹道学报，2005，17(4)：55－58.

[5]刘献伟. 空空导弹燃气舵尾流场计算与分析[D]. 南京：南京理工大学，2003.

[6]杜长宝，李军. 固体火箭发动机燃气舵推力损失的数值分析与测试[J]. 弹箭与指导学报，2010，30(4)：155－157.

[7]刘志珩. 悬筒式燃气舵测力天平[J]. 导弹与航天运载技术，1994(3)：12－17.

第7章 推力矢量控制方式对导弹性能的影响分析

导弹的控制方式大体可以分为空气动力控制和推力矢量控制两类。空气动力控制是利用操纵舵面取得的空气动力来控制弹体的飞行方向和姿态角，而推力矢量控制则是利用改变火箭发动机等推进装置产生的燃气流方向(即改变产生的推力方向)来控制弹体的飞行方向和姿态角等，因此称为推力矢量控制。

7.1 推力矢量控制方式作用机理分析

7.1.1 气动力控制原理

空气动力控制是利用操纵舵面取得的空气动力来控制弹体的飞行方向和姿态角，其控制原理与杠杆原理相似。图 7-1 是杠杆原理示意图，从图中可见，杠杆受 F_1，F_2 两个力的作用。在外作用力 F_1，F_2 的作用下，杠杆 AB 会绕支点 O 运动。杠杆旋转运动有三种状态：

1）向左旋转：当力 F_1 产生的力矩大于力 F_2 产生的力矩（即 $F_1l_1 > F_2l_2$）时，杠杆 AB 绕支点 O 向左旋转。

2）平衡状态：当力 F_1 产生的力矩等于力 F_2 产生的力矩（即 $F_1l_1 = F_2l_2$）时，杠杆 AB 处于平衡状态。

3）向右旋转：当力 F_1 产生的力矩小于力 F_2 产生的力矩（即 $F_1l_1 < F_2l_2$）时，杠杆 AB 绕支点 O 向右旋转。

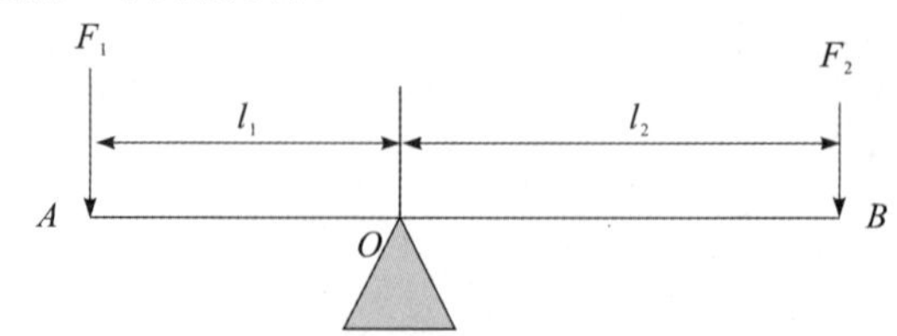

图 7-1 杠杆原理示意图

空空导弹的控制原理与杠杆原理相似。空空导弹在自主飞行过程中主要受推力 F_P、升力 F_L、阻力 F_D、侧向力 F_z、重力 G 的作用。导弹运动非常复杂，为了说清楚问题，故进行简化，以导弹纵向运动来分析导弹的控制原理，导弹在铅垂面的受力分析图如图 7－2 所示。由于推力和重力都过质心，所以在绕质心的旋转运动方程中可忽略。从图 7－2 中可见，导弹在舵面控制力（F_{δ_A}）和气动力的合力（F_α）的作用下绕质心进行旋转运动，当舵面控制力产生的力矩与气动力的合力产生的力矩平衡时（$M_{\delta_A} = M_\alpha$），拉出导弹的需用攻角，从而产生升力，控制导弹飞行。

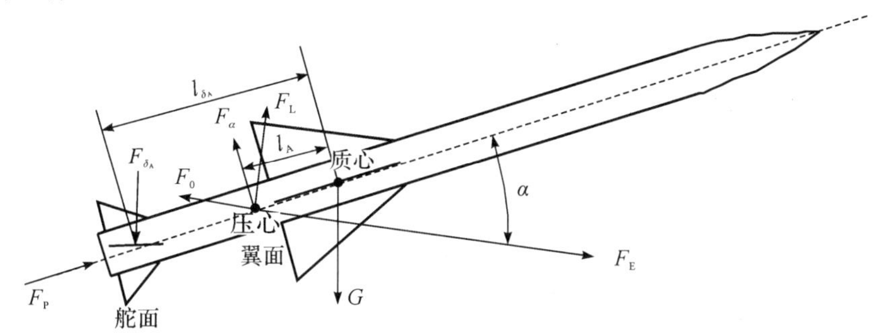

图 7－2　气动面控制导弹受力示意图

舵面控制力产生的力矩与气动力的合力产生的力矩平衡时导弹旋转运动方程如下：

$$M_{\delta_A} = M_\alpha \tag{7-1}$$

亦即

$$m_z^{\delta_A}\delta_A = m_z^\alpha \alpha \tag{7-2}$$

从而可得到攻角的计算公式为

$$\alpha = \frac{m_z^{\delta_A}\delta_A}{m_z^\alpha} \tag{7-3}$$

导弹控制的目的是提高导弹的攻角，增大导弹升力，从而实现把导弹导向目标。从式(7－3)可见，增大导弹的攻角有三种途径：一是提高舵面操纵效率，即增大 $|m_z^{\delta_A}|$ 的值；二是增大舵面偏转角；三是减小导弹静稳定性，即减小 $|m_z^\alpha|$ 的值。

增大气动舵面 $|m_z^{\delta_A}|$ 的值，可通过增大舵面面积、加长力臂等方法实现，而增加舵面面积，可增大导弹阻力和重力，副作用较大。同时，舵面效率与动压(即 $\rho v^2/2$)有关，当导弹速率低，飞行高度较高时动压减小，舵面操纵效率也随之降低，由此可见气动舵面控制的导弹受导弹飞行高度和飞行速率影响大。

增大舵面偏转角受许多因素限制，难度较大，如机械限位，不能把舵面偏转角设计过大。另外，舵面偏转角过大，可能导致失速，从而使舵面失去操纵能力。

减小导弹静稳定性，这可能导致导弹动稳定性变差，增大导弹控制系统设计难度。

由以上分析可见，气动舵面控制的导弹其舵面效率受环境因素影响大，在高空和低速情况下，气动舵面控制效率低，控制难度大。

7.1.2 推力矢量控制的原理

推力矢量控制是利用改变火箭发动机的燃气流方向（即改变发动机推力方向）来控制弹体的飞行方向和姿态角。

空空导弹一般采用推力矢量/气动力复合控制方式，导弹受力如图 7-3 所示。

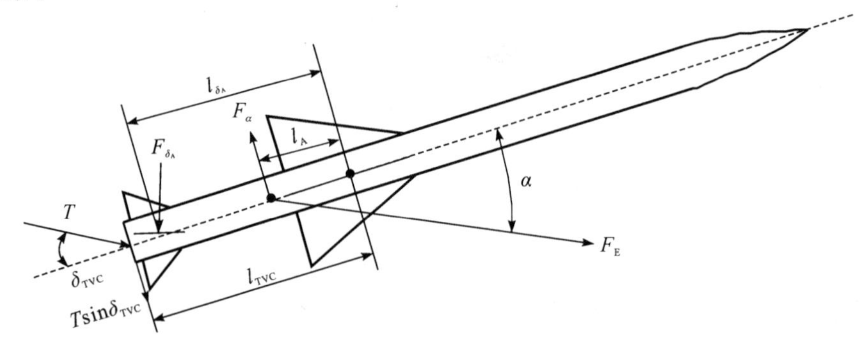

图 7-3 导弹受力示意图

燃气舵面和气动舵面控制力产生的力矩与气动力的合力产生的力矩平衡时飞导弹旋转运动方程如下：

$$m_z^{\delta_A}\delta_A qs + m_z^{\delta_{TVC}}\delta_{TVC} = m_z^\alpha \alpha qs \tag{7-4}$$

$$m_z^{\delta_{TVC}}\delta_{TVC} = T\sin\delta_{TVC} l_{TVC} \tag{7-5}$$

$$m_z^{\delta_A}\delta_A = F_{\delta_A}\cos\delta_A l_{\delta_A} \tag{7-6}$$

式中，l_{TVC} 为推力矢量燃气舵距导弹质心的距离；l_{δ_A} 为气动舵压心距导弹质心的距离；s 为压心距导弹质心的距离；T 为发动机推力；δ_{TVC} 为燃气舵面偏转角；α 为导弹攻角；q 为动压头；S 为舵面面积。

由式(7-4)可得导弹飞行攻角为

$$\alpha = \frac{m_z^{\delta_A}\delta_A qs + m_z^{\delta_{TVC}}\delta_{TVC}}{m_z^\alpha qs} \tag{7-7}$$

$$\alpha = \alpha_A + \alpha_{TVC} \tag{7-8}$$

式中，$\alpha_A = \dfrac{m_z^{\delta_A}}{m_z^\alpha}\delta_A$ ；$\alpha_{TVC} = \dfrac{m_z^{\delta_{TVC}}}{m_z^\alpha qs}\delta_{TVC}$ 。

导弹控制的目的是提高导弹的攻角，增大导弹升力，从而实现把导弹导向目标。从式(7-7)可见，增大导弹的攻角有四种途径：一是提高气动舵面操纵效率，即增大 $|m_z^{\delta_A}|$ 的值；二是提高燃气舵面操纵效率，即增大 $|m_z^{\delta_{TVC}}|$ 的值；三

是减小导弹静稳定性，即减小 $|m_z^\alpha|$ 的值；四是增大舵面偏转角。

其中，提高气动舵面操纵效率减小导弹静稳定性和增大舵面偏转角对导弹的影响分析见第 7.1.1 节，本节主要分析提高燃气舵面操纵效率对导弹的影响。

增大燃气舵面 $|m_z^{\delta_{TVC}}|$ 的值，可通过增大舵面面积、加长力臂等方法实现，而增加舵面面积，可增大导弹阻力、重力，以及造成舵间干扰，副作用较大。但燃气舵面效率与动压(即 $\rho v^2/2$)无关，当导弹速率低，飞行高度较高时动压减小，燃气舵面操纵效率不会随之降低。因此推力矢量控制方式可以与气动力控制方式搭配使用：当动压较低，气动舵面效率低时，采用推力矢量控制导弹；当动压较高，气动舵面效率高时，采用气动力方式控制导弹。

推力矢量控制就是利用导弹发动机的推力，当导弹需要机动时，降低导弹前进方向的推力和加速率，集中动力用于导弹机动；当不需要机动时，它可对着目标(遭遇点)方向加力飞行。导弹在铅垂面的运动方程如下：

$$\frac{\mathrm{d}v}{\mathrm{d}t}=\frac{T\cos\alpha-c_x qs-G\sin\theta}{m} \tag{7-9}$$

$$\frac{\mathrm{d}\theta}{\mathrm{d}t}=\frac{T\sin\alpha+c_y qs-G\cos\theta}{mv} \tag{7-10}$$

式中，c_x，c_y 为楔长在 x，y 轴上的投影。

导弹在机动过程中，导弹是减速的，发动机的推力主要用来转弯。从式(7-9)和式(7-10)可见，当导弹攻角 $\alpha=60°\sim90°$，导弹加速率 $\dot{a}<0$ 时，导弹处于减速状态，而导弹转弯较速率 $\dot{\theta}$ 可达最大，有利于导弹迅速转弯，实现大离轴发射。

7.1.3 两种控制方式的对比

对空空导弹进行操纵的方法有两大类：第一类是转动气动控制面，即气动力控制；第二类是改变发动机推力方向，即推力矢量控制。

图 7-4 是气动力控制与推力矢量控制导弹机动机理示意图。图 7-4(a)所示为采用气动力控制方式的导弹机动原理。偏转舵面，改变弹体姿态，产生攻角，从而产生升力，控制导弹。采用气动舵是因为利用空气动力，所以必须避免失速。因此舵翼和弹体取得的攻角有极限，而该极限限制了导弹的机动能力。而且，在高空和低速动压低的飞行条件下，产生的升力降小，机动能力下降。

图 7-4(b)所示为使用推力矢量控制方式的导弹机动原理。偏转舵面，产生法向推力，改变弹体姿态，产生攻角，从而产生升力，控制导弹。采用推力矢量控制方式的导弹机动能力与发动机推力大小、推力偏转角和弹体的惯性力矩等有关，与空气动力无关，因此没有失速限制。与气动舵相比，推力矢量控制方式的导弹最大攻角可达 60°～80°，而且其机动能力不受导弹飞行高度限制，机动能

力大幅超过气动力控制方式的导弹。

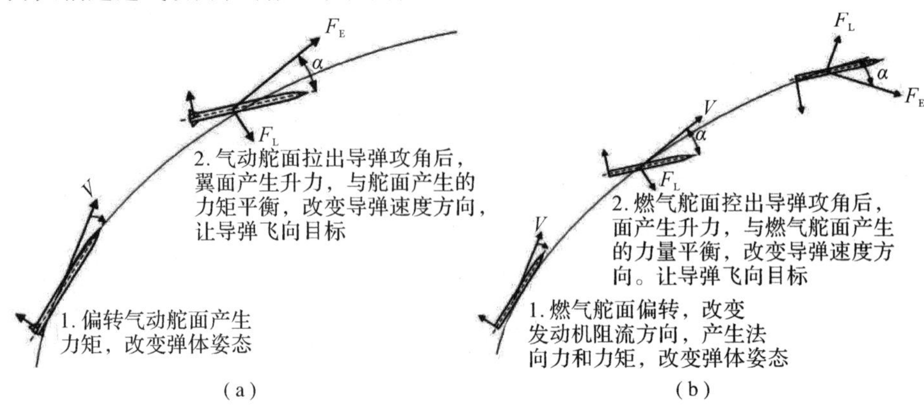

图 7-4 气动力控制与推力矢量控制导弹机动机理示意图

(a)气动力控制导弹机动示意图;(b)推力矢量控制导弹机动示意图

两种控制方式的对比见表 7-1。从表 7-1 可见:

1)推力矢量控制方式需在发动机工作产生推力时才起作用,而气动力控制需依赖空气才起作用。

2)推力矢量控制方式产生的控制力与发动机的推力相关,与导弹飞行速率无关,而气动力控制产生的控制力与导弹飞行速率的平方成正比。

3)推力矢量控制方式产生的攻角大,而气动力控制方式存在气动面失速的问题,因而产生的攻角受限。

表 7-1 推力矢量控制与气动力控制的比较

	推力矢量控制	气动力控制
控制方式	横推力 推力 改变发动机推力方向,获得法向控制力	升力 动压 改变舵面偏转角,获得法向控制力
特征	仅在有推力时工作	不论有无推力都工作
	不论有无空气都工作	仅在有空气时工作
	与速率无关,产生对应推力的法向力	产生与速率平方成正比的升力
	可采用大攻角方式机动	为控制失速,攻角有上限,机动能力受限

由上述分析可见,两种控制方式各有利弊,推力矢量控制方式需依赖发动机的推力,发动机不工作则推力矢量控制方式就不起作用,而气动力控制方式受动压影响大,当动压低时,气动力控制方式控制效率非常低。因此,较好的控制方

式是将两者结合，在低动压下，发动机工作时，采用推力矢量控制方式；在大动压下，发动机工作结束时，采用气动力控制方式，从而可以相互弥补两种控制方式存在的不足。

7.2 推力矢量控制方式对导弹动力学特性影响分析

采用推力矢量控制方式可大幅提高导弹的性能，主要体现在以下几个方面：

(1)增强导弹的机动性和超机动性，增大导弹的可攻击区。

导弹的机动性是指导弹改变飞行速率和方向的能力。采用推力矢量控制技术，使发动机除了为导弹提供前向动力之外，同时直接为导弹提供俯仰、偏航、滚转和反推力方向的力，因此大大提高了导弹的机动性。超机动性又称过失速机动性，指导弹在超过临界攻角后，具有控制导弹速率矢量和弹头指向的战术机动能力。导弹攻角过大，气动面的操纵效率会急剧下降，会导致导弹失控甚至坠毁，而推力矢量控制依靠发动机为导弹提供操纵力及力矩，因此具有很强的超机动性。机动性和超机动性对于拓宽导弹的飞行包线、增大导弹的可攻击区有着重要的意义。目前，世界上最新研制的空空导弹普遍要求具备越肩发射能力(如 AIM－9X 导弹、IRIST 导弹等)，其中发射方式上以前射居多。前射的导弹想要攻击后方的目标，仅用气动控制远远不能满足需求，因此推力矢量控制技术也成为越肩发射的关键技术之一。

(2)提高导弹的快速响应性，提升导弹的作战效能。

除炮射导弹及动能弹等较为特殊的导弹外，一般导弹发射的初始段速率低、动压小，气动控制效率只有正常状态的百分之几，气动控制面并不能提供使导弹迅速调整姿态的足够法向力，导弹的弹道设计因此会受到很大的限制，严重地影响了导弹的作战效率。例如，单纯采用空气动力控制的防空导弹，其操纵性受导弹飞行高度和飞行速率的影响非常大，而推力矢量控制技术依靠发动机的动力对导弹进行控制，不受动压的影响，能以极快的速率产生攻角和机动过载，可以迅速地将导弹调整到完成攻击所需的高度和姿态，从而提高了导弹的作战效能以及攻击效能。

(3)减小导弹的转弯半径，实现导弹大离轴发射。

新一代近距空空导弹要求对载机前向目标导弹具有看见即发射的能力，降低对载机占位要求。导弹刚发射时速率低，动压小，同时在导弹转弯过程中会大幅减速，导致气动控制力极其有限，因此大离轴发射导弹必须采用推力矢量控制技术。因此，推力矢量控制技术是大离轴发射导弹的关键技术之一。

7.2.1 导弹运动学方程组

由理论力学可知，一个刚体的运动，可以看作是质心的移动和绕质心转动的合成运动。对于空空导弹，在运动的每一瞬时可假设为刚体。因此，可以应用牛顿第二定律来研究导弹的质心移动，利用动量矩定律来研究绕质心的转动。如以 $\bar{v}$ 表示导弹的速率，m 表示导弹质量，则描述导弹质心移动和绕质心转动运动的动力学方程，可用向量形式表示为

$$
\begin{aligned}
m\frac{\mathrm{d}\bar{v}}{\mathrm{d}t} &= \bar{F} \\
\frac{\mathrm{d}\bar{h}_0}{\mathrm{d}t} &= \bar{l}_0
\end{aligned}
\tag{7-11}
$$

式中，$\bar{F}$ 为作用于导弹上的合外力；$\bar{h}_0$ 为导弹相对于质心的动量矩；$\bar{l}_0$ 为合外力对导弹质心的主矩。

1. 导弹坐标系

导弹设计过程中，通常采用右手直角坐标系。常用的坐标系有地面坐标系、弹体固连坐标系、弹道固连坐标系和速度坐标系。

地面坐标系($Oxyz$)：地面坐标系的原点 O 取在发射点，Ox 轴在地平面上可指向任意方向；Oy 轴垂直于地面，向上为正；Oz 轴垂直于 Oxy 平面，组成右手坐标系。

弹体坐标系($Ox_1y_1z_1$)：原点取在导弹瞬时惯性中心上，Ox_1 轴与导弹纵轴一致，指向头部为正；Oy_1 轴位于导弹纵向对称平面内，垂直于 Ox_1 轴，向上为正；Oz_1 轴垂直于纵向对称平面，指向右翼，与 Ox_1y_1 组成右手直角坐标系。

弹道固连坐标系($Ox_2y_2z_2$)：原点取在导弹瞬时惯性中心上，Ox_2 轴与导弹速率方向一致，Oy_2 轴位于包含速率向量的铅垂面内，向上为正；Oz_2 轴在水平面内，与 Ox_2y_2 组成右手直角坐标系。

速度坐标系($Ox_3y_3z_3$)：原点取在导弹重心上，Ox_3 轴与导弹速速方向一致，Oy_3 轴位于导弹纵向对称面内，垂直于 Ox_3 轴，向上为正；Oz_3 轴与 Ox_3y_3 组成右手直角坐标系。

2. 导弹坐标系之间的转换关系

弹道固连坐标系与地面坐标系之间的转换关系：

$$\begin{bmatrix} x \\ y \\ z \end{bmatrix} = \begin{bmatrix} \cos\theta\cos\psi_v & -\sin\theta\cos\psi_v & \sin\psi_v \\ \sin\theta & \cos\theta & 0 \\ -\cos\theta\sin\psi_v & \sin\theta\sin\psi_v & \cos\psi_v \end{bmatrix} \begin{bmatrix} x_2 \\ y_2 \\ z_2 \end{bmatrix} \tag{7-12}$$

式中，θ 为弹道倾角，速度向量与水平面的夹角，速率向量向上时为正，向下为负；ψ_v 为弹道偏转角，速度向量在水平面的投影与地面坐标系 Ox 轴的夹角。

速度坐标系与地面坐标系之间的转换关系：

$$\begin{bmatrix} x \\ y \\ z \end{bmatrix} = \begin{bmatrix} \cos\theta\cos\psi_v & -\sin\theta\cos\psi_v\cos\gamma_v + \sin\psi_v\sin\gamma_v & \sin\theta\cos\psi_v\sin\gamma_v + \sin\psi_v\cos\gamma_v \\ \sin\theta & \cos\theta\cos\gamma_v & -\cos\theta\sin\gamma_v \\ -\cos\theta\sin\psi_v & \sin\theta\sin\psi_v\cos\gamma_v + \cos\psi_v\sin\gamma_v & -\sin\theta\sin\psi_v\sin\gamma_v + \cos\psi_v\cos\gamma_v \end{bmatrix} \begin{bmatrix} x_3 \\ y_3 \\ z_3 \end{bmatrix} \tag{7-13}$$

式中，γ_v 为速度倾斜角。

弹体坐标系与地面坐标系之间的转换关系：

$$\begin{bmatrix} x \\ y \\ z \end{bmatrix} = \begin{bmatrix} \cos\vartheta\cos\psi & -\sin\vartheta\cos\psi\cos\gamma + \sin\psi\sin\gamma & \sin\vartheta\cos\psi\sin\gamma + \sin\psi\cos\gamma \\ \sin\vartheta & \cos\vartheta\cos\gamma & -\cos\vartheta\sin\gamma \\ -\cos\vartheta\sin\psi & \sin\vartheta\sin\psi\cos\gamma + \cos\psi\sin\gamma & -\sin\vartheta\sin\psi\sin\gamma + \cos\psi\cos\gamma \end{bmatrix} \begin{bmatrix} x_1 \\ y_1 \\ z_1 \end{bmatrix} \tag{7-14}$$

式中，ϑ 为导弹俯仰角，导弹纵轴与水平面的夹角；ψ 为偏航角，导弹纵轴在水平面的投影与地面坐标系 Ox 轴的夹角；γ 为滚动角，导弹立轴 Oy_1 轴与包含纵轴的铅垂面之间的夹角。

弹体坐标系与速度坐标系之间的转换关系：

$$\begin{bmatrix} x_1 \\ y_1 \\ z_1 \end{bmatrix} = \begin{bmatrix} \cos\alpha\cos\beta & \sin\alpha & -\cos\alpha\sin\beta \\ -\sin\alpha\cos\beta & \cos\alpha & \sin\alpha\sin\beta \\ \sin\beta & 0 & \cos\beta \end{bmatrix} \begin{bmatrix} x_3 \\ y_3 \\ z_3 \end{bmatrix} \tag{7-15}$$

式中，α 为迎角，速度向量在弹体纵向对称平面上的投影与弹体纵轴的夹角；β 侧滑角，速度向量与弹体纵向对称平面的夹角。

弹体坐标系与弹道固连坐标系之间的转换关系：

$$\begin{bmatrix} x_1 \\ y_1 \\ z_1 \end{bmatrix} = \begin{bmatrix} \cos\alpha\cos\beta & \sin\alpha\cos\gamma_v + \cos\alpha\sin\beta\sin\gamma_v & \sin\alpha\sin\gamma_v - \cos\alpha\sin\beta\cos\gamma_v \\ -\sin\alpha\cos\beta & \cos\alpha\cos\gamma_v - \sin\alpha\sin\beta\sin\gamma_v & \cos\alpha\sin\gamma_v + \sin\alpha\sin\beta\cos\gamma_v \\ \sin\beta & -\cos\beta\sin\gamma_v & \cos\beta\cos\gamma_v \end{bmatrix} \begin{bmatrix} x_2 \\ y_2 \\ z_2 \end{bmatrix} \tag{7-16}$$

3. 作用在导弹上的力

导弹上作用有空气动力、重力和推力。作用在导弹上的总空气动力可以看作是由三个互相垂直的分力(升力 F_L、阻力 F_D 和侧向力 F_z)的几何和。

利用速度坐标系与弹道固连坐标系之间的转换关系,可以把速度坐标系的阻力 F_D、升力 F_L 和侧向力 F_z 投影到弹道固连坐标系。

从而得到空气动力在弹道固连坐标系上的投影为

$$
\begin{aligned}
R_{x_2} &= -F_D \\
R_{y_2} &= F_L\cos\gamma_v - F_z\sin\gamma_v \\
R_{z_2} &= F_L\sin\gamma_v + F_z\sin\gamma_v
\end{aligned}
\tag{7-17}
$$

重力的大小:

$$G = mg \tag{7-18}$$

式中,m 为导弹的瞬时质量。

$$m = m_0 - \int_0^t m_m \mathrm{d}t \tag{7-19}$$

式中,m_m 为流经喷管截面的质量消耗量;m_0 为导弹的起始瞬时质量;g 为引力加速率。

$$g = g_0 \frac{R^2}{r^2} = g_0 \frac{R^2}{(R+y)^2} \tag{7-20}$$

式中,R 为地球半径;y 为导弹重心至地心的距离;g_0 为地球表面的引力加速率。

利用弹道固连坐标系和地面坐标系的方向余弦表,可以得到重力在弹道固连坐标系上的投影,即

$$
\begin{aligned}
G_{x_2} &= -G\sin\theta \\
G_{y_2} &= -G\cos\theta \\
G_{z_2} &= 0
\end{aligned}
\tag{7-21}
$$

发动机推力是由发动机内的燃气流以高速喷出而产生的反作用力。

发动机推力的计算公式为

$$f_0 = m_m\mu + f_A(p_A - p_0) \tag{7-22}$$

式中,μ 为燃气流在喷管截面处的平均有效流速;$m_m\mu$ 为燃气的反作用力;f_A 为发动机喷口截面积;p_A 为喷口截面处的燃气流压强;p_0 为喷口周围的地面大气静压。

随着高度的增加,推力略有增加,其值可表示为

$$p = p_0 + f_A(p_0 - p_h) \tag{7-23}$$

式中,p_h 为某高度 h 处的大气静压力。

利用弹道固连坐标系和地面坐标系的方向余弦表,可以得到推力在弹道固

连坐标系上的投影，即

$$\left.\begin{aligned}p_{x_2}&=p\cos\alpha\cos\beta\\p_{y_2}&=p(\sin\alpha\cos\gamma_v+\cos\alpha\sin\beta\sin\gamma_v)\\p_{z_2}&=p(\sin\alpha\sin\gamma_v-\cos\alpha\sin\beta\cos\gamma_v)\end{aligned}\right\}\tag{7-24}$$

4. 推力矢量控制装置产生的力

推力矢量控制装置是利用改变火箭发动机的燃气流方向，产生控制所需的力和力矩。偏转燃气产生的力为

$$F_t=F(1-\mu_{p0}-\mu_F^{\delta}\sqrt{\delta_y^2+\delta_z^2})\tag{7-25}$$

投影到弹体坐标系的三个分量为

$$\left.\begin{aligned}F_{x_t}&=F_t\cos\delta_y\cos\delta_z\\F_{y_t}&=F_t\cos\delta_y\sin\delta_z\\F_{y_t}&=-F_t\sin\delta_y\end{aligned}\right\}\tag{7-26}$$

式中，F_t 为加推力矢量舵后的推力；μ_{p0} 为无舵面偏推力损失率；μ_F^{δ} 为单位舵面偏转推力损失率；δ_y 为燃气舵升降舵偏转角；δ_z 为燃气舵方位舵面偏转角；F_{x_t}，F_{y_t}，F_{z_t} 为弹体坐标系的三个分量。

7.2.2　推力矢量控制方式对导弹动力学特性影响分析

当设计导弹时只研究其扰动运动的短周期阶段，去掉 Δv 的方程，得到短周期运动的方程如下：

$$\left.\begin{aligned}&\ddot{\vartheta}+a_1\dot{\vartheta}+a'_1\dot{\alpha}+a_2\alpha=-a_3\delta_z\\&\dot{\theta}+a''_4\theta-a_4\alpha=a_5\delta_z\\&\vartheta-\theta-\alpha=0\end{aligned}\right\}\tag{7-27}$$

式中，$a_1=-M_z^{\omega_z}/J_z$ 为导弹气动阻尼；$a'_1=-M_z^{\dot{\alpha}}/J_z$ 为延迟对俯仰力矩的影响；$a_2=-M_z^{\alpha}/J_z$ 为导弹静稳定性；$a_3=-M_z^{\delta_z}/J_z=-(M_z^{\delta_{z\text{A}}}+M_z^{\delta_{z\text{TVC}}})/J_z$ 为导弹升降舵的操纵效率；$a''_4=-G\sin\theta/v$ 为重力对弹道切线转动角速率的影响；$a_4=\dfrac{F+F_L}{mv}$ 为单位攻角引起的弹道切线转动角速率；$a_5=F_L^{\delta_z}=F_L^{\delta_{z\text{A}}}+F\delta_{z_{\text{TVC}}}$ 为偏转升降舵对弹道切线转动角速率的影响；$\delta_{z_{\text{TVC}}}$ 为燃气舵舵面偏转角；δ_{z_A} 为气动舵舵面偏转角。

略去重力的影响，即 $a''_4=0$，由此可得传递函数：

$$\frac{\dot{\theta}(s)}{\delta_z(s)}=\frac{K_d(T_{1\theta}s+1)(T_{2\theta}s+1)}{T_d^2s^2+2T_d\xi_d s+1} \tag{7-28}$$

$$\frac{\alpha(s)}{\delta_z(s)}=\frac{K_\alpha(T_\alpha s+1)}{T_d^2s^2+2T_d\xi_d s+1} \tag{7-29}$$

$$\frac{n_y(s)}{\delta_z(s)}\approx\frac{\dot{\theta}(s)}{\delta_z(s)}\frac{v}{g}=\frac{vK_d(T_{1\theta}s+1)(T_{2\theta}s+1)}{g(T_d^2s^2+2T_d\xi_d s+1)} \tag{7-30}$$

式中，$T_{1\theta}T_{2\theta}=\dfrac{a_5}{a_2a_5-a_3a_4}$；$T_{1\theta}+T_{2\theta}=\dfrac{a_1a_5+a'_1a_5}{a_2a_5-a_3a_4}$；$K_\alpha=\dfrac{-(a_3+a_1a_5)}{a_2+a_1a_4}$；

$T_\alpha=\dfrac{a_5}{a_2+a_1a_4}$；$K_d=\dfrac{a_5a_2-a_3a_4}{(a_2+a_1a_4)}$；$T_d=\dfrac{1}{\sqrt{a_2+a_1a_4}}$；$\xi_d=\dfrac{a_1+a'_1+a_4}{2\sqrt{a_2+a_1a_4}}$。

式中，K_α 为导弹攻角传递函数；T_α 为导弹攻角时间常数；K_d 为导弹转动角速率 θ 传递函数；T_d 为导弹纵向时间常数；ξ_d 为相对阻尼系数。

7.2.3 推力矢量控制方式对导弹操纵性的影响

传递系数(即放大系数)为稳态时输出量与输入量的比值。对于给定的传递函数 $W(s)$，传递系数 K 由如下关系确定，即

$$K=\lim_{s\to 0}W(s) \tag{7-31}$$

导弹攻角传递系数为

$$K_\alpha=\frac{\Delta\alpha}{\Delta\delta_z}=\frac{-(a_3+a_1a_5)}{a_2+a_1a_4} \tag{7-32}$$

当 $|a_1a_5|\ll|a_3|$ 且 $|a_1a_4|\ll|a_2|$ 时，有

$$K_\alpha=\frac{\Delta\alpha}{\Delta\delta_z}\approx-\frac{a_3}{a_2}=-\frac{M_z^{\delta_{zA}}+M_z^{\delta_{zTVC}}}{M_z^\alpha}=-\frac{m_z^{\delta_{zA}}qsb_A+M_z^{\delta_{zTVC}}}{m_z^\alpha qsb_A} \tag{7-33}$$

亦即

$$\Delta\alpha=K_\alpha\Delta\delta_z=-\frac{m_z^{\delta_{zA}}qsb_A}{m_z^\alpha qsb_A}\Delta\delta_z-\frac{M_z^{\delta_{zTVC}}}{m_z^\alpha qsb_A}\Delta\delta_z \tag{7-34}$$

由式(7－34)可见，在相同舵面偏转角情况下，攻角由气动舵和推力矢量舵两部分产生。当导弹在低空低速飞行，或高空飞行(即导弹动压较低)时，$m_z^{\delta_{zA}}$ 的效率低，几乎不能控制导弹飞行，而推力矢量舵的效率与导弹的飞行速率高度无关，只与发动机的推力相关，因此在低动压情况下主要是推力矢量舵起作用。

导弹典型的操纵力矩曲线如图 7－5 和图 7－6 所示，其中增加了推力矢量产生的无量纲力矩曲线。

从图中可以看出，在 $Ma=1.0$ 的低速条件下，舵面偏转角 20°产生的平衡攻

角约为 21°，推力矢量产生的力矩可以使平衡攻角大幅度增加，在 3 km 高度可以增加到 40°，在 13 km 高度可以增加到 60°以上；在 $Ma=2.0$ 时，舵面偏转角 20°产生的平衡攻角约为 21°，推力矢量产生的力矩在 3 km 高度可以使平衡攻角增加到 25°，在 13 km 高度可以使平衡攻角增加到 33°。由此可见，在低速情况下，推力矢量控制能够大幅提高导弹的平衡攻角，提高导弹的操纵性。

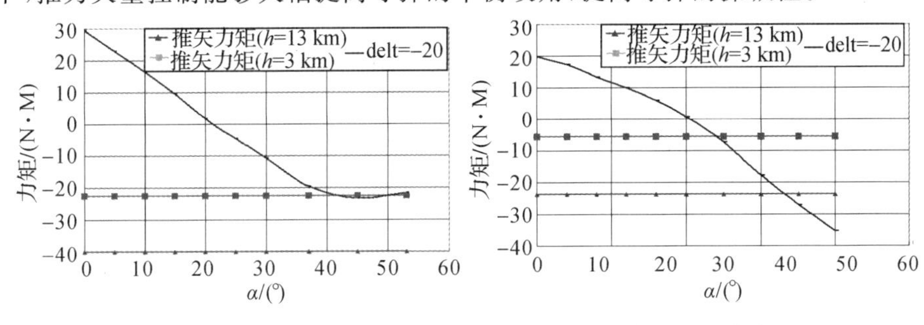

图 7-5 导弹操纵力矩曲线($Ma=1.0$)　　图 7-6 导弹操纵力矩曲线($Ma=2.0$)

7.2.4 推力矢量控制方式对导弹快速性的影响

阶跃响应的时间来描述系统的快速性：

$$t_r=\frac{\pi-\arccos\xi_d}{\omega\sqrt{1-\xi_d^2}}=$$

$$\frac{\pi-\arccos\dfrac{a_1+a'_1+a_4}{2\sqrt{a_2+a_1a_4}}}{\sqrt{a_2+a_1a_4-\left(\dfrac{a_1+a'_1+a_4}{2}\right)^2}\sqrt{1-\dfrac{(a_1+a'_1+a_4)^2}{4(a_2+a_1a_4)}}}\tag{7-35}$$

式中，$\omega=\sqrt{a_2+a_1a_4-\left(\dfrac{a_1+a'_1+a_4}{2}\right)^2}$

由式(7-35)可见，系统的上升时间 t_r 与导弹的操纵性 a_3 无关，因此导弹系统采用推力矢量控制技术并未提高导弹的快速性，而是提高了导弹系统的操纵性。

7.2.5 推力矢量控制方式对导弹机动能力的影响

导弹纵向传递系数：

$$K_{\mathrm{d}}=\frac{a_5a_2-a_3a_4}{a_2+a_1a_4}\approx\frac{-a_3a_4}{a_2} \tag{7-36}$$

故

$$n_y\approx\frac{v}{g}K_{\mathrm{d}}\dot{\theta}\delta_z=\frac{-a_3a_4}{a_2}\frac{v}{g}\dot{\theta}\delta_z=-\left(\frac{m_z^{\delta_{z\mathrm{A}}}qsb_{\mathrm{A}}}{m_z^{\alpha}qsb_{\mathrm{A}}}+\frac{M_z^{\delta_{z\mathrm{TVC}}}}{m_z^{\alpha}qsb_{\mathrm{A}}}\right)\frac{F+F_{\mathrm{L}}^{\alpha}}{mg}\dot{\theta}\delta_z \tag{7-37}$$

由式(7－37)可见,导弹采用推力矢量控制后,可以提高导弹的机动能力。

导弹的机动能力体现在两个方面,一是转弯较速率,二是过载。当导弹在低速情况下进行大离轴发射时,体现为转弯角速率;当导弹大速率情况下进行大离轴发射时攻击机动目标表现为过载。

在 3 km 取典型条件进行仿真,发射速率取 $Ma=0.8$,目标机动过载 6,按不同的离轴角、发射距离仿真,结果如图 7－7 和图 7－8 所示。从图 7－9 和图 7－8 中可见,随着发射离轴角增大,导弹的最大过载和转弯较速率都增加,但转弯较速率增加的幅度大于过载。由此可见,在低速大离轴情况下,导弹的机动能力主要体现为转弯角速率。

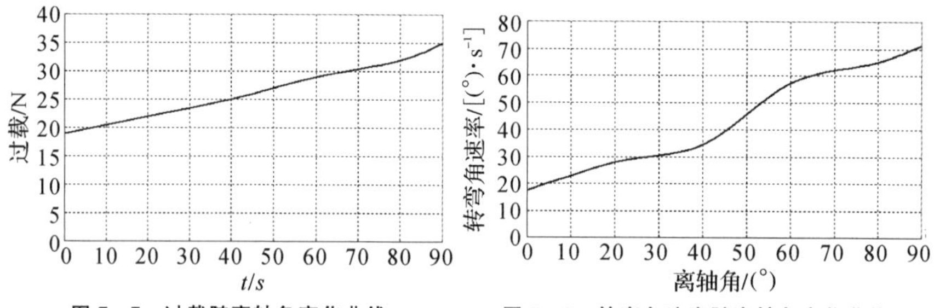

图 7－7　过载随离轴角变化曲线　　图 7－8　转弯角速率随离轴角变化曲线

7.2.6　推力矢量控制方式对导弹发射包络的影响

空空导弹采用推力矢量控制技术后大幅提高了导弹允许发射离轴角,从而扩大了导弹的前向允许发射包络。图 7－9 为第三代空空导弹与第四代空空导弹允许发射包络对比图,从图中可见,第四代空空导弹的允许发射离轴角大于第三代空空导弹,前向允许发射区域为第三代空空导弹 2～3 倍。由此可见,空空导弹采用推力矢量控制技术后大幅提高了导弹性能。

另外,空空导弹采用推力矢量控制技术后会造成一定的推力损失,从而影响导弹动力射程。如燃气舵面置于发动机的喷管出口处,造成的推力损伤

为3%～15%，射程损失约为10%，这也是采用推力矢量控制技术不利的一面。

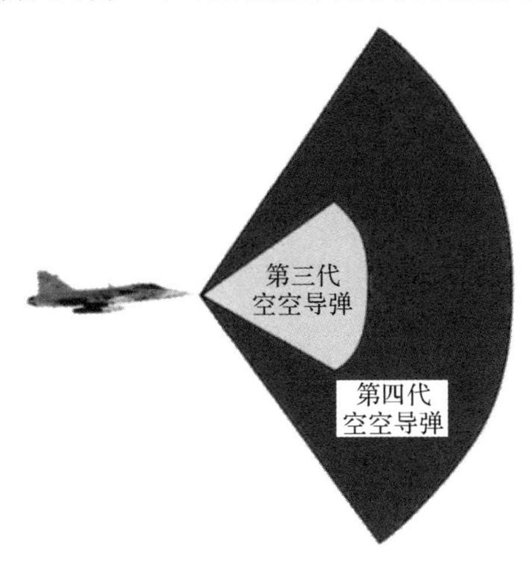

图7-9 第三代空空导弹与第四代空空导弹允许发射包络对比图

7.3 推力矢量控制方式的要求

推力矢量控制方式是利用发动机的推力来产生控制力的，这致使推力矢量控制装置工作环境非常恶劣，必须工作在高温、高速的发动机尾流场中，因此对推力矢量控制装置提出了特殊要求。

目前，第四代近距格斗空空导弹都采用了燃气舵。燃气舵的基本结构是在火箭发动机的喷管尾部对称的放置四个舵面，四个舵面的组合偏转可以产生要求的俯仰、偏航和滚转操纵力矩和侧向力，可以控制导弹的三个通道。燃气舵具有结构简单、致偏能力强、响应速率快的优点，但其在舵面偏转角为零时仍存在一定的推力损失。另外，由于燃气舵的工作环境比较恶劣，存在严重的冲刷烧蚀问题，不宜长时间工作。

下面以燃气舵式为例提出对推力矢量的要求：

1)燃气舵面的配置：燃气舵面置于发动机尾喷口，四片燃气舵正交式配置。

2)导弹控制：燃气舵面要能够进行俯仰、偏航和滚转三通道控制，这样可以保证导弹在低动压情况下的有效控制。

3)燃气舵面的材料：燃气舵面的工作环境比较恶劣，要在高温、高速、粒子流中正常工作，要选取耐高温、耐烧蚀的材料才能保证燃气舵面的正常工作。

4)燃气舵面的变形：燃气舵面在工作过程中不能因高速粒子冲刷，产生过大变形，造成不同舵面产生的力差异大，影响导弹的控制，一般燃气舵面的烧蚀率不大于10%。

5)物理特性要求：燃气舵面要质量轻、物理尺寸小、占用空间小、结构灵巧简单。

6)燃气舵面与气动舵面的联动模式：燃气舵面与气动舵面的联动模式一般采用刚性联动。

7)燃气舵面与气动舵面的兼容性：燃气舵面与气动舵面之间兼容要好，不能相互影响。

8)气动舵面与燃气舵面之间的传动比：一般取1∶1或其他比值。

9)燃气舵面之间的干扰：燃气舵面之间的干扰尽量小，最好不要相互干扰。

10)燃气舵面最大偏转角：在空间结构允许的情况下，燃气舵面偏转角尽量大。

11)燃气舵面法向力系数：燃气舵面法向力系数线性度好、斜率大，这样单位舵面偏转角可以产生更大的控制力。

12)燃气舵面引起的推力损失：燃气舵面引起的推力损失要小，如果推力损失过大，会影响导弹的动力射程。

13)热防护：对燃气舵内的活动部件进行热防护，保护内部活动机构正常工作。

14)维修性要求：燃气舵的拆卸、维修方便，各分部件具有良好的互换性。

7.4 小　　结

本章介绍了气动力和推力矢量两种控制方式的工作原理，对比分析了两种控制方式的优缺点。红外型空空导弹的控制方式最好采用气动力+推力矢量复合控制方式，在低动压情况下采用推力矢量控制方式，在大动压情况下采用气动力控制方式，充分发挥两种控制方式的优点。本章还构建了数学模型，分析了推力矢量控制方式对导弹性能的影响。空空导弹采用推力矢量控制方式后可提高导弹的操纵性能、大离轴发射能力以及快速转变能力，扩大导弹发射包络。结合工作实践经验，本章提出了推力矢量装置的技术要求，可供型号研制参考。

参考文献

[1]谢永强,李舜,周须峰,等. 推力矢量技术在空空导弹上的应用分析[J]. 科学技术与工程,2009,9(20):6109-6113.

[2]陈士橹,吕学富. 导弹飞行力学[M]. 西安:西北工业大学出版社,1983.

[3]谢永强,李舜,于翠,等. 新一代近距格斗空空导弹机动能力分析[J]. 科学技术与工程,2009,9(15):4563-4566.

[4]李新国,方群. 有翼导弹飞行动力学[M]. 西安:西北工业大学出版社,2005.

[5]王永寿. 导弹的推力矢量控制技术[J]. 飞航导弹,2005(1):54-60.

[6]杨晨. 空空导弹推力矢量舵系统适配性选择[J]. 战术导弹技术,2000(1):53-57.

[7]刘代军,崔颢. 推力矢量控制技术与第四代空空导弹[J]. 航空兵器,2000(5):28-31.

[8]侯清海. 空空导弹燃气舵气动设计技术综述[J]. 航空兵器,2000(6):37-40.